U0299783

普通高等教育土建学科专业"十五"规划教材

高等学校给排水科学与工程学科专业指导委员会规划推荐教材

给水排水工程建设监理

（第二版）

王季震　　　　主　编

蒋蒙宾　陆建红　副主编

金兆丰　　　　主　审

中国建筑工业出版社

图书在版编目(CIP)数据

给水排水工程建设监理/王季震主编. —2版. —北京：中国建筑工业出版社，2019.4
普通高等教育土建学科专业"十五"规划教材.高等学校给排水科学与工程学科专业指导委员会规划推荐教材
ISBN 978-7-112-23312-0

Ⅰ.①给…　Ⅱ.①王…　Ⅲ.①给水工程-监督管理-高等学校-教材②排水工程-监督管理-高等学校-教材　Ⅳ.①TU991-62

中国版本图书馆 CIP 数据核字(2019)第 028616 号

本书根据我国建设工程监理的现行法律法规及相关规范，结合给排水科学与工程专业改革及专业评估认证需要，以学生为中心，以培养目标和毕业要求为导向，全面、系统地阐述了给水排水工程建设监理的基本理论和方法，并密切联系我国城乡建设中给水排水工程实际，具体分析了监理实际工作中的重点和难点，具有较好的可操作性。

全书共 11 章，内容包括：绪论、监理工程师与工程监理单位、给水排水工程建设监理合同、给水排水工程建设监理目标控制、给水排水工程建设监理程序和组织、给水排水工程建设监理规划与实施细则、给水排水工程设计阶段监理、给水排水工程施工招标阶段监理、给水排水工程施工阶段监理、给水排水工程建设监理实例和涉外给水排水工程建设监理简介。

本书为高等学校给排水科学与工程专业本科教材，也可作为建设工程监理单位、工程建设单位、设计单位、施工单位、建设行政主管部门的管理和技术人员参考用书。

为便于教学，作者特制作了配套课件，如有需求，可发邮件至 cabpbeijing@126.com 索取.

* * *

责任编辑：王美玲　刘爱灵
责任校对：焦　乐

普通高等教育土建学科专业"十五"规划教材
高等学校给排水科学与工程学科专业指导委员会规划推荐教材

给水排水工程建设监理

（第二版）

王季震　　　　主　编
蒋蒙宾　陆建红　副主编
金兆丰　　　　主　审

*

中国建筑工业出版社出版、发行（北京海淀三里河路9号）
各地新华书店、建筑书店经销
北京红光制版公司制版
北京建筑工业印刷厂印刷

*

开本：787×1092毫米　1/16　印张：16　字数：396千字
2019年6月第二版　　2020年8月第十一次印刷
定价：**38.00**元（赠课件）
ISBN 978-7-112-23312-0
（33609）

第二版前言

本书是高等学校给排水科学与工程学科专业指导委员会规划推荐教材，是在普通高等教育土建学科专业"十五"规划教材《城市水工程建设监理》一书的基础上，根据2016年11月高等学校给排水科学与工程学科专业相关课程教材主编研讨会有关进一步加强专业改革、落实专业规范、推进专业评估认证工作的精神修编完成的。

本教材最早版为2000年出版的《给水排水工程建设监理》，2004年修编为《城市水工程建设监理》，以上两个版本的教材，已在全国众多设有给排水科学与工程（给水排水工程）专业的院校使用多年，对学生学习了解建设工程监理基本知识和基本理论，培养学生初步具有从事给水排水工程建设监理工作能力等方面起到了重要的作用，同时对提高本科毕业生的就业率，以及学生参加工作后报考全国注册监理工程师也起到一定的帮助作用，收到了良好的社会效益。

这次修编的新版《给水排水工程建设监理》教材严格按照高等学校给排水科学与工程学科专业教材编写的基本依据和专业教材建设的指导思想进行修改和编写，新教材充分体现了给排水科学与工程专业教材（课程）建设的"以水的良性社会循环为主线"的核心理念，因此新教材更具专业特色，更能适应给水排水工程技术进步与行业发展的需要，更有助于培养学生在本专业领域内形成和具备适应社会需求的较完整的知识结构。

此次，新版《给水排水工程建设监理》与原《城市水工程建设监理》教材相比，有以下的特点：

1. 近几年，随着国家建设领域投资力度加大和规范管理，我国工程建设领域新的法规政策陆续出台，本教材此次修编重点依据最新国家标准规范《建设工程监理规范》GB/T 50319—2013、《中华人民共和国建筑法》（2011年4月22日中华人民共和国主席令第46号发布）等规范和法规，对原教材相关内容进行严格审定，进行了全面和细致的改写，更能适应当前给水排水建设工程监理的需要。

2. 随着我国城镇化进程的推进和发展，给水排水工程无论在规模和质量上都得到了空前的发展和提高。因此，给水排水工程相关的设计、施工及验收等一系列的技术规范和要求也有大量修改和更新，新教材参考了《建筑工程施工质量验收统一标准》GB 50300—2013、《城镇污水处理厂工程质量验收规范》GB 50334—2017等对原版教材施工阶段监理及监理实例中的相关内容进行严格的审定和精准的更新，使之更能适应当今给水排水工程建设监理工作的需要。

3. 本次修编，在"给水排水工程建设监理实例"章节中增加了某污水处理厂建设监理实施细则实例，具体说明对污水处理厂工程监理的操作方法，详细分析实际监理工作的难点，从而更有利于提高学生对给水排水工程建设监理的理解和实际操作能力的培养。

本书由华北水利水电大学王季震教授主编，蒋蒙宾副教授、陆建红副教授任副主编，由金兆丰教授主审，参加编写人员及具体分工是：第1、9章由王季震编写，第2章由范振强编写，第3、5、6章由陆建红编写，第4、7、11章由蒋蒙宾编写，第8章由赵雅光编写，第10章由赵雅光与范振强合写。另外，研究生马玉露参与完成了书稿文字校对工作。

本次修编是在高等学校给排水科学与工程学科专业指导委员会的指导和帮助下完成的，并得到了诸多高校、监理单位及由我校给排水科学与工程专业毕业现在从事给水排水工程建设监理工作的众多校友的大力支持，在此表示诚挚的感谢！

本书参考了大量书目、文件和文献，并使用了"参考文献"中许多经典素材和文字材料，本书编者向这些文献的作者表示诚挚的感谢。

限于编者水平，书中不足之处在所难免，恳请读者批评指正。

第一版前言

本书是普通高等教育土建学科专业"十五"规划教材，是根据全国高校给水排水工程学科专业指导委员会的本科生教材改革方案，在原高等教育给水排水工程专业系列教材《给水排水工程建设监理》一书的基础上编写的。

原《给水排水工程建设监理》一书自 2000 年在全国众多设有给水排水工程专业的院校使用以来，对培养学生了解建设工程监理基本知识和基本理论、初步具有从事给水排水工程建设监理工作能力起到了重要作用。近几年，由于国家对城市供水和城市污水处理投资力度的加大，城市供水和污水处理工程增多，建设工程监理工作量增大，许多建筑单位、施工单位和监理企业急需一批在校学习过工程监理知识、并能较快适应监理现场工作需要的毕业生，因此，开设给水排水工程建设监理课对提高毕业生就业率也将起到重要作用。

根据国发〔2000〕36 号文件"国务院关于加强城市供水、节水和水污染防治工作的通知"，要求"十五"期间，"所有设市城市都要制定改善水质的计划"、"所有设市城市都必须建设污水处理设施"。因此，社会对从事给水排水工程建设监理的人才需求会越来越大，与此同时，在高等学校给水排水专业开设给水排水工程建设监理课也越来越重要。

随着全国高校给水排水工程学科专业指导委员会对给水排水工程专业的改革不断深入，全国高校给水排水工程学科专业指导委员会会同全国 50 多所院校，通过召开各种专门会议，开展了大量的改革研究和探索工作，其中包括承担国家"九五"科技改革项目"水工业的学科体系建设研究"和世界银行贷款 21 世纪高等教育教学改革项目"给水排水专业工程设计类课程改革的实践"等。大量研究成果说明，由于我国水资源匮乏，特别是随着经济的发展、城市化进程的加快，导致水污染加剧和城市水资源短缺日趋严重，给水排水工程专业已经不能适应新形势下的城市建设和发展的需要，因此，全国高校给水排水工程学科专业指导委员会提出拟将给水排水专业拓展为包括水的采集、处理、加工（商品）、使用，回收再利用全过程和能够支持实现水资源可持续利用的城市水工程专业，并且出版了作为城市水工程专业方向导则的高校给水排水工程学科专业指导委员会规划教材"城市水工程概论"。本教材就是在上述背景条件下命名和编写的。

与原《给水排水工程建设监理》教材相比，新版《城市水工程建设监理》有以下的特点：

1. 我国从 1988 年开始建设工程监理试点以来，至今已有 17 年的历史，近几年，特别是 2001 年加入 WTO 后，我国工程建设领域法制建设不断加强，工程监理实践经验不断丰富，新法规、新规范相继出台，因此，原《给水排水工程建设监理》教材中很多内容已经不能适应新形势的要求，需要改进、增补和完善。本教材根据最新发布的《建设工程监理规范》（GB 50319—2000）、《建设工程质量管理条例》（2000 年 1 月 30 日中华人民共和国国务院令第 279 号发布）、《工程监理企业资质管理规定》（2001 年 8 月 29 日中华人民共和国建设部第 102 号发布）和《建设工程监理范围和规模标准规定》（2001 年 1 月 17 日中华人民共和国建设部第 86 号发布）等文件精神，对原教材中相关内容进行了全面和细致的改写，使本教材中的材料最新，更能适应当前建设工程监理的实际需要。

2. 为了突出教材的实用性，新教材增加了第 11 章"城市水工程建设监理实例"，具体说明对某城市污水处理厂建设进行监理的过程和操作方法，因此更加有利于提高学生对城市水工程建设监理的理解和实际操作能力。

3. 参阅最新国家标准和规范，如《建筑工程施工质量验收统一标准》（2001 年 7 月 20 日发布）、《城市污水处理厂工程质量验收规范》（2003 年 1 月 10 日发布）和《建筑给水排水及采暖工程施工质量验收规范》（2002 年 3 月 15 日发布）等，对原教材中施工监理的质量验收内容进行了详细修改，使之更准确和更规范，便于在监理工作中直接使用。

本教材共 12 章，第 1～7 章叙述了建设工程监理的基本理论，第 8～10 章针对城市水工程建设特点分别论述了设计阶段、施工招标阶段和施工阶段的监理工作内容，第 11 章为城市水工程建设监理实例，第 12 章简要介绍涉外城市水工程建设监理知识。

本书由华北水利水电学院王季震教授主编，由同济大学金兆丰教授主审，参加编写人员及具体分工是：第 1、2、3、10 章由王季震编写；第 4、5 章由杨开云和蒋蒙宾合写；第 6、7 章由杨开云和胡静秋合写；第 8、9 章由蒋蒙宾与陈伟胜合写；第 11、12 章由胡静秋和陈伟胜合写。另外，王季震、蒋蒙宾和胡静秋完成了附录的整编工作，研究生张美一、葛雷完成了书稿文字校对和计算机录入工作。

本书参考了大量书籍、文件和文献，并使用了"参考文献"中许多经典素材和文字材料，本书编者向这些文献的作者表示诚挚的感谢。

限于编者水平，书中不足之处在所难免，恳请读者批评指正。

目　　录

第1章　绪论 ……………………………………………………………… 1

  1.1　建设工程监理制度概述 ………………………………………… 1

  1.2　建设程序和建设工程管理制度 ………………………………… 13

  1.3　给水排水工程及其建设监理概述 ……………………………… 20

第2章　监理工程师与工程监理单位 ………………………………… 23

  2.1　监理工程师 ……………………………………………………… 23

  2.2　监理工程师的素质结构与职业道德 …………………………… 24

  2.3　监理工程师执业资格考试、注册和继续教育 ………………… 26

  2.4　工程监理企业资质 ……………………………………………… 28

  2.5　工程监理企业监理业务主要内容 ……………………………… 33

  2.6　工程监理企业经营活动基本准则 ……………………………… 34

第3章　给水排水工程建设监理合同 ………………………………… 37

  3.1　给水排水工程建设监理合同概述 ……………………………… 37

  3.2　建设工程监理合同的订立、履行及管理 ……………………… 38

  3.3　《业主/咨询工程师标准服务协议书》简介 …………………… 49

第4章　给水排水工程建设监理目标控制 …………………………… 53

  4.1　给水排水工程建设监理目标控制概述 ………………………… 53

  4.2　给水排水工程建设监理目标控制原理和方法 ………………… 53

  4.3　给水排水工程建设监理协调 …………………………………… 59

第5章　给水排水工程建设监理程序和组织 ………………………… 65

  5.1　给水排水工程建设监理程序 …………………………………… 65

  5.2　给水排水工程建设监理的组织形式 …………………………… 67

第6章　给水排水工程建设监理规划与实施细则 …………………… 76

  6.1　给水排水工程建设监理文件概述 ……………………………… 76

  6.2　给水排水工程建设监理规划 …………………………………… 77

  6.3　给水排水工程建设监理实施细则 ……………………………… 90

第7章　给水排水工程设计阶段监理 ………………………………… 94

  7.1　给水排水工程设计阶段监理的意义 …………………………… 94

  7.2　给水排水工程设计阶段监理的内容 …………………………… 100

7.3 给水排水工程设计阶段监理的实施 ·· 105

第8章　给水排水工程施工招标阶段监理 ·· 120

8.1 给水排水工程施工招标阶段监理的意义及任务 ·························· 120

8.2 给水排水工程施工招标阶段监理的程序和内容 ·························· 121

8.3 给水排水工程施工的国际招标 ··· 132

第9章　给水排水工程施工阶段监理 ·· 136

9.1 给水排水工程施工概述 ·· 136

9.2 给水排水工程施工阶段监理的基本任务和主要工作 ·················· 138

9.3 给水排水工程施工阶段的质量控制 ·· 140

9.4 给水排水工程施工阶段的进度控制 ·· 172

9.5 给水排水工程施工阶段的投资控制 ·· 176

第10章　给水排水工程建设监理实例 ·· 179

10.1 某污水处理厂建设监理规划实例 ·· 179

10.2 某污水处理厂建设监理实施细则实例（要点） ························ 213

第11章　涉外给水排水工程建设监理简介 ··· 238

11.1 涉外给水排水工程 ·· 238

11.2 涉外给水排水工程建设监理 ·· 242

参考文献 ·· 244

第1章 绪 论

1.1 建设工程监理制度概述

要讨论给水排水工程建设监理,首先必须了解其基础——建设工程监理。

1.1.1 建设工程监理制度的起源和发展

1. 建设工程监理制度的起源和发展

建设工程监理制度的起源,可以追溯到西方国家产业革命发生以前的16世纪,它的产生发展是和建设领域的专业化分工、社会化生产密切相关的。

16世纪以前的欧洲建设领域中,建筑师受雇或从属于项目业主[①],全面负责项目设计、采购、雇佣工匠、组织工程施工等工作。进入16世纪后,随着社会对房屋建造技术要求的不断提高,西方传统的建筑业发生了变化,建筑师队伍出现了专业分工,一部分建筑师开始专门从事向社会传授技艺,为项目业主提供技术咨询、解答疑难问题,或受聘监督管理工程施工,建设工程监理制度应运而生。虽然建设工程监理制在西方各工业发达国家推行的时间有先有后,各国使用的名称也不尽相同,但发展至今,实行建设工程监理制已成为工程建设领域中的国际惯例。

2. 我国建设工程监理制度产生的背景及发展过程

中国古代建筑的形成和发展具有悠久的历史。我国古代劳动人民与工程主持人合作,创造了光辉灿烂的科学文化,为我们留下了丰富多彩的建筑遗产,其中某些建设工程监理经验,就是十分宝贵的财富,有待开发、继承。作为我国古代工官制度中的工程主持人——"监工",可以说是现代建设工程监理的雏形。

清朝为了加强工程施工管理,在工部和内务府中设有"监工"一职,多数由官吏充任。但由于官吏技术水平不高,营建的组织管理工作实际上由技术较高的而职能酷似"工师"和"都料匠"的工匠掌握。"监工"一词在我国古代工官制度中几经易名而来:"工"(商代管理工匠的官吏)→"司空"(周朝管理工匠的官吏)→"匠人"(秦、汉朝之后分担"司空"职能的工官,广义的工程主持人)→"梓人"(唐宋朝代的工程主持人,"梓人"时称"都料匠")→"工师"(明朝侧重营造组织管理的职业,早在封建社会初期的战国时代就设有"工师"一职)→"监工"(清朝在工部和内务府中设有"监工"一职),其工作性质接近于当代的监理工程师。

---

① 项目业主是指由投资方派代表组成,从建设项目的筹划、筹资、设计、建设实施直至生产经营、归还贷款本息等全面负责并承担投资风险的项目管理班子。随着现代企业制度在建设项目管理领域的应用,从1994年起,项目业主的概念已演变为项目法人。

我国在工程建设领域中实行建设工程监理制是 20 世纪 80 年代才开始的。80 年代初，我国改革开放的政策逐步扩展到工程建设领域。1980 年世界银行（The World Bank）理事会通过决议，恢复了我国的合法席位。从 1981 年开始，我国同世界银行建立了贷款关系。在首批利用世界银行贷款建设的项目中，云南鲁布革水电站引水工程获世界银行承诺资金 1.454 亿美元。为使这笔资金"用于可靠的、生产性的项目，能对借款国家的经济发展和增加偿还贷款能力有所贡献"，世界银行对鲁布革水电站引水工程项目管理提出了 3 点要求：

（1）采用国际竞争性招标（ICB）选择施工单位和设备材料供应单位，让世界银行会员国和瑞士的所有合格的预期投标人充分了解项目要求，并为所有的此类投标人提供均等的机会，以便于他们参加投标。

（2）按照国际惯例，明确建立项目业主单位，成立代表项目业主的项目监理班子——工程师单位，由工程师单位代表业主进行科学的项目管理。

（3）必须由世界银行派出特别咨询组，并推荐世界知名的挪威 AGN 咨询专家组和澳大利亚 SMEC 咨询专家组，负责工程技术和管理咨询。

世界银行对鲁布革水电站引水工程提出的第（2）点要求，使我国基本建设领域中首次出现了符合国际惯例、具有现代项目管理意义上的建设工程监理。由于该项目采用了国外先进技术和科学管理方法，创造了当时隧洞掘进的世界最新进尺，获得了良好的经济效益。鲁布革水电站的成功做法，对我国传统的工程建设管理体制产生了巨大的冲击，引起了广大建设工作者对我国传统的工程建设管理体制是否应当进行改革的思考。

1985 年 12 月，全国基本建设管理体制改革会议对我国传统的工程建设管理体制作了深刻的分析，指出："综合管理基本建设是一项专门的学问，需要一大批这方面的专门机构和专门人才。过去这个工作分散在很多部门去做，有的是在工厂，有的是在建设单位的筹建处，有的是在组建的建设指挥部。但工程建设一完了，如果没有续建的工程项目，这些人就散了，管理经验积累不起来。要使建设管理工作走上科学管理的道路，不发展专门从事管理工程建设的行业是不行的。"会议的这个分析，既指出了我国传统的工程建设管理体制的弊端，肯定了必须对其进行改革，又指明了改革的目标。这为我国改革传统的工程建设管理体制、实行建设工程监理制奠定了思想基础。

根据上述指示精神，参照国际惯例，1988 年建设部把建立专业化、社会化的建设工程监理和以"规划、协调、监督、服务"为内容的政府监督管理提了出来，并把它列为其负责组织实施的一项重要工作，得到了国务院的认可和支持。1988 年 7 月，建设部在征求有关部门和专家意见的基础上，颁发了《关于开展建设工程监理工作的通知》，此后又组织了一些产业部门和城市开展了建设工程监理工作的试点工作。从此，建设工程监理制在我国建设领域开始探索和逐步发展起来。

我国建设工程监理制的发展可分为以下几个阶段：从 1988 年到 1992 年为试点阶段；1993 年到 1995 年为扩大试点阶段；1995 年年底召开的第六次全国监理工作会议上，明确提出了从 1996 年开始在全国全面推行。1997 年《中华人民共和国建筑法》（以下简称《建筑法》）以法律制度的形式作出规定，国家推行建设工程监理制度，从而使建设工程监理在全国范围内进入全面推行、实施阶段。

1.1.2 建设工程监理的基本概念

建设工程监理是指工程监理单位受建设单位委托，根据法律法规、工程建设标准、勘察设计文件及合同，在施工阶段对建设工程质量、进度、造价进行控制，对合同、信息进行管理，对工程建设相关方的关系进行协调，并履行建设工程安全生产管理法定职责的服务活动。

建设单位，也称为业主、项目法人，是委托监理的一方。建设单位在工程建设中拥有确定建设工程规模、标准、功能以及选择勘察、设计、施工、监理单位等工程建设中重大问题的决定权。

工程监理单位是依法成立并取得国务院建设主管部门颁发的工程监理企业资质证书，从事建设工程监理活动的服务机构。工程监理单位也称为工程监理企业。

监理概念由下列要点组成：

1. 建设工程监理的行为主体

《建筑法》明确规定，实行监理的建设工程，由建设单位委托具有相应资质条件的工程监理单位实施监理。建设工程监理由具有相应资质的工程监理单位开展，建设工程监理的行为主体是工程监理单位，这是我国建设工程监理制度的一项重要规定。

建设工程监理不同于建设行政主管部门的监督管理。后者的行为主体是政府部门，它具有明显的强制性，是行政性的监督管理，它的任务、职责、内容不同于建设工程监理。同样，总承包单位对分包单位的监督管理也不能视为建设工程监理。

2. 建设工程监理实施的前提

《建筑法》明确规定，建设单位与其委托的工程监理单位应当订立书面建设工程监理合同。也就是说，建设工程监理的实施需要建设单位的委托和授权。工程监理单位应根据委托监理合同和有关建设工程合同的规定实施监理。

建设工程监理只有在建设单位委托的情况下才能进行。只有与建设单位订立书面建设工程监理合同，明确了监理工作的范围、内容、权利、义务、责任等，工程监理单位才能在规定的范围内行使管理权，合法地开展建设工程监理。工程监理单位在委托监理的工程中拥有一定的管理权限，能够开展管理活动，是建设单位授权的结果。

承建单位根据法律、法规的规定和它与建设单位签订的有关建设工程合同的规定接受工程监理单位对其建设行为进行的监督管理，接受并配合监理是其履行合同的一种行为。工程监理单位对哪些单位的哪些建设行为实施监理要根据有关建设工程合同的规定。例如，仅委托施工阶段监理的工程，工程监理单位只能根据委托监理合同和施工合同对施工行为实行监理；而在委托全过程监理的工程中，工程监理单位则可以根据委托监理合同以及勘察合同、设计合同、施工合同对勘察单位、设计单位和施工单位的建设行为实行监理。

3. 建设工程监理的依据

建设工程监理的依据包括工程建设文件、有关的法律法规、规章和标准规范、建设工程监理合同和有关的建设工程合同。

（1）工程建设文件

工程建设文件包括：批准的可行性研究报告、建设项目选址意见书、建设用地规划许可证、建设工程规划许可证、批准的施工图设计文件、施工许可证等。

（2）有关的法律、法规、规章和标准、规范

有关的法律、法规、规章和标准、规范包括：《中华人民共和国建筑法》《中华人民共和国合同法》《中华人民共和国招标投标法》《建设工程质量管理条例》等法律法规，以及地方性法规等，也包括《工程建设标准强制性条文》《建设工程监理规范》以及有关的工程技术标准、规范、规程等。

（3）建设工程监理合同和有关的建设工程合同

工程监理单位应当根据两类合同，即工程监理单位与建设单位签订的建设工程监理合同和建设单位与承建单位签订的有关建设工程合同进行监理。

工程监理单位依据哪些有关的建设工程合同进行监理，视委托监理合同的范围来决定。全过程监理应当包括咨询合同、勘察合同、设计合同、施工合同以及设备采购合同等；决策阶段监理主要是咨询合同；设计阶段监理主要是设计合同；施工阶段监理主要是施工合同。

4. 建设工程监理的范围

建设工程监理范围可以分为监理的工程范围和监理的建设阶段范围。

（1）工程范围

为了有效发挥建设工程监理的作用，加大推行监理的力度，根据《建筑法》，国务院公布的《建设工程质量管理条例》对实行强制性监理的工程范围作了原则性的规定，建设部又进一步在《建设工程监理范围和规模标准规定》中对实行强制性监理的工程范围作了具体规定。

（2）阶段范围

建设工程监理可以适用于工程建设投资决策阶段和实施阶段，但目前主要是建设工程施工阶段。

在建设工程施工阶段，建设单位、勘察单位、设计单位、施工单位和工程监理单位等工程建设的各类行为主体均出现在建设工程当中，形成了一个完整的建设工程组织体系。在这个阶段，建筑市场的发包体系、承包体系、管理服务体系的各主体在建设工程中会合，由建设单位、勘察单位、设计单位、施工单位和工程监理单位各自承担工程建设的责任和义务，最终将建设工程建成投入使用。在施工阶段委托监理，其目的是更有效地发挥监理的规划、控制、协调作用，为在计划目标内建成工程提供最好的管理。

1.1.3　建设工程监理的法律地位与责任

1. 建设工程监理的法律地位

自建设工程监理制度实施以来，有关法律、行政法规、部门规章等逐步明确了建设工程监理的法律地位。

（1）明确了强制实施监理的法律地位

《建筑法》第三十条规定：国家推行建筑工程监理制度。国务院可以规定实行强制监理的建筑工程的范围。

《建设工程质量管理条例》第十二条规定，五类工程必须实行监理，即：1）国家重点建设工程；2）大中型公用事业工程；3）成片开发建设的住宅小区工程；4）利用外国政府或国际组织贷款、援助资金的工程；5）国家规定必须实行监理的其他工程。

《建设工程监理范围和规模标准规定》（建设部令第 86 号）又进一步细化了必须实行监理的工程范围和规模标准：

1）国家重点建设工程：依据《国家重点建设项目管理办法》所确定的对国民经济和社会发展有重大影响的骨干项目。

2）大中型公用事业工程：项目总投资额在 3000 万元以上的工程项目。具体包括供水、供电、供气、供热等市政工程项目；科技、教育、文化等项目；体育、旅游、商业等项目；卫生、社会福利等项目；其他公用事业项目。

3）成片开发建设的住宅小区工程：建筑面积在 5 万 m² 以上的住宅建设工程，必须实行监理；5 万 m² 以下的住宅建设工程，可以实行监理，具体范围和规模标准，由省、自治区、直辖市人民政府建设行政主管部门规定；为了保证住宅质量，对高层住宅及地基、结构复杂的多层住宅应当实行监理。

4）利用外国政府或者国际组织贷款、援助资金的工程：包括使用世界银行、亚洲开发银行等国际组织贷款资金的项目；使用国外政府及其机构贷款资金的项目；使用国际组织或者国外政府援助资金的项目。

5）国家规定必须实行监理的其他工程：项目总投资额在 3000 万元以上关系社会公共利益、公众安全的交通运输、水利建设、城市基础设施、生态环境保护、信息产业、能源等基础设施项目，以及学校、影剧院、体育场馆项目。

（2）明确了建设单位委托工程监理单位的职责

《建筑法》第三十一条规定：实行监理的建筑工程，由建设单位委托具有相应资质条件的工程监理单位监理。建设单位与其委托的工程监理单位应当订立书面委托监理合同。

《建设工程质量管理条例》第十二条也规定：实行监理的建设工程，建设单位应当委托具有相应资质等级的工程监理单位进行监理，也可以委托具有工程监理相应资质等级并与被监理工程的施工承包单位没有隶属关系或者其他利害关系的该工程的设计单位进行监理。

（3）明确了工程监理单位的职责

《建筑法》第三十四条规定：工程监理单位应当在其资质等级许可的监理范围内，承担工程监理业务。

《建设工程质量管理条例》第三十七条规定：工程监理单位应当选派具备相应资格的总监理工程师和监理工程师进驻施工现场。未经监理工程师签字，建筑材料、建筑构配件和设备不得在工程上使用或者安装，施工单位不得进行下一道工序的施工。未经总监理工程师签字，建设单位不拨付工程款，不进行竣工验收。

《建设工程安全生产管理条例》第十四条规定：工程监理单位应当审查施工组织设计中的安全技术措施或者专项施工方案是否符合工程建设强制性标准。工程监理单位在实施监理过程中，发现存在安全事故隐患的，应当要求施工单位整改；情况严重的，应当要求施工单位暂时停止施工，并及时报告建设单位。施工单位拒不整改或者不停止施工的，工程监理单位应当及时向有关主管部门报告。

（4）明确了工程监理人员的职责

《建筑法》第三十二条规定：工程监理人员认为工程施工不符合工程设计要求、施工技术标准和合同约定的，有权要求建筑施工企业改正。工程监理人员发现工程设计不符合建筑工程质量标准或者合同约定的质量要求的，应当报告建设单位要求设计单位改正。

《建设工程质量管理条例》第三十八条规定：监理工程师应当按照工程监理规范的要求，采取旁站、巡视和平行检验等形式，对建设工程实施监理。

2. 工程监理单位及监理工程师的法律责任

（1）工程监理单位的法律责任

1）《建筑法》第三十五条规定：工程监理单位不按照委托监理合同的约定履行监理义务，对应当监督检查的项目不检查或者不按照规定检查，给建设单位造成损失的，应当承担相应的赔偿责任。第六十九条规定：工程监理单位与建设单位或者建筑施工企业串通，弄虚作假、降低工程质量的，责令改正，处以罚款，降低资质等级或者吊销资质证书；有违法所得的，予以没收；造成损失的，承担连带赔偿责任；构成犯罪的，依法追究刑事责任。工程监理单位转让监理业务的，责令改正，没收违法所得，可以责令停业整顿，降低资质等级；情节严重的，吊销资质证书。

2）《建设工程质量管理条例》第六十条规定：违反本条例规定，工程监理单位超越本单位资质等级承揽工程的，责令停止违法行业，对工程监理单位处合同约定的监理酬金 1 倍以上 2 倍以下的罚款；情节严重的，吊销资质证书；有违法所得的，予以没收。

未取得资质证书承揽工程的，予以取缔，依照前款规定处以罚款；有违法所得的，予以没收。

以欺骗手段取得资质证书承揽工程的，吊销资质证书，依照本条第一款规定处以罚款；有违法所得的，予以没收。

第六十一条规定：违反本条例规定，工程监理单位允许其他单位或者个人以本单位名义承揽工程的，责令改正，没收违法所得，对工程监理单位处合同约定的监理酬金 1 倍以上 2 倍以下的罚款；可以责令停业整顿，降低资质等级；情节严重的，吊销资质证书。

第六十七条规定：工程监理单位有下列行为之一的，责令改正，处 50 万元以上 100 万元以下的罚款，降低资质等级或者吊销资质证书；有违法所得的，予以没收；造成损失的，承担连带赔偿责任：（A）与建设单位或者施工单位串通，弄虚作假、降低工程质量的；（B）将不合格的建设工程、建筑材料、建筑构配件和设备按照合格签字的。

第六十八条规定：工程监理单位与被监理工程的施工承包单位以及建筑材料、建筑构配件和设备供应单位有隶属关系或者其他利害关系承担该项建设工程的监理业务的，责令改正，处 5 万元以上 10 万元以下的罚款，降低资质等级或者吊销资质证书；有违法所得的，予以没收。

3）《建设工程安全生产管理条例》第五十七条规定：工程监理单位有下列行为之一的，责令限期改正；逾期未改正的，责令停业整顿，并处 10 万元以上 30 万元以下的罚款；情节严重的，降低资质等级，直至吊销资质证书；造成重大安全事故，构成犯罪的，对直接责任人员，依照刑法有关规定追究刑事责任；造成损失的，依法承担赔偿责任：（A）未对施工组织设计中的安全技术措施或者专项施工方案进行审查的；（B）发现安全事故隐患未及时要求施工单位整改或者暂时停止施工的；（C）施工单位拒不整改或者不停止施工，未及时向有关主管部门报告的；（D）未依照法律、法规和工程建设强制性标准实施监理的。

4）《中华人民共和国刑法》第一百三十七条规定：工程监理单位违反国家规定，降低工程质量标准，造成重大安全事故的，对直接责任人员，处五年以下有期徒刑或者拘役，并处罚金；后果特别严重的，处五年以上十年以下有期徒刑，并处罚金。

（2）监理工程师的法律责任

工程监理单位是订立工程监理合同的当事人。监理工程师一般受聘于工程监理单位，代表工程监理单位从事工程监理工作。工程监理单位在履行工程监理合同时，由具体的监理工程师来实施具体的监理工作，因此，如果监理工程师出现工作过错，其行为将被视为工程监理单位违约，应承担相应的违约责任。工程监理单位在承担违约赔偿责任后，有权在企业内部向有过错行为的监理工程师追偿损失。因此，由监理工程师个人过失引发的合同违约行为，监理工程师必然要与工程监理单位承担一定的连带责任。

《建设工程质量管理条例》第七十二条规定：监理工程师因过错造成质量事故的，责令停止执业1年；造成重大质量事故的，吊销执业资格证书，5年以内不予注册；情节特别恶劣的，终身不予注册。第七十四条规定：工程监理单位违反国家规定，降低工程质量标准，造成重大安全事故，构成犯罪的，对直接责任人员依法追究刑事责任。

《建设工程安全生产管理条例》第五十八条规定：注册监理工程师未执行法律、法规和工程建设强制性标准的，责令停止执业3个月以上1年以下；情节严重的，吊销执业资格证书，5年内不予注册；造成重大安全事故的，终身不予注册；构成犯罪的，依照刑法有关规定追究刑事责任。

1.1.4　建设工程监理的性质与作用

1. 建设工程监理的性质

（1）服务性

建设工程监理的服务性是由它的业务性质决定的。在工程建设中，监理人员利用自己的知识、技能和经验、信息以及必要的试验、检测手段，为建设单位提供管理服务和技术服务。工程监理单位既不直接进行工程设计，也不直接进行工程施工；既不向建设单位承包工程造价，也不参与施工单位的利润分成；只向建设单位收取一定数量的酬金。

工程监理单位的服务对象是建设单位，这种服务性活动是按建设工程委托合同来进行的，是受法律约束和保护的。建设工程监理不能完全取代建设单位的管理活动。工程监理单位不具有工程建设重大问题的决策权，只能在建设单位授权范围内采用规划、控制、协调等方法，控制建设工程质量、造价、进度，并履行建设工程安全生产管理的监理职责，协助建设单位在计划目标内完成工程建设任务。

（2）科学性

建设工程监理是一种高智能的技术服务，科学性是由建设工程监理要达到的基本目的决定的。工程监理单位以协助建设单位实现其投资目的为己任，力求在计划目标内完成工程建设任务。由于工程建设规模日趋庞大，建设环境日益复杂，功能需求及建设标准越来越高，新技术、新工艺、新材料、新设备不断涌现，工程建设参与单位越来越多，工程风险日渐增加，工程监理单位只有采用科学的思想、理论、方法和手段，才能驾驭工程建设。

为了满足建设工程监理实际工作需要，工程监理单位应当由组织管理能力强、工程建设经验丰富的人员担任领导；应当有足够数量的、有丰富的管理经验和较强应变能力的监理工程师组成的骨干队伍；要有一套健全的管理制度；要有现代化的管理手段；要掌握先进的管理理论、方法和手段；要积累足够的技术、经济资料和数据；要有科学的工作态度和严谨的工作作风，要实事求是、创造性地开展工作。

（3）独立性

独立性的要求是一项国际惯例。独立是工程监理单位公平地实施监理的基本前提。工程监理单位与建设单位、承包单位之间的关系是平等的、横向的。在工程建设中监理单位是独立的一方。按照独立性要求，工程监理单位应严格按照法律法规、工程建设标准、勘察设计文件、建设工程监理合同及有关建设合同等实施监理。在委托监理过程中，监理单位与建设单位不得有隶属关系和其他利害关系；在建设工程监理过程中，监理单位必须建立项目监理机构，按照自己的工作计划和程序，根据自己的判断、采用科学的方法和手段，独立地开展工作。

（4）公平性

国际咨询工程师联合会（FIDIC）《土木工程施工合同条件》（红皮书）自1957年第一版发布以来，一直都保持着一个重要原则，要求（咨询）工程师"公正"（Impartiality），即不偏不倚地处理施工合同中有关问题。该原则也成为我国建设工程监理制度建立初期的一个重要性质。然而，在FIDIC《土木工程施工合同条件》（1999年第一版）中，（咨询）工程师的公正性要求不复存在，而只要求"公平"（Fair）。（咨询）工程师不充当调解人或仲裁人的角色，只是接受业主报酬负责进行施工合同管理的受托人。

与FIDIC《土木工程施工合同条件》中的（咨询）工程师类似，我国工程监理单位受建设单位委托实施建设工程监理，也无法成为公正或不偏不倚的第三方，但需要公平地对待建设单位和施工单位。公平性是建设工程监理行业能够长期生存和发展的基本职业道德准则。特别是当建设单位与施工单位发生利益冲突或者矛盾时，工程监理单位应以事实为依据，以法律法规和有关合同为准绳，在维护建设单位合法权益的同时，不能损害施工单位的合法权益。

2. 建设工程监理的作用

建设单位的工程项目实行专业化、社会化管理在国外已有100多年的历史，目前越来越显现出强劲的发展潜力，在提高投资的经济效益方面发挥了重要作用。我国实施工程监理制度近30年，在工程建设中已经发挥出明显的作用。建设工程监理的主要作用有以下几点。

（1）有利于促使承建单位保证建设工程质量和使用安全。工程监理单位对承建单位建设行为的监督管理，实际上是从产品需求者的角度对建设工程生产过程的管理，这与产品生产者自身的管理有很大不同。而工程监理单位又不同于建设工程的实际需求者，其监理人员都是既懂工程技术又懂经济管理的专业人士，他们有能力及时发现建设工程实施过程中出现的问题，发现工程材料、设备以及阶段产品存在的问题，从而避免留下工程质量隐患。因此，实行建设工程监理制之后，在加强承建单位自身对工程质量管理的基础上，由工程监理单位介入建设工程生产过程管理，对保证建设工程质量和使用安全有重要作用。

（2）有利于实现建设工程投资效益最大化。建设工程投资效益最大化有以下三种不同表现：

1）在满足建设工程预定功能和质量标准的前提下，建设投资额最少；

2）在满足建设工程预定功能和质量标准的前提下，建设工程寿命周期费用（或全寿命费用）最少；

3）建设工程本身的投资效益与环境、社会效益的综合效益最大化。

随着建设工程寿命周期费用思想和综合效益理念被越来越多的建设单位所接受，建设工程投资效益最大化的第二种和第三种表现的比例将越来越大，从而大大地提高我国全社会的投资效益，促进我国国民经济的发展。

（3）有利于规范工程建设参与各方的建设行为。工程建设参与各方的建设行为都应当符合法律、法规、规章和市场准则。由于客观条件所限，政府的监督管理不可能深入到每一项建设工程的实施过程中，因而，还需要建立另一种约束机制，能在建设工程实施过程中对工程建设参与各方的建设行为进行约束。建设工程监理制就是这样一种约束机制。

在建设工程实施过程中，工程监理单位可依据委托监理合同和有关的建设合同对承建单位的建设行为进行监督管理。由于这种约束机制贯穿于工程建设的全过程，采用事前、事中和事后控制相结合的方式，因此可以有效地规范各承建单位的建设行为，最大限度地避免不当建设行为的发生。即使出现不当建设行为，也可以及时加以制止，最大限度地减少其不良后果。应当说，这是约束机制的根本目的。另一方面，由于建设单位不了解建设工程有关的法律、法规、规章、管理程序和市场行为准则，也可能发生不当建设行为。在这种情况下，工程监理单位可以向建设单位提出适当的建议，从而避免发生建设单位的不当建设行为，这对规范建设单位的建设行为也可起到一定的约束作用。当然，要发挥上述约束作用，工程监理单位首先必须规范自身行为，并接受政府的监督管理。

（4）有利于提高建设工程投资决策科学化水平。在建设单位委托工程监理单位实施全方位过程监理的条件下，在建设单位有了初步的项目投资意向之后，工程监理单位可协助建设单位选择适当的工程咨询机构，管理工程咨询合同的实施，并对咨询结果（如项目建议书、可行性研究报告）进行评估，提出有价值的修改意见和建议；或直接从事工程咨询工作，为建设单位提供建设方案。这样，不仅可使项目投资符合国家经济发展规划、产业政策、投资方向，而且可使项目投资更加符合市场需求。工程监理单位参与或承担项目决策阶段的监理工作，有利于提高项目投资决策的科学化水平，避免项目投资决策失误，也为实现建设工程投资综合效益最大化打下了良好的基础。

1.1.5 建设工程监理的基本方法

建设工程监理的基本方法包括目标规划、动态控制、组织协调、信息管理与合同管理五个方面。

1. 目标规划

目标规划是指围绕工程项目投资、进度和质量目标进行研究确定、分解综合、计划安排、制订措施等项工作的集合。目标规划是目标控制的基础和前提，只有做好目标规划工作才能有效地实施目标控制。

工程项目目标规划过程是一个由粗而细的过程，它随着工程的进展，分阶段地根据可能获得的工程信息对前一阶段的规划进行细化、补充和修正，它和目标控制之间是一种交替出现的循环链式关系。

2. 动态控制

动态控制是在完成工程项目过程中，通过对过程、目标和活动的动态跟踪，全面、及时、准确地掌握工程信息，定期地将实际目标值与计划目标值进行对比，如果发现预测实际目标偏离计划目标，就采取措施加以纠正，以保证计划目标的实现。

动态控制贯穿于整个监理过程中，与工程项目的动态性相一致。工程在不同的阶段进行，控制就在不同的阶段开展；工程在不同的空间展开，控制就要针对不同的空间来实施；计划伴随着工程的变化而调整，控制就要不断地适应计划的调整；随着工程内部因素和外部环境的变化，控制者就要不断地改变控制措施。只有把握监理工程项目的动态性，才能做好目标的动态控制工作。

3. 组织协调

协调是连接、联合、调和所有的活动及力量。组织协调就是把监理组织作为一个整体来研究和处理，对所有的活动及力量进行连接、联合和调和的工作。在工程建设监理过程中，监理工程师要不断进行组织协调，它是实现项目目标不可缺少的方法和手段。

组织协调的内容很多，大致可分为以下几种。

（1）组织关系的协调：主要解决监理组织内部的分工与配合问题；

（2）供求关系的协调：包括监理实施中所需人力、资金、设备、材料、技术、信息等供给，主要解决供求平衡问题；

（3）约束关系的协调：主要是了解和遵守国家及地方政策、法规、制度方面的制约，求得执法部门的指导和许可；

（4）人际关系的协调：包括监理组织内部的人际关系、项目组织与本公司的人际关系、监理组织与关联单位的人际关系。主要解决人员与人员之间在工作中的联系和矛盾；

（5）配合关系的协调：包括建设单位、设计单位、施工单位、材料和设备供应单位，以及与政府有关部门、社会团体、科学研究、工程毗邻单位之间的协调。主要解决配合中的同心协力问题。

4. 合同管理

监理单位在监理过程中的合同管理主要是根据监理合同的要求对工程建设合同的签订、履行、变更和解除进行监督、检查，对合同双方争议进行调解和处理，以保证合同的全面履行。

合同管理对于监理单位完成监理任务是必不可少的。工程合同对参与建设项目的各方建设行为起到控制作用，同时又具体指导工程如何操作完成。所以从这个意义上讲，合同管理起着控制整个项目实施的作用。

监理工程师在合同管理中应主要进行以下几个方面的工作：协助建设单位签订有利于目标控制的工程建设合同；对所签订合同进行系统分析；建立合同目录、编码和档案；对合同的履行进行监督、检查；做好防止索赔和处理索赔工作。

5. 信息管理

信息管理是指监理人员对所需要的信息进行收集、整理、处理、存储、传递、应用等一系列工作总和。信息是控制的基础，没有信息，监理工程师就不能实施目标控制。监理工程师在开展监理工作时要不断地预测或发现问题，要不断地进行规划、决策、执行和检查，而做好这每一项工作都离不开相应的信息。监理工程师进行信息管理的基础工作是设计一个以监理为中心的信息流结构；确定信息目录和编码；监理信息管理制度。

在工程项目控制信息系统中的信息资料大致可分为三类：1）项目设计阶段所拥有的原始信息资料；2）运行过程中反馈的实际信息资料；3）对上述两种信息资料加工处理而

形成的比较资料。为了获得全面、准确、及时的工程信息，需要组成专门机构，确定专门的人员从事这项工作。

1.1.6　建设工程监理制下各方的关系

1. 建筑市场主体

实行建设工程监理制后，我国建筑市场已由传统的二元结构演变为三元结构。在传统的二元结构下，建筑市场的主体是建设单位和施工单位；在三元结构下，建筑市场的主体是项目法人（建设单位）、承包商（包括设计、施工、设备材料供应等承包商）和监理企业（监理单位），他们之间的关系如图 1-1 所示。

在建设工程监理制下，项目法人与社会监理企业之间是委托与被委托关系，这种委托关系要通过监理合同来确定。监理委托关系一旦确定，项目法人和监理企业双方都享有一定的权利并承担相应的义务。监理企业接受委托后，一切的有关行为是以自己的名义独立开展的，他必须对项目法人负责，但并不是项目法人的从属单位。监理企业和承建单位、勘察设计单位、设备原材料供应单位等承包商之间是监理与被监理关系；这种关系不是由监理企业和承包商之间的合同关系确定的，而是由项目法人与承包商之间的合同关系、项目法人和监理企业之间的合同关系以及我国建设工程监理制度的规定等共同确定的。

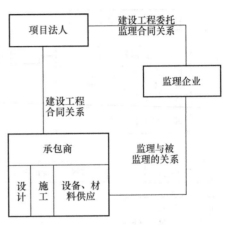

图 1-1　项目法人、监理企业和
承包商之间的关系

基于项目法人授权委托，监理企业要代表项目法人对承包商的工作实施监理，但监理企业独立工作，尤其是当监理企业在行使处理权（包括发表决定、意见、批准或决定价格）所采取的措施可能影响项目法人或承包人的权利和义务时，监理人员应在合同条款范围内顾及所有情况，公正地行使处理权。监理企业可行使与项目法人签订的监理服务合同中规定的或从合同中必然引申的权力。但是，如果项目监理服务合同条款中要求监理工程师在行使一些权力之前要获得项目法人的批准，则必须在合同条款中明确规定。

除监理企业外的其他咨询单位，一般只为项目法人提供专业服务，如法律、技术、管理咨询等。这些咨询单位同承包商之间一般不发生直接的关系。

承包商主要包括设计单位、施工单位及设备材料供应单位等。由于监理企业和承包商之间没有合同关系，因此，为保证监理工作的顺利开展，项目法人与承包商的建设合同中，一般都要明确写入监理条款。

2. 监理企业和项目法人的分工

实行建设工程监理制后，项目法人和监理企业的分工要合理。根据国际惯例和我国现实情况，一般说来，项目法人把建设项目委托给监理企业监理后，其主要精力应当放在积极创造实施工程项目的基本条件和外部环境方面去，包括组织建设投资到位，订购材料设备，申请办理征地拆迁，联系水电供应和对外交通，决定工程建设的重大变更，以及同政府部门、毗邻群众、新闻媒介的组织协调。在上述工作中，遇到技术问题，被委托的监理企业应提供咨询或协助。监理企业除给项目法人提供上述问题的咨询和协助外，其主要的精力应放在搞好工程项目管理的"内务"工作上。这样的工作一般有：协助选择好承包单位，商签好工程承包合同，督促双方履行合同义务，审查设计变更和施工技术方案，组织审核施工组织设计，组织与协调工程建设的实施，检查与验收工程质量，控制工程进度与造价，检验工程计量和掌握工程款项支付，调解各方的争议，处理索赔等。总体上来说，项目法人一般多负责"外部"组织协调，监理企业一般多负责"内部"控制管理。当然不是绝对地"内""外"割离，两者是相互配合、相互呼应的。

为了使监理企业的工作能有效地进行，项目法人授予监理企业相应的权力是必要的。包括材料设备和工程质量的确认权与否决权，进度上的确认权和否决权等，其中特别是质量否决权和计量支付的签字认可权必须授予，否则就不能发挥建设工程监理应有的作用。授予监理工程师的权限大小应在监理委托合同中写清楚。

合理、有效的组织体系是项目目标得以有效控制的重要基础。在项目管理中的良好组织体系，有助于控制渠道的畅通，有助于把人的能力引导到目标控制的轨道上来，自然地形成同方向的合力。根据上述原则，一般项目的现场施工监理工作组织结构设置可参照图 1-2 所示。

图 1-2 表明项目法人不准干预监理工程师的正常工作，有工作应通过其代表对监理工程师谈话；图 1-2 还表明这些代表不可跨过监理工程师直接对承包单位发号施令，有工作应通过监理工程师往下贯彻。这种工作的组织关系就保证了命令源的唯一性，组织上保证了管理工作的有条不紊。

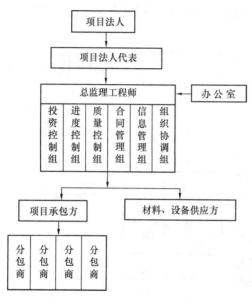

图 1-2 现场监理工作组织结构

在监理工作中有一种情况值得思考。少数项目法人把工程建设项目委托给监理企业监理的同时，自己却又从四面八方调集人马，成立同监理企业大致相同的机构，做监理企业重复的内务工作，而不是集中精力去完成对外联系等诸方面的工作。其结果往往是"抓了芝麻，丢了西瓜"，这种经验教训应为广大的项目法人所吸取。产生这种情况的原因也许是多方面的，或出于小生产的观念，或不放心的心理，或出于不正确的权力观念，或出于几者兼有。重要的是，工程建设项目的主管部门要做这类观念转变工作，并给予其管理分工的具体指导。

1.1.7 建设工程监理与质量监督的区别与联系

自国务院国发［1984］123 号文《关于改革建筑业和基本建设管理体制若干问题的暂行规定》颁布后，各省市、各部门大多成立了工程质量监督机构，拟定了质量监督条例、办法等，积极开展了工作。实践证明，工程质量监督站对确保工程施工质量起到了积极作用。但是，其监督的深度和广度以及专业技术队伍的素质和检测手段等，都还存在着与我国建设发展不相适应的情况。从《建设工程质量管理条例》颁布以来，国家实行了建设工程质量监督管理制度。国务院建设行政主管部门对全国的建设工程质量实施统一监督管理。

建设工程监理与政府工程质量监督同属于工程建设监督管理的范畴。但是，它们分属于不同的监督管理层次。建设工程监理是社会的监督管理，政府工程质量监督是政府系统的监督管理行为。因此，它们在性质、依据、执行者、任务、方法、手段等多方面存在着明显差异。

建设工程监理与政府工程质量监督在性质上是有区别的。建设工程监理具有委托性、服务性、公正性、科学性和微观性，而政府工程质量监督则具有强制性、执法性、全面性和宏观性。

建设工程监理的行为主体是社会化、专业化的监理单位，而政府工程质量监督的执行者是政府建设管理部门的专业执行机构——工程质量监督机构。

建设工程监理是接受项目法人的委托和授权为其提供监督管理服务，而政府工程质量监督则是工程质量监督机构代表政府行使工程质量监督职能。

建设工程监理的工作范围大，它包括在整个建设项目实施阶段进行目标规划、动态控制、组织协调、合同管理、信息管理等一系列活动，而政府工程质量监督则侧重于工程质量方面的监督活动。

就工程质量方面的工作而言也存在较大区别。一是工作依据不尽相同。政府工程质量监督以国家颁发的有关法律、法规和规范、标准等为基本依据，维护法律、法规的严肃性。建设工程监理则不仅以法律、法规为依据，还以政府批准的工程建设文件和工程建设合同（含监理合同）为依据，不仅维护法律、法规的严肃性，还要维护合同的严肃性。二是它们的工作内容要求深度与广度也不相同。建设工程监理要针对整个项目总体质量系统地做好计划、组织、控制、协调等工作，要在整个实施阶段一个循环一个循环地做好动态控制各项工作，要采取综合性控制措施。政府工程质量监督则主要在项目建设的施工阶段对工程质量进行阶段性地监督、检查、确认等工作。三是建设工程监理与政府工程质量监督的工作权限不同。例如，政府工程质量监督拥有确认工程质量等级的权力，而建设工程监理则没有这个权力。四是两者的工作方法和手段不完全相同。建设工程监理主要采用项目管理的方法和手段进行项目质量控制，而政府工程质量监督则侧重于行政管理的方法和手段。

在实施建设工程监理制的情况下，建设工程监理与政府工程质量监督两者均不可缺少。在项目建设中，它们应当相互配合、相辅相成。

1.2 建设程序和建设工程管理制度

1.2.1 建设程序

1. 建设程序的概念

所谓建设程序是指一项建设工程从设想、提出到决策，经过设计、施工，直至投产或交付使用的整个过程中，应当遵循的内在规律。

按照建设工程的内在规律，投资建设一项工程应当经过投资决策、建设实施和交付使用三个发展时期。每个发展时期又可分为若干个阶段，各阶段以及每个阶段内的各项工作之间存在着不能随意颠倒的、严格的先后顺序关系。科学的建设程序应当在坚持"先勘察、后设计、再施工"的原则基础上，突出优化决策、竞争择优、委托监理的原则。

从事建设工程活动，必须严格执行建设程序。这是每一位建设工作者的职责，更是建设工程监理人员的重要职责。

新中国成立以来，我国的建设程序经过了一个不断完善的过程。目前我国的建设程序与计划经济时期相比较，已经发生了重要变化。其中，关键性的变化一是在投资决策阶段实行了项目决策咨询评估制度；二是实行了工程招标投标制度；三是实行了建设工程监理制度；四是实行了项目法人责任制度。

建设程序中的这些变化，使我国工程建设进一步顺应了市场经济的要求，并且与国际惯例趋于一致。

按现行规定，我国一般大中型及限额以上项目的建设程序中，将建设活动分成以下几个阶段：提出项目建议书；编制可行性研究报告；根据咨询评估情况对建设项目进行决策；根据批准的可行性研究报告编制设计文件；初步设计批准后，做好施工前各项准备工作；组织施工，并根据施工进度做好生产或动用前准备工作；项目按照批准的设计内容建完，经投料试车验收合格并正式投产交付使用；生产运营一段时间，进行项目后评估。

2. 建设工程各阶段工作内容

（1）项目建议书阶段

项目建议书是拟建项目单位向政府投资主管部门提出的要求建设某一工程项目的建议文件，是对工程项目建设的初步设想。项目建议书的主要作用是推荐一个拟建项目，通过论述拟建项目的建设必要性、可行性，以及获利、获益的可能性，供政府投资主管部门选择并确定是否进行下一步工作。

项目建议书的内容视工程项目不同而有繁有简，但一般应包括以下几方面内容：

1）拟建项目的必要性和依据；

2）产品方案、建设规模、建设地点的初步设想；

3）资源情况、建设条件、协作关系和设备技术引进国别、厂商的初步分析；

4）投资估算、资金筹措及还贷方案设想；

5）项目进度的初步安排；

6）经济效益和社会效益的初步估计；

7）环境影响的初步评价。

对于政府投资工程，项目建议书按要求编制完成后，应根据建设规模和限额划分报送有关部门审批。项目建议书经批准后，可进行可行性研究工作，但并不表明项目非上不可，批准的项目建议书不是工程项目的最终决策。

（2）可行性研究阶段

可行性研究是指在项目决策之前，通过调查、研究、分析与项目有关的工程、技术、经济等方面的条件和情况，对可能的多种方案进行比较论证，同时对项目建成后的经济效益进行预测和评价的一种投资决策分析研究方法和科学分析活动。

可行性研究的主要作用是为建设项目投资决策提供依据，同时也为建设项目设计、银行贷款、申请开工建设、建设项目实施、项目评估、科学实验、设备制造等提供依据。可行性研究是从项目建设和生产经营全过程分析项目的可行性，主要解决项目建设是否必要，技术方案是否可行，生产建设条件是否具备，项目建设是否经济合理等问题。

可行性研究的成果是可行性研究报告。批准的可行性研究报告是项目最终决策文件。可行性研究报告经有关部门审查通过，拟建项目正式立项。

（3）设计阶段

设计是对拟建工程在技术和经济上进行全面的安排，是工程建设计划的具体化，是组织施工的依据。设计质量直接关系到建设工程的质量，是建设工程的决定性环节。

经批准立项的建设工程，一般应通过招标投标择优选择设计单位。一般工程进行两阶段设计，即初步设计和施工图设计。有些工程，根据需要可在两阶段之间增加技术设计。

1）初步设计

初步设计是根据批准的可行性研究报告和设计基础资料，对工程进行系统研究，概略计算，作出总体安排，拿出具体实施方案。目的是在指定的时间、空间等限制条件下，在总投资控制的额度内和质量要求下，作出技术上可行、经济上合理的设计和规定，并编制工程总概算。

初步设计不得随意改变批准的可行性研究报告所确定的建设规模、产品方案、工程标准、建设地址和总投资等基本条件。如果初步设计提出的总概算超过可行性研究报告总投资的10％以上，或者其他主要指标需要变更时，应重新向原审批单位报批。

2）技术设计

为了进一步解决初步设计中的重大问题，如工艺流程、建筑结构、设备选型等，根据初步设计和进一步的调查研究资料进行技术设计。这样做可以使建设工程更具体、更完善、技术指标更合理。

3）施工图设计

在初步设计或技术设计基础上进行施工图设计，使设计达到施工安装的要求。

施工图设计应结合实际情况，完整、准确地表达出建筑物的外形、内部空间的分割、结构体系以及建筑系统的组成和周围环境的协调。施工图设计还包括各种运输、通信、管道系统、建筑设备的设计。在工艺方面，应具体确定各种设备的型号、规格及各种非标准设备的制造加工图。

《建设工程质量管理条例》规定，建设单位应将施工设计文件报县级以上人民政府建设行政主管部门或其他有关部门及施工图审查机构审查，未经审查批准的施工图设计文件不得使用。

（4）建设准备阶段

工程开工建设之前，应当切实做好各项施工准备工作。其工作内容分别如下。

1）建设准备工作内容。工程项目在开工建设之前要切实做好各项准备工作，其主要内容包括：

①征地、拆迁和场地平整；

②完成施工用水、电、通信、道路等接通工作；

③组织招标选择工程监理单位、施工单位及设备、材料供应商；

④准备必要的施工图纸；

⑤办理工程质量监督和施工许可手续。

2）工程质量监督手续的办理。建设单位在领取施工许可证或者开工报告前，应当到规定的工程质量监督机构办理工程质量监督注册手续。办理质量监督注册手续时需提供下列资料：

①施工图设计文件审查报告和批准书；

②中标通知书和施工、监理合同；

③建设单位、施工单位和监理单位工程项目的负责人和机构组成；

④施工组织设计和监理规划（监理实施细则）；

⑤其他需要的文件。

3）施工许可证的办理。从事各类房屋建筑及其附属设施的建造、装修装饰和与其配套的线路、管道、设备的安装，以及城镇市政基础设施工程的施工，建设单位在开工前应当向工程所在地县级以上人民政府建设主管部门申请领取施工许可证。必须申请领取施工许可证的建筑工程未取得施工许可证的，一律不得开工。

工程投资额在 30 万元以下或者建筑面积在 $300\,\mathrm{m}^2$ 以下的建筑工程，可以不申请办理施工许可证。

（5）施工安装阶段

建设工程具备了开工条件并取得施工许可证后才能开工。

按照规定，建设工程开工时间是指建设工程设计文件中规定的任何一项永久性工程第一次正式破土开槽的开始日期。不需要开槽的工程，以正式开始打桩作为正式开工日期。铁路、公路、水库等需要进行大量土石方工程的，以开始进行土石方工程作为正式开工日期。工程地质勘察、平整场地、旧建筑物拆除、临时建筑或设施等的施工不算正式开工日期。分期建设的工程分别按各期工程开工的日期计算。

本阶段的主要任务是按设计进行施工安装，建成工程实体。

在施工安装阶段，施工承包单位应当认真做好图纸会审工作，参加设计交底，了解设计意图，明确质量要求；选择合适的材料供应商；做好人员培训；合理组织施工；建立并落实技术管理、质量管理体系和质量保证体系；严格把好中间质量验收和竣工验收环节。

（6）生产准备阶段

对于生产性工程项目而言，生产准备是工程项目投产前由建设单位进行的一项重要工作，建设单位应当做好各项生产准备工作。生产准备阶段是由建设阶段转入生产经营阶段的重要衔接阶段，是工程项目建设转入生产经营的必要条件。在本阶段，建设单位应当做好相关工作的计划、组织、指挥、协调和控制工作。

生产准备阶段主要工作有：组建生产管理机构，制定有关制度和规定；招聘并培训生产管理人员，组织有关人员参加设备安装、调试和工程验收工作；落实原材料、协作产品、燃料、水、电、气等的来源和其他需协作配合的条件，签订供货及运输协议；进行工具、器具、备品、备件等的制造或订货；其他需要做好的有关工作。

（7）竣工验收阶段

建设工程按设计文件规定的内容和标准全部完成，并按规定将工程内外全部清理完毕后，达到竣工验收条件，建设单位即可组织竣工验收，工程勘察、设计、施工、监理等有关单位应参加竣工验收。竣工验收是考核建设成果、检验设计和施工质量的关键步骤，是由投资成果转入生产或使用的标志。工程竣工验收要审查工程建设的各个环节，审阅工程档案、实地查验建筑安装工程实体，对工程设计、施工和设备质量等进行全面评价。不合格的工程不予验收。对遗留问题要提出具体解决意见。

竣工验收合格后，建设工程方可交付使用。

竣工验收后，建设单位应及时向建设行政主管部门或其他有关部门备案并移交建设项目档案。

建设工程自办理竣工验收手续后，因勘察、设计、施工、材料等原因造成的质量缺陷，应及时修复，费用由责任方承担。保修期限、返修和损害赔偿应当遵照《建设工程质量管理条例》的规定。

3. 坚持建设程序的意义

建设程序反映了工程建设过程的客观规律。坚持建设程序在以下几方面有重要意义：

（1）依法管理工程建设，保证正常建设秩序

建设工程涉及国计民生，并且投资大、工期长、内容复杂，是一个庞大的系统。在建设过程中，客观上存在着具有一定内在联系的不同阶段和不同内容，必须按照一定的步骤进行。为了使工程建设有序地进行，有必要将各个阶段的划分和工作的次序用法规或规章的形式加以规范，以便于人们遵守。实践证明，坚持了建设程序，建设工程就能顺利进行、健康发展。反之，不按建设程序办事，建设工程就会受到极大的影响。因此，坚持建设程序，是依法管理工程建设的需要，是建立正常建设秩序的需要。

（2）科学决策，保证投资效果

建设程序明确规定，建设前期应当做好项目建议书和可行性研究工作。在这两个阶段，由具有资格的专业技术人员对项目是否必要、条件是否可行进行研究和论证，并对投资收益进行分析，对项目的选址、规模等进行方案比较，提出技术上可行、经济上合理的可行性研究报告，为项目决策提供依据，而项目审批又从综合平衡方面进行把关。如此，可最大限度地避免决策失误并力求决策优化，从而保证投资效果。

（3）顺利实施建设工程，保证工程质量

建设程序强调了"先勘察、后设计、再施工"的原则。根据真实、准确的勘察成果进行设计，根据深度、内容合格的设计进行施工，在做好准备的前提下合理地组织施工活动，使整个建设活动能够有条不紊地进行，这是工程质量得以保证的基本前提。事实证明，坚持建设程序，就能顺利实施建设工程并保证工程质量。

（4）顺利开展建设工程监理

建设工程监理的基本目的是协助建设单位在计划的目标内把工程建成投入使用。因此，坚持建设程序，按照建设程序规定的内容和步骤，有条不紊地协助建设单位开展好每个阶段的工作，对建设工程监理是非常重要的。

4. 建设程序与建设工程监理的关系

（1）建设程序为建设工程监理提出了大量规范化的建设行为标准

建设工程监理要根据行为准则对工程建设行为进行监督管理。建设程序对各建设行为主体和监督管理主体在每个阶段应当做什么、如何做、何时做、由谁做等一系列问题都给予了一定的解答。工程监理单位和监理人员应当根据建设程序的有关规定进行监理。

（2）建设程序为建设工程监理提出了监理的任务和内容

建设程序要求建设工程的前期应当做好科学决策的工作。建设工程监理决策阶段的主要任务就是协助委托单位正确地做好投资决策，避免决策失误，力求决策优化。具体的工作就是协助委托单位择优选定咨询单位，做好咨询合同管理，对咨询成果进行评价。

建设程序要求按照"先勘察、后设计、再施工"的基本顺序做好相应的工作。建设工程监理在此阶段的任务就是协助建设单位做好择优选择勘察、设计、施工单位，对他们的建设活动进行监督管理，做好投资、进度、质量控制以及合同管理和组织协调工作。

（3）建设程序明确了工程监理单位在工程建设中的重要地位

根据有关法律、法规的规定，在工程建设中应当实行建设工程监理制。现行的建设程序体现了这一要求。这就为工程监理单位确立了工程建设中的应有地位。随着我国经济体制改革的深入，工程监理单位在工程建设中的地位将越来越重要。在一些发达国家的建设程序中，都非常强调这一点。例如，英国土木工程师学会在它的《土木工程程序》中强调，在土木工程程序中的所有阶段，监理工程师"起着重要作用"。

（4）坚持建设程序是监理人员的基本职业准则

坚持建设程序，严格按照建设程序办事，是所有工程建设人员的行为准则。对于监理人员而言，更应率先垂范。掌握和运用建设程序，既是监理人员业务素质的要求，也是职业准则的要求。

（5）严格执行我国建设程序是结合中国国情推行建设工程监理制的具体体现

任何国家的建设程序都能反映这个国家的工程建设方针、政策、法律、法规的要求，反映建设工程的管理体制，反映工程建设的实际水平。而且，建设程序总是随着时代的变化、环境和需求的变化，不断地调整和完善。这种动态的调整总是与国情相适应的。

我国推行建设工程监理应当遵循两条基本原则，一是参用国际惯例，二是结合中国国情。工程监理单位在开展建设工程监理的过程中，严格按照我国建设程序的要求做好监理的各项工作，就是结合中国国情的体现。

1.2.2 建设工程主要管理制度

按照我国有关规定，在工程建设中，应当实行项目法人责任制、工程招标投标制、建设工程监理制、合同管理制等主要制度。这些制度相互关联、相互支持，共同构成了建设工程管理制度体系。

1. 项目法人责任制

为了建立投资约束机制，规范建设单位的行为，国家计委于 1996 年 3 月发布了《关于实行建设项目法人责任制的暂行规定》（计建设〔1996〕673 号），要求"国有单位经营性基本建设大中型项目在建设阶段必须组建项目法人"，"由项目法人对项目的策划、资金筹措、建设实施、生产经营、债务偿还和资产的保值增值，实行全过程负责"。项目法人责任制的核心内容是明确由项目法人承担投资风险，项目法人要对工程项目的建设及建成后的生产经营实行一条龙管理和全面负责。

（1）项目法人的设立

新上项目在项目建议书被批准后，应由项目的投资方派代表组成项目法人筹备组，具体负责项目法人的筹建工作。有关单位在申报项目可行性研究报告时，须同时提出项目法人的组建方案，否则，其可行性研究报告将不予审批。在项目可行性研究报告被批准后，应正式成立项目法人。按有关规定确保资本金按时到位，并及时办理公司设立登记。项目公司可以是有限责任公司（包括国有独资公司），也可以是股份有限公司。

由原有企业负责建设的大中型基建项目，需新设立子公司的，要重新设立项目法人；只设分公司或分厂的，原企业法人即是项目法人，原企业法人应向分公司或分厂派遣专职管理人员，并实行专项考核。

（2）项目法人的职权

1）项目董事会的职权

①负责筹措建设资金；

②审核、上报项目初步设计和概算文件；

③审核、上报年度投资计划并落实年度资金；

④提出项目开工报告；

⑤研究解决建设过程中出现的重大问题；

⑥负责提出项目竣工验收申请报告；

⑦审定偿还债务计划和生产经营方针，并负责按时偿还债务；

⑧聘任或解聘项目总经理，并根据总经理的提名，聘任或解聘其他高级管理人员。

2）项目总经理的职权

①组织编制项目初步设计文件，对项目工艺流程、设备造型、建设标准、总图布置提出意见，提交董事会审查；

②组织工程设计、工程监理、工程施工和材料设备采购招标工作，编制和确定招标方案、标底和评标标准，评选和确定投标、中标单位；

③编制并组织实施项目年度投资计划、用款计划和建设进度计划；

④编制项目财务预算、决算；

⑤编制并组织实施归还贷款和其他债务计划；

⑥组织工程建设实施，负责控制工程投资、进度和质量；

⑦在项目建设过程中，在批准的概算范围内对单项工程的设计进行局部调整；

⑧根据董事会授权处理项目实施过程中的重大紧急事件，并及时向董事会报告；

⑨负责生产准备工作和培训人员；

⑩负责组织项目试生产和单项工程预验收；

⑪拟订生产经营计划、企业内部机构设置、劳动定员方案及工资福利方案；

⑫组织项目后评价，提出项目后评价报告；

⑬按时向有关部门报送项目建设、生产信息和统计资料；

⑭提请董事会聘请或解聘项目高级管理人员。

（3）项目法人责任制与工程监理制的关系

1）项目法人责任制是实行工程监理制的必要条件。

项目法人责任制的核心是要落实"谁投资、谁决策、谁承担风险"的基本原则。实行项目法人责任制必然使项目法人面临一个重要问题：如何做好投资决策和风险承担工作。项目法人为了切实承担其职责，必然需要社会化、专业化机构为其提供服务。这种需求为建设工程监理的发展提供了坚实基础。

2）工程监理制是实行项目法人责任制的基本保障。

实行工程监理制，项目法人可以根据自身需求和有关规定委托监理。在工程监理单位协助下，进行建设工程质量、造价、进度目标有效控制，从而为在计划目标内完成工程建设提供了基本保证。

2. 建设工程监理制

早在 1988 年建设部发布的"关于开展建设工程监理工作的通知"中就明确提出要建立建设工程监理制度，在《建筑法》中也作了"国家推行建设工程监理制度"的规定。

3. 工程招标投标制

（1）工程招投标制的作用及意义

一方面，为了保护国家利益、社会公共利益，提高经济效益，保证工程项目质量，自 2000 年 1 月 1 日起开始施行的《中华人民共和国招标投标法》（国家主席令第 21 号）规定，在中华人民共和国境内进行下列工程建设项目包括项目的勘察、设计、施工、监理以及与工程建设有关的重要设备、材料等的采购，必须进行招标：1）大型基础设施、公用事业等关系社会公共利益、公众安全的项目；2）全部或者部分使用国有资金投资或者国家融资的项目；3）使用国际组织或者外国政府贷款、援助的资金项目。另一方面，为了在工程建设领域引入竞争机制，择优选定勘察单位、设计单位、施工单位和材料设备供应单位，也需要实行工程招标投标制。

2000 年 5 月 1 日开始施行的《工程建设项目招标投标范围和规模标准规定》（国家发展计划委员会第 3 号）进一步明确了工程招标的范围和规模标准。

依法必须进行招标的项目，全部使用国有资金投资或者有国有资金投资占控股或者主导地位的，应当公开招标。

（2）工程招投标制与工程监理制的关系

1）工程招投标制是实行工程监理制的重要保证。对于法律法规规定必须实施监理招标的工程项目，建设单位需要按规定采用招标方式选择工程监理单位。通过工程监理招标，有利于建设单位优选高水平工程监理单位，确保建设工程监理效果。

2）工程监理制是落实工程招投标制的重要保障。实行工程监理制，建设单位可以通过委托工程监理单位做好招标工作，更好地优选施工单位和材料设备供应单位。

4. 合同管理制

为了使勘察、设计、施工、材料设备供应单位和工程监理单位依法履行各自的责任和义务，在工程建设中必须实行合同管理制。

合同管理制的基本内容是：建设工程的勘察、设计、施工、材料设备采购和建设工程监理都要依法订立合同。各类合同都要有明确的质量要求、履约担保和违约处罚条款。违约方要承担相应的法律责任。

合同管理制的实施对建设工程监理开展合同管理工作提供了法律上的支持。

1.3 给水排水工程及其建设监理概述

1.3.1 给水排水工程

在我国，给水排水工程专业建立于 20 世纪 50 年代初期，名称是由原苏联引进的，给水排水工程专业经过几代人几十年的建设已经取得了很大的发展，为我国的城市建设培养大批工程技术人才，2012年给水排水工程专业名称调整为给排水科学与工程专业。给水排水工程是一个系统的、完整的，包括水的采集、处理、加工、使用和回收再利用的水的社会循环全过程，是城乡建设的重要基础设施，是城乡水系统循环的实施主体，是实现水资源可持续利用和城乡可持续发展的重要保障。根据目前我国城乡建设的情况，给水排水工程主要包括：给水厂工程、污水处理厂工程、给水排水管网工程、建筑给水排水工程、工业用水与水处理工程以及给水排水设备、水环境污染防治和节水工程等，具体包括：给水厂及输配水管网建设、污水处理厂及排水管网建设、建筑给水排水工程建设、工业企业污废水处理工程建设及城市水景建设等。其中，污水处理厂和排水管网建设具有规模大、投资多的特点，给水厂用于供给城乡人民生活和生产用水，直接关系到人民身体健康。因此，给水排水工程建设是我国城乡建设的重要组成部分。

1.3.2　给水排水工程建设监理

我国给水排水工程建设监理起步较晚，同工业民用建筑、水利、交通和电力等部门相比较，发展较慢。造成这种状况的原因很多，主要原因是由于长期以来城市供水和排水事业发展较慢、工程较少、国家对水污染治理投入不足等。从工程监理的角度来讲，给水排水工程不是单一工程类工程，而是部门交叉类工程，由此导致了给水排水工程建设监理不能像单一工程类工程那样，有强有力的专业部门领导开展监理工作。例如，根据建设部发布的《工程监理企业资质管理规定》，我国建设工程划分为14个工程类别：房屋建筑工程，冶炼工程，矿山工程，化工石油工程，水利水电工程，电力工程，农林工程，铁路工程，公路工程，港口与航道工程，航天航空工程，通信工程，市政公用工程，机电安装工程。其中市政公用工程中包括城市道路工程、给水排水工程、燃气热力工程、垃圾处理工程、地铁轻轨工程和风景园林工程。由此可见，给水排水工程是市政公用工程的重要组成部分。过去给水排水工程监理多数由取得工程监理资质证书的市政工程或建筑工程公司或监理单位承担监理业务。

近几年随着我国经济发展和城市化进程的加快，城市缺水问题尤为突出，缺水范围不断扩大，缺水程度日趋严重，与此同时，水价不断上涨。水污染不断加剧，节水措施不落实等问题也比较突出。为此，国家为了切实加强和改进城市供水、节水和水污染防治工作，促进经济社会的可持续发展，采取了许多强有力的措施，在全国范围内加大给水排水工程建设力度，使给水排水工程建设和监理工作取得了较大的发展。目前，全国各地给水排水建设工程的深度和广度都大大拓展，同时也促进了给水排水工程建设监理较大发展。主要表现在以下几个方面：

（1）从事给水排水工程建设监理的监理单位越来越多，给水排水工程建设监理工作的业务量在工程监理单位中占的比重越来越大，有的监理单位根据目前市场的需要已经成为主要从事城市污水处理厂工程建设工程监理的单位。

（2）给水排水工程建设监理工作在工程监理单位中已经成为一个专门的、独立的工程监理内容，有专门的监理组织和监理人员队伍，不再像过去那种附属于工业民用建筑或其他建筑类专业监理，同时，监理单位中需要的给水排水工程专业监理工程师和监理人员越来越多。

（3）大量的给水排水工程建设监理的实践积累了丰富的给水排水工程建设监理的经验和知识，使得给水排水工程建设监理的理论日趋成熟和完善。全国各地有不少的工程监理单位都能编写出较为完整、规范和实用的给水排水工程建设监理规划等。另外，在工程质量控制，投资控制，进度控制以及工程合同管理、信息管理等方面也都有针对性强、易于操作的文件或文本。例如，本书第 10 章中列举的"某污水处理厂建设监理规划"和"某污水处理厂建设监理实施细则（要点）"就是工程监理单位针对城市污水处理厂建设的建设工程监理规划和实践过程。

总之，给水排水工程建设监理在全国建设工程监理推广和发展中已经得到较大的发展和快速地成长，并且形成了以给水排水工程建设为特色的建设工程监理的理论和实践，这些理论和实践也正是本教材编著的基础和依据，编者希望本教材能为我国给水排水工程建设监理人才的培养和给水排水工程的建设起到一定的作用。

复 习 思 考 题

1. 什么是建设工程监理？它的概念要点是什么？
2. 建设工程监理与政府工程质量监督有何异同？
3. 给水排水工程项目法人、监理企业和承包商之间的关系是什么？
4. 何谓建设程序？我国现行建设程序有哪些内容？
5. 试述项目法人责任制与建设工程监理制的关系。
6. 给水排水工程建设监理发展主要有哪些方面？

第 2 章　监理工程师与工程监理单位

2.1　监理工程师

2.1.1　注册监理工程师

建设工程监理业务是工程管理服务，是涉及多学科、多专业的技术、经济、管理等知识的系统工程，要求较高。因此，监理工作需由一专多能的复合型人才来承担。监理工程师不仅要有理论知识，熟悉设计、施工、管理，还要有组织、协调能力，更重要的是应掌握并应用合同、经济、法律知识，具有复合型的知识结构。这也是监理工程师的执业特点。

建设工程监理的实践证明，没有专业技能的人不能从事监理工作；有一定专业技能，从事多年工程建设，具有丰富施工管理经验或工程设计经验的专业人员，如果没有学习过工程监理知识，也难以开展监理工作。监理工程师在工程建设中担负着十分重要的经济和法律责任，同时考虑到专业分工细化和工程问题的复杂性，要求监理工程师须参加监理知识培训学习后方可从事监理工作。

国际咨询工程师联合会（FIDIC）对从事工程咨询业务人员的职业地位和业务特点所作的说明是："咨询工程师从事的是一份令人尊敬的职业，他仅按照委托人的最佳利益尽责，他在技术领域的地位等同于法律领域的律师和医疗领域的医生。他保持其行为相对于承包商和供应商的绝对独立性，他必须不得从他们那里接受任何形式的好处，而使他的决定的公正性受到影响或不利于他行使委托人赋予的职责。"这个说明同样适合我国的监理工程师。

在国际上流行的各种工程合同条件中，几乎无例外地都含有关于监理工程师的条款。在国际上多数国家的工程项目建设程序中，每一个阶段都有监理工程师的工作出现。如在国际工程招标和投标过程中，凡是有关审查投标人工程经验和业绩的内容，都要提供这些工程的监理工程师的姓名。

工程监理单位派驻工程负责履行建设工程监理合同的组织机构是项目监理机构。在项目监理机构中具体从事监理工作的人员，根据职责和任职条件的不同，可分为总监理工程师、总监理工程师代表、专业监理工程师以及监理员。

注册监理工程师是指经国务院人事和住房城乡建设主管部门统一组织的监理工程师执业资格统一考试成绩合格，并取得国务院建设主管部门颁发的《中华人民共和国注册监理工程师注册执业证书》和执业印章，从事建设工程监理与相关服务等活动的专业技术人员。总监理工程师应由注册监理工程师担任。

总监理工程师代表和专业监理工程师并非一定要注册监理工程师担任。具体可见第 5

章相关内容。

2.1.2　给水排水工程建设监理工程师

根据《注册监理工程师管理规定》（中华人民共和国建设部令第 147 号），注册监理工程师依据其所学专业、工作经历、工程业绩，按照《工程监理企业资质管理规定》（中华人民共和国建设部令第 158 号）划分的工程类别，按专业注册，每人最多可以申请两个专业注册。

根据教育部有关规定和我国高等教育的具体情况，目前我国高等学校设有与工程建设有关的专业共 40 余种，主要是：建筑学、土木工程、道路桥梁与渡河工程、水利水电工程、给排水科学与工程、环境工程、电气工程及其自动化、机械工程等专业。作为一个监理工程师，当然不可能学习和掌握全部专业，但应要求监理工程师至少学习和掌握一种专业技术，并在监理工作中按相应专业岗位从事自己专业范围内或相近专业的建设工程监理工作。为此，按有关规定，在监理工程师注册登记和发证时，应注明每个监理工程师所属专业类别。这样既便于建设单位按工程项目建设中专业工程的需要选择监理单位，也便于监理单位按所学专业和工作性质建立内部岗位责任制。在工程项目建设监理中，各专业的监理工程师就工程项目建设中相应专业的工程监理对工程项目总监理工程师负责，总监理工程师就工程项目监理对项目法人和国家负责。

根据上述规定的含义，所谓给水排水工程建设监理工程师，就是专业岗位为给水排水工程的监理工程师。为便于叙述，在本书中一般统称为监理工程师。给水排水工程建设监理工程师的工作范围主要是给水厂建设、污水处理厂建设、给水管网建设、排水管网建设以及建筑给水排水工程建设。但是根据我国专业设置和主要课程设置的情况来看，不少专业设置有相同课程或同类课程，如土木工程专业设置理论力学、材料力学、结构力学和建筑工程经济等课程，而给排水科学与工程专业设置有类似的工程力学、给水排水工程结构、水工程经济等课程，因此鉴于这种不同专业有较多相同或同类课程设置的情况，专业互补是必需的，也是可行的。所以，在我国建设工程监理工程师并非仅承担自己专业工程建设的监理任务。一般情况下，监理工程师也可以根据自己专业岗位和专长承担与自己专业相近的建设工程监理，例如，在给水厂和污水处理厂的工程建设中，除了有给水排水工程建设监理工程师负责工程监理外，也有土木工程专业、水利水电工程专业的监理工程师从事水厂构筑物、厂房、道路等施工阶段的监理工作；同样，给水排水工程建设监理工程师也可以参加建筑工程、管道工程、水利工程、桥梁工程以及环境工程等监理工作。

2.2　监理工程师的素质结构与职业道德

2.2.1　监理工程师的素质结构

具体从事监理工作的监理人员，不仅要有一定的工程技术或工程经济方面的专业知识、较强的专业技术能力，能够对工程建设进行监督管理，提出指导性的意见，而且要有一定的组织协调能力，能够组织、协调工程建设有关各方共同完成工程建设任务。因此，监理工程师应具备以下素质：

1. 较高的专业学历和复合型的知识结构

工程建设涉及的学科很多，其中主要学科就有几十种。如前所述，作为一名监理工程师，当然不可能掌握这么多的专业理论知识，但至少应掌握一种专业理论知识。所以，要成为一名监理工程师，至少应具有工程类大专以上学历，并应了解或掌握一定的工程建设经济、法律和组织管理等方面的理论知识，不断了解新技术、新设备、新材料、新工艺，熟悉与工程建设相关的现行法律法规、政策规定，成为一专多能的复合型人才，持续保持较高的知识水准。

2. 丰富的工程建设实践经验

监理工程师的业务内容体现的是工程技术理论与工程管理理论的应用，具有很强的实践性特点。因此，实践经验是监理工程师的重要素质之一。据有关资料统计分析，工程建设中出现的失误，少数原因是责任心不强，多数原因是缺乏实践经验。实践经验丰富则可以避免或减少工作失误。工程建设中的实践经验主要包括立项评估、地质勘测、规划设计、工程招标投标、工程设计及设计管理、工程施工及施工管理、工程监理、设备制造等方面的工作实践经验。

3. 良好的品德

监理工程师的良好品德主要体现在以下几个方面：

（1）热爱本职工作；

（2）具有科学的工作态度；

（3）具有廉洁奉公、为人正直、办事公道的高尚情操；

（4）能够听取不同方面的意见，冷静分析问题。

4. 健康的体魄和充沛的精力

尽管建设工程监理是一种高智能的技术服务，以脑力劳动为主，但是也必须具有健康的身体和充沛的精力，才能胜任繁忙、严谨的监理工作。尤其在建设工程施工阶段，由于露天作业，工作条件艰苦，进度往往紧迫，业务繁忙，更需要有健康的身体，否则难以胜任工作。我国对年满65周岁的监理工程师不再进行注册，主要就是考虑监理从业人员身体健康状况的适应能力而设定的条件。

2.2.2 监理工程师的职业道德

道德既是一种行为准则，又是一种善恶标准。既表现为道德心理和意识现象，又表现为道德行为和活动现象，同时也表现为一定的道德原则和规范现象。

各行各业都有自己的道德规范，这些规范是由职业特点决定的。如教师的职业道德是教书育人，医生要有救死扶伤的高尚道德，律师要有公正维护真理的道德。这些道德规范除形成道德观念舆论外，一般都由行业团体制定准则，必须遵守，否则将受到制裁直至被从行业团体中除名。一旦被除名，他就不能再在社会上从事这项职业活动。

工程监理工作的特点之一是要体现公正原则。监理工程师在执业过程中不能损害工程建设任何一方的利益，因此，为了确保建设工程监理事业的健康发展，对监理工程师的职业道德和工作纪律都有严格的要求，在有关法规里也作了具体的规定。在监理行业中，监理工程师应严格遵守如下通用职业道德守则：

（1）维护国家的荣誉和利益，按照"公平、独立、诚信、科学"的准则执业；

（2）执行有关工程建设的法律、法规、标准、规范、规程和制度，履行监理合同规定的义务和职责；

（3）努力学习专业技术和建设工程监理知识，不断提高业务能力和监理水平；

（4）不以个人名义承揽监理业务；

（5）不同时在两个或两个以上监理单位注册和从事监理活动，不在政府部门和施工、材料设备的生产供应等单位兼职；

（6）不为所监理项目指定承包商、建筑构配件、设备、材料生产厂家和施工方法；

（7）不收受被监理单位的任何礼金；

（8）不泄露所监理工程各方认为需要保密的事项；

（9）坚持独立自主地开展工作。

2.3　监理工程师执业资格考试、注册和继续教育

2.3.1　监理工程师执业资格考试

1. 监理工程师执业资格考试制度

执业资格是政府对某些责任较大、社会通用性强、关系公共利益的专业技术工作实行的市场准入控制，是专业技术人员依法独立开业或独立从事某种专业技术工作所必备的学识、技术和能力标准。我国按照有利于国家经济发展、得到社会公认、具有国际可比性、事关社会公共利益等四项原则，在涉及国家、人民生命财产安全的专业技术工作领域，实行专业技术人员执业资格制度。执业资格一般要通过考试方式取得，这体现了执业资格制度公开、公平、公正的原则。只有当某一专业技术执业资格刚刚设立，为了确保该项专业技术工作启动实施，才有可能对首批专业技术人员的执业资格采用考核方式确认。监理工程师是中华人民共和国成立以来在工程建设领域最早设立执业资格的。

实行监理工程师执业资格考试制度的意义在于：（1）促进监理人员努力钻研监理业务，提高业务水平；（2）统一监理工程师的业务能力标准；（3）有利于公正地确定监理人员是否具备监理工程师的资格；（4）合理建立工程监理人才库；（5）便于同国际接轨，开拓国际工程监理市场。因此，我国建立了监理工程师执业资格考试制度。

2. 报考监理工程师的条件

国际上多数国家在设立执业资格时，通常比较注重执业人员的专业学历和工作经验。他们认为这是执业人员的基本素质，是保证执业工作有效实施的主要条件。我国根据对监理工程师业务素质和能力的要求，对参加监理工程师执业资格考试的报名条件也从两方面作出了限制：一是要具有一定的专业学历；二是要具有一定年限的工程建设实践经验。

3. 考试内容

由于监理工程师的业务主要是控制建设工程的质量、投资、进度，监督管理建设工程合同和信息，协调工程建设各方的关系，所以，监理工程师执业资格考试的内容主要是工程建设监理基本理论、工程质量控制、工程进度控制、工程投资控制、工程建设合同管理和涉及工程监理的相关法律法规等方面的理论知识和实务技能。

4. 考试方式和管理

监理工程师执业资格考试是一种水平考试，是对考生掌握监理理论和监理实务技能的抽检。为了体现公开、公平、公正原则，考试实行全国统一考试大纲、统一命题、统一组织、统一时间、闭卷考试、分科记分、统一合格标准的办法，一般每年举行一次。考试所用语言为汉语。

对考试合格人员，由省、自治区、直辖市人民政府人事行政主管部门颁发由国务院人事行政主管部门统一印制，国务院人事行政主管部门和建设行政主管部门共同用印的《监理工程师执业资格证书》。取得执业资格证书并经注册后，即成为注册监理工程师。

我国对监理工程师执业资格考试工作实行政府统一管理。国务院建设行政主管部门负责编制监理工程师执业资格考试大纲、编写考试教材和组织命题工作，统一规划、组织或授权组织监理工程师执业资格考试的考前培训等有关工作。

国务院人事行政主管部门负责审定监理工程师执业资格考试科目、考试大纲和考试试题，组织实施考务工作，会同国务院建设行政主管部门对监理工程师执业资格考试进行检查、监督、指导和确定合格标准。

中国建设工程监理协会负责组织有关专业的专家拟定考试大纲、组织命题和编写培训教材工作。

2.3.2 监理工程师注册

监理工程师注册制度是政府对监理从业人员实行市场准入控制的有效手段。监理人员经注册，即表明获得了政府对其以监理工程师名义从业的行政许可，因而具有相应工作岗位的责任和权力。仅取得《监理工程师执业资格证书》，没有取得《监理工程师注册证书》的人员，不得以注册监理工程师的名义从事工程监理及相关业务活动。

根据《注册监理工程师管理规定》（中华人民共和国建设部令第147号）以及《注册监理工程师注册管理工作规程》（2017年修订版）的规定，监理工程师的注册，根据注册内容的不同分为三种形式，即初始注册、续期注册和变更注册。按照我国有关法规规定，监理工程师只能在一家企业、按照专业类别注册。

1. 初始注册

初始注册者，可自资格证书签发之日起3年内提出申请。逾期未申请者，须符合继续教育的要求后方可申请初始注册。

申请初始注册，应当具备以下条件：

（1）经全国注册监理工程师执业资格统一考试合格，取得资格证书；

（2）受聘于一个相关单位；

（3）达到继续教育要求。

初始注册需要提交下列材料：

（1）申请人的注册申请表；

（2）申请人的资格证书和身份证复印件；

（3）申请人与聘用单位签订的聘用劳动合同复印件；

（4）所学专业、工作经历、工程业绩、工程类中级及中级以上职称证书等有关证明材料；

（5）逾期初始注册的，应当提供达到继续教育要求的证明材料。

2. 续期注册

注册监理工程师每一注册有效期为 3 年，注册有效期满需继续执业的，应当在注册有效期满 30 日前，按照程序申请延续注册。延续注册有效期 3 年。延续注册需要提交下列材料：

（1）申请人延续注册申请表；

（2）申请人与聘用单位签订的聘用劳动合同复印件；

（3）申请人注册有效期内达到继续教育要求的证明材料。

3. 变更注册

在注册有效期内，注册监理工程师变更执业单位，应当与原聘用单位解除劳动关系，并按《注册监理工程师管理规定》第七条规定的程序办理变更注册手续，变更注册后仍延续原注册有效期。

变更注册需要提交下列材料：

（1）申请人变更注册申请表；

（2）申请人与新聘用单位签订的聘用劳动合同复印件；

（3）申请人的工作调动证明（与原聘用单位解除聘用劳动合同或者聘用劳动合同到期的证明文件、退休人员的退休证明）。

根据规定，申请人有下列情形之一的，不予初始注册、延续注册或者变更注册：

（1）不具有完全民事行为能力的；

（2）刑事处罚尚未执行完毕或者因从事工程监理或者相关业务受到刑事处罚，自刑事处罚执行完毕之日起至申请注册之日止不满 2 年的；

（3）未达到监理工程师继续教育要求的；

（4）在两个或者两个以上单位申请注册的；

（5）以虚假的职称证书参加考试并取得资格证书的；

（6）年龄超过 65 周岁的；

（7）法律、法规规定不予注册的其他情形。

2.3.3　注册监理工程师的继续教育

注册监理工程师要不断提高执业能力和工作水平，以适应建设事业发展及监理实务的需要。因此，注册监理工程师每年都要接受一定学时的继续教育。一些国家，如美国、英国等，对执业人员的年度考核也有类似的要求。

注册监理工程师在每一注册有效期内应当达到国务院住房城乡建设主管部门规定的继续教育要求。继续教育作为注册监理工程师逾期初始注册、延续注册和重新申请注册的条件之一。继续教育分为必修课和选修课，在每一注册有效期内各为 48 学时。

2.4　工程监理企业资质

工程监理单位是依法成立并取得国务院住房城乡建设主管部门颁发的工程监理企业资质证书，从事建设工程监理活动的服务机构。工程监理单位也称为工程监理企业。

工程监理企业作为建设工程监理实施主体，需要具有相应的资质条件和综合实力。

另外，随着我国城乡建设的快速发展，许多监理企业都把给水排水工程建设监理作为重要的监理项目，业务量与其他专业的比例越来越大，给水排水工程建设监理已经成为我国建设工程监理企业业务的重要组成部分。

2.4.1　工程监理企业的资质等级标准和业务范围

工程监理企业资质是企业技术能力、管理水平、业务经验、经营规模、社会信誉等综合性实力指标。对工程监理企业进行资质管理的制度是我国政府实行市场准入控制的有效手段。

工程监理企业应当按照所拥有的注册资本、专业技术人员数量和工程监理业绩等资质条件申请资质，经审查合格，取得相应等级的资质证书后，才能在其资质等级许可的范围内从事工程监理活动。

工程监理企业的注册资本不仅是企业从事经营活动的基本条件，也是企业清偿债务的保证。工程监理企业所拥有的专业技术人员数量主要体现在注册监理工程师的数量，这反映企业从事监理工作的工程范围和业务能力。工程监理业绩则反映工程监理企业开展监理业务的经历和成效。

工程监理企业资质分为综合资质、专业资质和事务所资质。其中，专业资质按照工程性质和技术特点划分为若干工程类别。综合资质、事务所资质不分级别。专业资质分为甲级、乙级；其中，房屋建筑、水利水电、公路和市政公用专业资质可设立丙级。

根据《工程监理企业资质管理规定》，工程监理企业的资质等级标准如下：

1. 综合资质标准

（1）具有独立法人资格且具有符合国家有关规定的资产。

（2）企业技术负责人应为注册监理工程师，并具有 15 年以上从事工程建设工作的经历或者具有工程类高级职称。

（3）具有 5 个以上工程类别的专业甲级工程监理资质。

（4）注册监理工程师不少于 60 人，注册造价工程师不少于 5 人，一级注册建造师、一级注册建筑师、一级注册结构工程师或者其他勘察设计注册工程师合计不少于 15 人次。

（5）企业具有完善的组织结构和质量管理体系，有健全的技术、档案等管理制度。

（6）企业具有必要的工程试验检测设备。

（7）申请工程监理资质之日前一年内没有《工程监理企业资质管理规定》第十六条禁止的行为。

（8）申请工程监理资质之日前一年内没有因本企业监理责任造成重大质量事故。

（9）申请工程监理资质之日前一年内没有因本企业监理责任发生三级以上工程建设重大安全事故或者发生两起以上四级工程建设安全事故。

2. 专业资质标准

（1）甲级

1）具有独立法人资格且具有符合国家有关规定的资产。

2）企业技术负责人应为注册监理工程师，并具有 15 年以上从事工程建设工作的经历或者具有工程类高级职称。

3）注册监理工程师、注册造价工程师、一级注册建造师、一级注册建筑师、一级注册结构工程师或者其他勘察设计注册工程师合计不少于 25 人次；其中，相应专业注册监理工程师不少于《专业资质注册监理工程师人数配备表》中要求配备的人数，注册造价工程师不少于 2 人。

4）企业近 2 年内独立监理过 3 个以上相应专业的二级工程项目，但是，具有甲级设计资质或一级及以上施工总承包资质的企业申请本专业工程类别甲级资质的除外。

5）企业具有完善的组织结构和质量管理体系，有健全的技术、档案等管理制度。

6）企业具有必要的工程试验检测设备。

7）申请工程监理资质之日前一年内没有《工程监理企业资质管理规定》第十六条禁止的行为。

8）申请工程监理资质之日前一年内没有因本企业监理责任造成重大质量事故。

9）申请工程监理资质之日前一年内没有因本企业监理责任发生三级以上工程建设重大安全事故或者发生两起以上四级工程建设安全事故。

（2）乙级

1）具有独立法人资格且具有符合国家有关规定的资产。

2）企业技术负责人应为注册监理工程师，并具有 10 年以上从事工程建设工作的经历。

3）注册监理工程师、注册造价工程师、一级注册建造师、一级注册建筑师、一级注册结构工程师或者其他勘察设计注册工程师合计不少于 15 人次。其中，相应专业注册监理工程师不少于《专业资质注册监理工程师人数配备表》中要求配备的人数，注册造价工程师不少于 1 人。

4）有较完善的组织结构和质量管理体系，有技术、档案等管理制度。

5）有必要的工程试验检测设备。

6）申请工程监理资质之日前一年内没有《工程监理企业资质管理规定》第十六条禁止的行为。

7）申请工程监理资质之日前一年内没有因本企业监理责任造成重大质量事故。

8）申请工程监理资质之日前一年内没有因本企业监理责任发生三级以上工程建设重大安全事故或者发生两起以上四级工程建设安全事故。

（3）丙级

1）具有独立法人资格且具有符合国家有关规定的资产。

2）企业技术负责人应为注册监理工程师，并具有 8 年以上从事工程建设工作的经历。

3）相应专业的注册监理工程师不少于《专业资质注册监理工程师人数配备表》中要求配备的人数。

4）有必要的质量管理体系和规章制度。

5）有必要的工程试验检测设备。

3. 事务所资质标准

1）取得合伙企业营业执照，具有书面合作协议书。

2）合伙人中有 3 名以上注册监理工程师，合伙人均有 5 年以上从事建设工程监理的工作经历。

3）有固定的工作场所。

4）有必要的质量管理体系和规章制度。

5）有必要的工程试验检测设备。

2.4.2 工程监理企业的资质申请

工程监理企业申请资质，一般要到企业注册所在地的县级以上地方人民政府建设行政主管部门办理有关手续。新设立的企业申请工程监理企业资质，应先取得《企业法人营业执照》或《合伙企业营业执照》，办理完相应的执业人员注册手续后，方可申请资质。取得《企业法人营业执照》的企业，只可申请综合资质和专业资质，取得《合伙企业营业执照》的企业，只可申请事务所资质。

申请综合资质、专业甲级资质的，可以向企业工商注册所在地的省、自治区、直辖市人民政府住房城乡建设主管部门提交申请材料。省、自治区、直辖市人民政府住房城乡建设主管部门收到申请材料后，应当在5日内将全部申请材料报审批部门。国务院住房城乡建设主管部门在收到申请材料后，应当依法作出是否受理的决定，并出具凭证；申请材料不齐全或者不符合法定形式的，应当在5日内一次性告知申请人需要补正的全部内容。逾期不告知的，自收到申请材料之日起即为受理。国务院住房城乡建设主管部门应当自受理之日起20日内作出审批决定。自作出决定之日起10日内公告审批结果。其中，涉及铁路、交通、水利、通信、民航等专业工程监理资质的，由国务院住房城乡建设主管部门送国务院有关部门审核。国务院有关部门应当在15日内审核完毕，并将审核意见报国务院住房城乡建设主管部门。组织专家评审所需时间不计算在上述时限内，但应当明确告知申请人。

专业乙级、丙级资质和事务所资质由企业所在地省、自治区、直辖市人民政府住房城乡建设主管部门审批。专业乙级、丙级资质和事务所资质许可、延续的实施程序由省、自治区、直辖市人民政府建设主管部门依法确定。省、自治区、直辖市人民政府建设主管部门应当自作出决定之日起10日内，将准予资质许可的决定报国务院建设主管部门备案。

企业申请工程监理企业资质，在资质许可机关的网站或审批平台提出申请事项，提交专业技术人员、技术装备和已完成业绩等电子材料。

申请工程监理专业甲级资质或综合资质的企业，以下申报材料不需提供，由企业法定代表人对其真实性、有效性签字承诺，并承担相应的法律责任：（1）企业法人、合伙企业营业执照；（2）企业章程或合伙人协议；（3）企业法定代表人、企业负责人和技术负责人的身份证明、任命（聘用）文件及企业法定代表人、企业负责人的工作简历；（4）有关企业质量管理体系、技术和档案等管理制度的证明材料；（5）有关工程试验检测设备的证明材料；（6）近两年已完成代表工程的监理业务手册、监理工作总结。

申请工程监理专业甲级资质或综合资质的企业，以下申报材料不需提供，由资质审批部门根据全国建筑市场监管与诚信信息发布平台的相关数据进行核查比对：（1）工程监理企业资质申请表中所列注册监理工程师及其他注册执业人员的注册执业证书、身份证明；（2）企业原工程监理企业资质证书正、副本复印件。对申请房屋建筑工程、市政公用工程专业甲级监理资质的企业，以全国建筑市场监管与诚信信息发布平台项目数据库中的业绩为有效业绩。

资质有效期届满，工程监理企业需要继续从事工程监理活动的，应当在资质证书有效期届满 60 日前，向原资质许可机关申请办理延续手续。对在资质有效期内遵守有关法律、法规、规章、技术标准，信用档案中无不良记录，且专业技术人员满足资质标准要求的企业，经资质许可机关同意，有效期延续 5 年。

2.4.3　工程监理企业的资质管理

为了加强对工程监理企业的资质管理，保障其依法经营业务，促进建设工程监理事业的健康发展，国家建设行政主管部门对工程监理企业资质管理工作制定了相应的管理规定。

1. 工程监理企业资质管理机构及其职责

根据我国现阶段管理体制，我国工程监理企业的资质管理确定的原则是"分级管理，统分结合"，按中央和地方两个层次进行管理。

国务院住房城乡建设主管部门负责全国工程监理企业资质的统一监督管理工作。国务院铁路、交通、水利、信息产业、民航等有关部门配合国务院住房城乡建设主管部门实施相关资质类别工程监理企业资质的监督管理工作。

省、自治区、直辖市人民政府住房城乡建设主管部门负责本行政区域内工程监理企业资质的统一监督管理工作。省、自治区、直辖市人民政府交通、水利、信息产业等有关部门配合同级住房城乡建设主管部门实施相关资质类别工程监理企业资质的监督管理工作。

（1）国务院建设行政主管部门管理工程监理企业资质的主要职责

1）负责全国工程监理企业资质的统一监督管理工作。

2）负责综合资质、专业甲级工程监理企业资质审批。

3）负责全国工程监理企业资质证书的统一印制和发放。

4）负责办理综合资质、专业甲级资质证书中企业名称变更。

5）负责办理工程监理企业资质注销手续。

6）制定有关全国工程监理企业资质的管理办法。

（2）省、自治区、直辖市人民政府建设行政主管部门管理工程监理企业资质的主要职责

1）负责本行政区域内工程监理企业资质的统一监督管理工作。

审批本行政区域内乙级、丙级工程监理企业的资质。其中交通、水利、通信等方面的工程监理企业资质，应征得同级有关部门初审同意后审批。

2）负责专业乙级、丙级资质和事务所工程监理企业资质审批。

3）负责综合资质、专业甲级资质证书中企业名称变更之外的资质证书变更手续。

4）制定在本行政区域内资质管理办法。

2. 工程监理企业资质的监督管理

工程监理企业资质证书分为正本和副本，每套资质证书包括一本正本，四本副本。正、副本具有同等法律效力。工程监理企业资质证书的有效期为 5 年。工程监理企业资质证书由国务院住房城乡建设主管部门统一印制并发放。

县级以上人民政府住房城乡建设主管部门和其他有关部门应当依照有关法律、法规和本规定，加强对工程监理企业资质的监督管理。

工程监理企业不得有下列行为：

（1）与建设单位串通投标或者与其他工程监理企业串通投标，以行贿手段谋取中标；

（2）与建设单位或者施工单位串通弄虚作假、降低工程质量；

（3）将不合格的建设工程、建筑材料、建筑构配件和设备按照合格签字；

（4）超越本企业资质等级或以其他企业名义承揽监理业务；

（5）允许其他单位或个人以本企业的名义承揽工程；

（6）将承揽的监理业务转包；

（7）在监理过程中实施商业贿赂；

（8）涂改、伪造、出借、转让工程监理企业资质证书；

（9）其他违反法律法规的行为。

住房城乡建设主管部门履行监督检查职责时，有权采取下列措施：

（1）要求被检查单位提供工程监理企业资质证书、注册监理工程师注册执业证书，有关工程监理业务的文档，有关质量管理、安全生产管理、档案管理等企业内部管理制度的文件；

（2）进入被检查单位进行检查，查阅相关资料；

（3）纠正违反有关法律、法规和《工程监理企业资质管理规定》及有关规范和标准的行为。

住房城乡建设主管部门进行监督检查时，应当有两名以上监督检查人员参加，并出示执法证件，不得妨碍被检查单位的正常经营活动，不得索取或者收受财物、谋取其他利益。有关单位和个人对依法进行的监督检查应当协助与配合，不得拒绝或者阻挠。监督检查机关应当将监督检查的处理结果向社会公布。

工程监理企业违法从事工程监理活动的，违法行为发生地的县级以上地方人民政府住房城乡建设主管部门应当依法查处，并将违法事实、处理结果或处理建议及时报告该工程监理企业资质的许可机关。

2.5 工程监理企业监理业务主要内容

工程监理单位受建设单位委托，根据法律法规、工程建设标准、勘察设计文件及合同，在施工阶段对建设工程质量、进度、造价进行控制，对合同、信息进行管理，对工程建设相关方的关系进行协调，并履行建设工程安全生产管理法定职责。在订立建设工程监理合同时，建设单位将勘察、设计、保修阶段等相关服务一并委托的，工程监理单位按照建设工程监理合同约定，在建设工程勘察、设计、保修等阶段提供相关服务。

1. 工程勘察设计阶段服务

（1）协助建设单位编制工程勘察设计任务书，选择工程勘察设计单位，并协助签订工程勘察设计合同。

（2）检查勘察设计进度计划执行情况，督促勘察设计单位完成勘察设计合同约定的工作内容，审核勘察设计单位提交的勘察设计费用支付申请表，签发勘察设计费用支付证书，并报建设单位。

（3）根据勘察设计合同，协调处理勘察设计延期、费用索赔等事宜。

（4）协调工程勘察设计与施工单位之间的关系，保障工程正常进行。

（5）审查勘察单位提交的勘察方案，提出审查意见，并报建设单位。如变更勘察方案，应按以上程序重新审查。

（6）检查勘察现场及室内试验主要岗位操作人员的上岗证、所使用设备、仪器计量的检定情况。

（7）应检查勘察单位执行勘察方案的情况，对重要点位的勘探与测试应进行现场检查。

（8）审查勘察单位提交的勘察成果报告，向建设单位提交勘察成果评估报告，并参与勘察成果验收。

（9）依据设计合同及项目总体计划要求审查设计各专业、各阶段进度计划。

（10）工程监理单位应审查设计单位提交的设计成果，并提出评估报告。

（11）审查设计单位提出的新材料、新工艺、新技术、新设备，应通过相关部门评审备案。必要时应协助建设单位组织专家评审。

（12）审查设计单位提出的设计概算、施工图预算，提出审查意见，并报建设单位。

（13）分析可能发生索赔的原因，制定防范对策，减少索赔事件的发生。

（14）协助建设单位组织专家对设计成果进行评审。

（15）协助建设单位向政府有关部门报审有关工程设计文件，并根据审批意见，督促设计单位予以完善。

2. 工程监理

根据法律法规、工程建设标准、勘察设计文件及合同，在施工阶段对建设工程质量、进度、造价进行控制，对合同、信息进行管理，对工程建设相关方的关系进行协调，并履行建设工程安全生产管理法定职责。

3. 工程保修阶段服务

（1）承担工程保修阶段的服务工作时，工程监理单位应定期回访。

（2）对建设单位或使用单位提出的工程质量缺陷，工程监理单位应安排监理人员进行检查和记录，要求施工单位予以修复，并监督实施，合格后予以签认。

（3）工程监理单位应对工程质量缺陷原因进行调查，分析并确定责任归属。对非施工单位原因造成的工程质量缺陷，应核实修复工程费用，签发工程款支付证书，并报建设单位。

2.6　工程监理企业经营活动基本准则

工程监理企业应公平、独立、诚信、科学地开展建设工程监理与相关服务活动，并符合法律法规及有关建设工程标准的规定。

1. 公平

公平，是指工程监理企业在监理活动中既要维护建设单位的利益，又不能损害承包商的合法利益，并依据合同公平合理地处理建设单位与承包商之间的争议。

工程监理企业要做到公正，必须做到以下几点：

（1）要具有良好的职业道德；

（2）要坚持实事求是；

（3）要熟悉有关建设工程合同条款；

（4）要提高专业技术能力；

（5）要提高综合分析判断问题的能力。

2. 独立

独立指的是一种不依附性，是保证公平的基础。监理单位是独立的法人，既不依附于建设单位，也不依附于监理工作的对象。建设单位与监理单位是委托与被委托关系，监理单位须通过投标竞争取得监理业务，监理单位取得业务后须与建设单位签订委托监理合同，二者之间是合同关系。监理单位与被监理单位是监理与被监理的关系。

工程监理单位与被监理工程的承包单位以及建筑材料、建筑构配件和设备供应单位不得有隶属关系或者其他利害关系。监理单位不得承包工程，不得经营建筑材料、构配件和建筑机构、设备。监理工程师不得在政府机关或施工、设备制造、材料供应单位兼职，不得是施工、设备制造和材料、构配件供应单位的合伙经营者。

3. 诚信

诚信，即诚实守信。这是道德规范在市场经济中的体现。它要求一切市场参加者在不损害他人利益和社会公共利益的前提下，追求自己的利益，目的是在当事人之间的利益关系和当事人与社会之间的利益关系中实现平衡，并维护市场道德秩序。诚信原则的主要作用在于指导当事人以善意的心态、诚信的态度行使民事权利，承担民事义务，正确地从事民事活动。

加强企业信用管理，提高企业信用水平，是完善我国工程监理制度的重要保证。企业信用的实质是解决经济活动中经济主体之间的利益关系。它是企业经营理念、经营责任和经营文化的集中体现。信用是企业的一种无形资产，良好的信用能为企业带来巨大效益。我国是世贸组织的成员，信用将成为我国企业走出去，进入国际市场的身份证。它是能给企业带来长期经济效益的特殊资本。监理企业应当树立良好的信用意识，使企业成为讲道德、讲信用的市场主体。

工程监理企业应当建立健全企业的信用管理制度。信用管理制度主要有：1）建立健全合同管理制度；2）建立健全与建设单位的合作制度，及时进行信息沟通，增强相互间的信任感；3）建立健全监理服务需求调查制度，这也是企业进行有效竞争和防范经营风险的重要手段之一；4）建立企业内部信用管理责任制度，及时检查和评估企业信用的实施情况，不断提高企业信用管理水平。

4. 科学

科学，是指工程监理企业要依据科学的方案，运用科学的手段，采取科学的方法开展监理工作。工程监理工作结束后，还要进行科学的总结。实施科学化管理主要体现在：

（1）科学的方案

工程监理的方案主要是指监理规划。其内容包括：工程监理的组织计划；监理工作的程序；各专业、各阶段监理工作内容；工程的关键部位或可能出现的重大问题的监理措施等。在实施监理前，要尽可能准确地预测出各种可能的问题，有针对性地拟订解决办法，制定出切实可行、行之有效的监理实施细则，使各项监理活动都纳入计划管理的轨道。

（2）科学的手段

实施工程监理必须借助于先进的科学仪器才能做好监理工作，如各种检测、试验、化验仪器、摄录像设备及计算机等。

（3）科学的方法

监理工作的科学方法主要体现在监理人员在掌握大量的、确凿的有关监理对象及其外部环境实际情况的基础上，适时、妥帖、高效地处理有关问题，解决问题要用事实说话、用书面文字说话、用数据说话；要开发、利用计算机软件辅助工程监理。

复 习 思 考 题

1. 注册监理工程师和给水排水工程建设监理工程师的含义分别是什么？
2. 简述监理工程师的素质结构。
3. 监理工程师应具备什么样的职业道德？
4. 实行监理工程师执业资格考试制度的意义是什么？
5. 什么叫工程监理企业？如何设立工程监理企业？
6. 在我国工程监理企业资质等级是如何规定的？
7. 简述工程监理企业工程建设各阶段的监理业务。
8. 简述工程监理企业经营的基本准则。

第3章 给水排水工程建设监理合同

3.1 给水排水工程建设监理合同概述

3.1.1 合同

合同是平等主体的自然人、法人、其他组织之间设立、变更、终止民事权利义务关系的协议。各国的合同法规范的都是债权合同，它是市场经济条件下规范财产流转关系的基本依据，因此，合同是市场经济中广泛进行的法律行为。而广义的合同还应包括婚姻、收养、监护等有关身份关系的协议，以及劳动合同、行政合同、国际合同等，这些合同由其他法律进行规范，不属于《中华人民共和国合同法》（简称为《合同法》）中规范的内容。《合同法》分则部分将合同分为 15 类：买卖合同，供用电、水、气、热力合同，赠予合同，借款合同，租赁合同，融资租赁合同，承揽合同，建设工程合同，运输合同，技术合同，保管合同，仓储合同，委托合同，行纪合同，居间合同。这是《合同法》对合同的基本分类，《合同法》对每一类合同都作了较为详细的规定。

在市场经济中，财产的流转主要依靠合同。特别是工程项目，标的大，履行时间长，协调关系多，合同尤为重要。因此，建筑市场中的各方主体，包括建设单位、勘察设计单位、施工单位、咨询单位、监理单位、材料设备供应单位等都要依靠合同确立相互之间的关系。如建设单位要与勘察设计单位订立勘察设计合同、建设单位要与施工单位订立施工合同、建设单位要与监理单位订立监理合同等。在市场经济条件下，这些单位相互之间都没有隶属关系，相互之间的关系主要依靠合同来规范和约束。这些合同都是属于《合同法》中规范的合同，当事人都要依据《合同法》的规定订立和履行。

合同作为一种协议，其本质是一种合意，必须是两个以上意思表示一致的民事法律行为。因此，合同的缔结必须由双方当事人协商一致才能成立。合同当事人作出的意思表示必须合法，这样才能具有法律约束力。建设工程合同也是如此。即使在建设工程合同的订立中承包人一方存在着激烈的竞争（如施工合同的订立中，施工单位的激烈竞争是建设单位进行招标的基础），仍需双方当事人协商一致，发包人不能将自己的意志强加给承包人。双方订立的合同即使是协商一致的，也不能违反法律、行政法规，否则合同就是无效的。如果施工单位超越资质等级许可的业务范围订立施工合同，该合同就没有法律约束力。

合同中所确立的权利义务，必须是当事人依法可以享有的权利和能够承担的义务，这是合同具有法律效力的前提。在建设工程合同中，发包人必须有已经合法立项的项目，承包人必须具有承担承包任务的相应能力。如果在订立合同的过程中有违法行为，当事人不仅达不到预期的目的，还应根据违法情况承担相应的法律责任。在建设工程合同中，如果当事人是通过欺诈、胁迫等手段订立的合同，则应当承担相应的法律责任。

3.1.2 建设工程监理合同

我国现行的《建筑法》明确指出："建设单位与其委托的工程监理单位应当订立书面委托监理合同"。按国家规定，建设工程监理合同必须采用书面形式，其主要条款应包括监理工作的范围、内容、服务期限和酬金，双方的义务、违约责任等。实际工作中，有一些标准的监理合同可供委托人（建设单位）和监理人（工程监理单位）选用。目前较流行的标准合同有两个：一个是住房城乡建设部、国家工商行政管理总局于 2012 年 3 月印发的《建设工程监理合同（示范文本）》GF-2012-0202，主要用于国内建设工程监理；另一个是国际咨询工程师联合会（FIDIC）编发的《业主/咨询工程师标准服务协议书》，国内也简称为"白皮书"，主要用于涉外建设工程监理。

3.1.3 给水排水工程建设监理合同

给水排水工程建设监理合同是建设工程监理合同的一种。同其他类型的建设工程监理合同相比，给水排水工程建设监理合同的特殊性突出地表现在合同监理的对象上。给水排水工程建设监理合同的监理对象是给水排水工程项目，有给水厂工程、污水处理厂工程、给水管网工程、排水管网工程等。监理合同中的有关标准和规范等，也是与给水排水工程相关的标准和规范。

3.2 建设工程监理合同的订立、履行及管理

3.2.1 建设工程监理合同的订立

1. 建设工程监理合同示范文本

"合同"是一个总的协议，是纲领性的法律文件。建设工程监理合同示范文本（后称"示范文本"）包括协议书、通用条件、专用条件和附录。

（1）协议书

协议书中明确了委托人和监理人，双方约定的委托建设工程监理与相关服务的工程名称、工程地点、工程规模、工程概算投资额或建筑安装工程费等工程概况，组成建设工程监理合同的组成文件，总监理工程师的姓名、身份证号码、注册号等信息，监理酬金、相关服务酬金等签约酬金，监理期限、相关服务期限等服务期限，双方对履行合同的承诺，以及合同订立的时间、地点、份数等。

协议书中还明确了组成建设工程监理合同的文件，包括：

1）协议书；

2）中标通知书（适用于招标工程）或委托书（适用于非招标工程）；

3）投标文件（适用于招标工程）或监理与相关服务建议书（适用于非招标工程）；

4）专用条件；

5）通用条件；

6）附录。

建设工程监理合同签订后，双方依法签订的补充协议也是建设工程监理合同文件的组

成部分。

这些文件对委托人和监理人在空格处填写具体内容并签字盖章后都具有约束力。

（2）通用条件

建设工程监理合同通用条件，其内容涵盖了合同中所用词语的定义与解释，监理人的义务，委托人的义务，签约双方的违约责任，酬金的支付，合同的生效、变更、暂停、解除与终止，争议的解决以及其他一些方面的约定。通用条件是监理合同的通用文件，适用于各类建设工程项目监理，各个委托人、监理人都应遵守。

（3）专用条件

签订具体工程项目监理合同时，应结合地域特点、专业特点和委托监理项目的工程特点，对通用条件中的某些条款进行补充、修改。

所谓"补充"是指通用条件中的条款明确规定，在该条款确定的原则下，专用条件的条款中进一步明确具体内容，使两个条件中相同序号的条款共同组成一条内容完备的条款。

所谓"修改"是指通用条件中规定的程序方面的内容，如果双方认为不合适，可以协议修改。

（4）附录

附录包括附录 A 和附录 B 两部分。

1）附录 A 相关服务的范围和内容。如果委托人委托监理人完成施工监理之外的相关服务时，应在附录 A 中明确约定委托的工作内容和范围。如果委托人仅委托建设工程监理，则不需要填写附录 A。

2）附录 B 委托人派遣的人员和提供的房屋、资料、设备。委托人为监理人开展正常监理工作派遣的人员和无偿提供的房屋、资产、设备，应在附录 B 中明确约定派遣或提供的对象、数量和时间。

2. 专用条件需要约定的内容

一般情况下，建设工程监理合同专用条件需要对通用条件中的条款约定的各方面内容进行补充和修改，以使通用条件、专用条件中相同序号的条款共同组成一条内容完备的条款。

（1）定义与解释

1）合同语言文字。在中国境内的建设工程监理合同使用中文书写、解释和说明。如专用条件约定使用两种及以上语言文字时，应以中文为准。因此，如果在合同中使用中文以外的其他语言文字的，需在专用条件中明确约定。

2）合同文件解释顺序。组成建设工程监理合同的文件彼此应能相互解释、互为说明。除专用条件另有约定外，本合同文件的解释顺序如下：①协议书；②中标通知书（适用于招标工程）或委托书（适用于非招标工程）；③专用条件及附录 A、附录 B；④通用条件；⑤投标文件（适用于招标工程）或监理与相关服务建议书（适用于非招标工程）。双方签订的补充协议与其他文件发生矛盾或歧义时，属于同一类内容的文件，应以最新签署的为准。因此，如有必要，合同双方可在专用条件中明确约定合同文件的解释顺序。

（2）监理人的义务

1）监理的范围和工作内容

（A）监理范围。需在专用条件中明确约定监理范围。

（B）监理工作内容。除专用条件另有约定外，监理工作内容包括"示范文本"中的22 项。因此，如有必要，可在专用条件中明确约定 22 项以外的还应包括的内容。

2）监理与相关服务依据

（A）监理依据。双方需根据工程的行业和地域特点，在专用条件中明确约定监理的具体依据。

（B）相关服务依据。合同双方需在专用条件中明确约定相关服务的具体依据。

3）项目监理机构和人员

"示范文本"中通用条件列出 5 种具体的监理人应及时更换监理人员的情形，如有这5 种以外的其他情形，可在专用条件中明确约定。

4）履行职责

（A）对监理人的授权范围。监理人应在专用条件约定的授权范围内，处理委托人与承包人所签订合同的变更事宜。如果变更超过授权范围，应以书面形式报委托人批准。因此，合同双方需在专用条件中明确约定对监理人的授权范围，工程延期、工程变更价款的批准权限。

（B）监理人要求承包人调换其人员的权限。除专用条件另有约定外，监理人发现承包人的人员不能胜任本职工作的，有权要求承包人予以调换。因此，合同双方需在专用条件中明确约定监理人要求承包人调换其人员的权利限制条件。

5）提交报告

监理人应按专用条件约定的种类、时间和份数向委托人提交监理与相关服务的报告。因此，合同双方需在专用条件中明确约定监理人应提交报告的种类（包括监理规划、监理月报及约定的专项报告）、时间和份数。

6）使用委托人的财产

监理人无偿使用附录 B 中由委托人派遣的人员和提供的房屋、资料、设备。除专用条件另有约定外，委托人提供的房屋、设备属于委托人的财产，监理人应妥善使用和保管，在本合同终止时将这些房屋、设备的清单提交委托人，并按专用条件约定的时间和方式移交。因此，合同双方需在专用条件中明确约定附录 B 中由委托人无偿提供的房屋、设备的所有权，监理人应在本合同终止后移交委托人无偿提供的房屋、设备的时间和方式。

（3）委托人的义务

1）委托人代表。委托人应授权一名熟悉工程情况的代表，负责与监理人联系。委托人应在双方签订本合同后 7 天内，将委托人代表的姓名和职责书面告知监理人。当委托人更换委托人代表时，应提前 7 天通知监理人。因此，合同双方需在专用条件中明确约定委托人代表。

2）答复。委托人应在专用条件约定的时间内，对监理人以书面形式提交并要求作出决定的事宜，给予书面答复。逾期未答复的，视为委托人认可。因此，合同双方需在专用条件中明确约定委托人对监理人以书面形式提交并要求做出决定的事宜的答复时限。

（4）违约责任

1）监理人的违约责任。因监理人违反本合同约定给委托人造成损失的，监理人应当赔偿委托人损失。赔偿金额的确定方法在专用条件中约定。监理人承担部分赔偿责任的，其承担赔偿金额由双方协商确定。因此，合同双方需在专用条件中明确约定监理人赔偿金额的确定方法如下：

赔偿金＝直接经济损失×正常工作酬金÷工程概算投资额（或建筑安装工程费）

2）委托人的违约责任。如果委托人未能按期支付酬金超过28天，应按专用条件约定支付逾期付款利息。因此，合同双方需在专用条件中明确约定委托人逾期付款利息的确定方法如下：

逾期付款利息＝当期应付款总额×银行同期贷款利率×拖延支付天数

（5）支付

1）支付货币。除专用条件另有约定外，酬金均以人民币支付。涉及外币支付的，所采用的货币种类、比例和汇率在专用条件中约定。因此，合同双方需在专用条件中明确约定外币币种、外币所占比例和汇率。

2）支付酬金。支付的酬金包括正常工作酬金、附加工作酬金、合理化建议奖励金额及费用。附加工作酬金、合理化建议奖励金额及费用均需在合同履行过程中确定，因此，合同双方需在专用条件中明确约定正常工作酬金支付的时间、比例和金额。

（6）合同生效、变更、暂停、解除与终止

1）生效。除法律另有规定或者专用条件另有约定外，委托人和监理人的法定代表人或其授权代理人在协议书上签字并盖单位章后本合同生效。因此，在必要时合同双方可在专用条件中明确约定合同生效条件。

2）变更。

（A）非监理人原因导致的变更。除不可抗力外，因非监理人原因导致监理人履行合同期限延长、内容增加时，监理人应当将此情况与可能产生的影响及时通知委托人。增加的监理工作时间、工作内容应视为附加工作。附加工作酬金的确定方法在专用条件中约定。因此，合同双方应在专用条件中明确约定除不可抗力外，因非监理人原因导致本合同期限延长时，附加工作酬金的确定方法如下：

附加工作酬金＝本合同期限延长时间（天）×正常工作酬金÷协议书约定的监理与相关服务期限（天）

（B）监理与相关服务工作停止后的善后工作以及恢复服务的准备工作。合同生效后，如果实际情况发生变化使得监理人不能完成全部或部分工作时，监理人应立即通知委托人。除不可抗力外，其善后工作以及恢复服务的准备工作应为附加工作，附加工作酬金的确定方法在专用条件中约定。监理人用于恢复服务的准备时间不应超过28天。因此，合同双方应在专用条件中明确约定附加工作酬金的确定方法如下：

附加工作酬金＝善后工作及恢复服务的准备工作时间（天）×正常工作酬金÷协议书约定的监理与相关服务期限（天）

（C）工程概算投资额或建筑安装工程费增加。因非监理人原因造成工程概算投资额或建筑安装工程费增加时，正常工作酬金应作相应调整。调整方法在专用条件中约定。因此，合同双方应在专用条件中明确约定正常工作酬金增加额的确定方法如下：

正常工作酬金增加额＝工程投资额或建筑安装工程费增加额×正常工作酬金÷工程概算投资额（或建筑安装工程费）

（D）监理人的正常工作量减少。因工程规模、监理范围的变化导致监理人的正常工作量减少时，正常工作酬金应作相应调整。调整方法在专用条件中约定。因此，合同双方应在专用条件中明确约定按减少工作量的比例从协议书约定的正常工作酬金中扣减相同比例的酬金。

（7）争议解决

1）调解。如果双方不能在14天内或双方商定的其他时间内解决本合同争议，可以将其提交给专用条件约定的或事后达成协议的调解人进行调解。因此，合同双方可在专用条件中明确约定合同争议调解人。

2）仲裁或诉讼。双方均有权不经调解直接向专用条件约定的仲裁机构申请仲裁或向有管辖权的人民法院提起诉讼。因此，合同双方应在专用条件中明确约定合同争议的最终解决方式为：仲裁及提请仲裁的机构，或者诉讼及提起诉讼的人民法院。

（8）其他

1）检测费用。委托人要求监理人进行的材料和设备检测所发生的费用，由委托人支付，支付时间在专用条件中约定。因此，合同双方应在专用条件中明确约定检测费用的支付时间。

2）咨询费用。经委托人同意，根据工程需要由监理人组织的相关咨询论证会以及聘请相关专家等发生的费用由委托人支付，支付时间在专用条件中约定。因此，合同双方应在专用条件中明确约定咨询费用的支付时间。

3）奖励。监理人在服务过程中提出的合理化建议，使委托人获得经济效益的，双方在专用条件中约定奖励金额的确定方法。奖励金额在合理化建议被采纳后，与最近一期的正常工作酬金同期支付。因此，合同双方应在专用条件中明确约定合理化建议奖励金额的确定方法和奖励金额的比率，奖励金额的确定方法如下：

奖励金额＝工程投资节省额×奖励金额的比率

4）保密。双方不得泄露对方申明的保密资料，亦不得泄露与实施工程有关的第三方所提供的保密资料，保密事项在专用条件中约定。因此，合同双方应在专用条件中明确约定委托人、监理人和第三方申明的保密事项和期限。

5）著作权。监理人对其编制的文件拥有著作权。监理人可单独或与他人联合出版有关监理与相关服务的资料。除专用条件另有约定外，如果监理人在本合同履行期间及本合同终止后两年内出版涉及本工程的有关监理与相关服务的资料，应当征得委托人的同意。因此，合同双方可在专用条件中明确约定监理人在本合同履行期间及本合同终止后两年内出版涉及本工程的有关监理与相关服务的资料的限制条件。

（9）补充条款

除上述约定外，合同双方的其他补充约定应以补充条款的形式体现在专用条件中。

3. 附录需要约定的内容

（1）附录A需要约定的内容

相关服务的范围和内容在附录A中约定。因此，合同双方可在附录A中明确约定工程勘察阶段、设计阶段、保修阶段和其他相关服务（专业技术咨询、外部协调工作等）的范围和内容，并应注意要与协议书中约定的相关服务期限相一致。

（2）附录B需要约定的内容

委托人应按照附录 B 约定，无偿向监理人提供工程有关的资料。在建设工程监理合同履行过程中，委托人应及时向监理人提供最新的与工程有关的资料。委托人应按照附录 B 约定，派遣相应的人员，提供房屋、设备，供监理人无偿使用。因此，合同双方应在附录 B 中明确约定委托人派遣的人员和提供的房屋、资料、设备。

3.2.2　建设工程监理合同的履行

1. 监理人的义务

（1）监理的范围和工作内容

1）监理范围。建设工程监理范围可能是整个工程，也可能是工程中的一个或几个施工标段，还可能是一个或几个施工标段中的部分工程。合同双方需在专用条件中明确约定建设工程监理的具体范围。

2）监理工作内容。对于强制实施监理的建设工程，通用条件约定了 22 项监理人需要完成的基本工作：

（A）收到工程设计文件后编制监理规划，且在第一次工地会议 7 天前报委托人，并根据有关规定和监理工作需要，编制监理实施细则；

（B）熟悉工程设计文件，并参加由委托人主持的图纸会审和设计交底会议；

（C）参加由委托人主持的第一次工地会议；主持监理例会并根据工程需要主持或参加专题会议；

（D）审查施工承包人提交的施工组织设计，重点审查其中的质量安全技术措施、专项施工方案与工程建设强制性标准的符合性；

（E）检查施工承包人工程质量、安全生产管理制度及组织机构和人员资格；

（F）检查施工承包人专职安全生产管理人员的配备情况；

（G）审查施工承包人提交的施工进度计划，核查承包人对施工进度计划的调整；

（H）检查施工承包人的试验室；

（I）审核施工分包人资质条件；

（J）查验施工承包人的施工测量放线成果；

（K）审查工程开工条件，对条件具备的签发开工令；

（L）审查施工承包人报送的工程材料、构配件、设备质量证明文件的有效性和符合性，并按规定对用于工程的材料采取平行检验或见证取样方式进行抽检；

（M）审核施工承包人提交的工程款支付申请，签发或出具工程款支付证书，并报委托人审核、批准；

（N）在巡视、旁站和检验过程中，发现工程质量、施工安全存在事故隐患的，要求施工承包人整改并报委托人；

（O）经委托人同意，签发工程暂停令和复工令；

（P）审查施工承包人提交的采用新材料、新工艺、新技术、新设备的论证材料及相关验收标准；

（Q）验收隐蔽工程、分部分项工程；

（R）审查施工承包人提交的工程变更申请，协调处理施工进度调整、费用索赔、合同争议等事项；

（S）审查施工承包人提交的竣工验收申请，编写工程质量评估报告；

（T）参加工程竣工验收，签署竣工验收意见；

（U）审查施工承包人提交的竣工结算申请并报委托人；

（V）编制、整理工程监理归档文件并报委托人。

3）相关服务的范围和内容。委托人需要监理人提供相关服务的，其范围和内容应在附录 A 中约定。

（2）监理与相关服务依据

1）监理依据包括：

（A）适用的法律、行政法规及部门规章；

（B）与工程有关的标准；

（C）工程设计及有关文件；

（D）建设工程监理合同及委托人与第三方签订的与实施工程有关的其他合同。

双方根据工程的行业和地域特点，在专用条件中具体约定监理依据。

2）相关服务依据在专用条件中约定。

（3）项目监理机构和人员

1）监理人应组建满足工作需要的项目监理机构，配备必要的检测设备。项目监理机构的主要人员应具有相应的资格条件。

2）建设工程监理合同履行过程中，总监理工程师及重要岗位监理人员应保持相对稳定，以保证监理工作正常进行。

3）监理人可根据工程进展和工作需要调整项目监理机构人员。监理人更换总监理工程师时，应提前 7 天向委托人书面报告，经委托人同意后方可更换；监理人更换项目监理机构其他监理人员，应以相当资格与能力的人员替换，并通知委托人。

4）监理人应及时更换有下列情形之一的监理人员：

（A）严重过失行为的；

（B）有违法行为不能履行职责的；

（C）涉嫌犯罪的；

（D）不能胜任岗位职责的；

（E）严重违反职业道德的；

（F）专用条件约定的其他情形。

5）委托人可要求监理人更换不能胜任本职工作的项目监理机构人员。

（4）履行职责

监理人应遵循职业道德准则和行为规范，严格按照法律法规、工程建设有关标准及建设工程监理合同履行职责。

1）在监理与相关服务范围内，委托人和承包人提出的意见和要求，监理人应及时提出处置意见。当委托人与承包人之间发生合同争议时，监理人应协助委托人、承包人协商解决。

2）当委托人与承包人之间的合同争议提交仲裁机构仲裁或人民法院审理时，监理人应提供必要的证明资料。

3）监理人应在专用条件约定的授权范围内，处理委托人与承包人所签订合同的变更事宜。如果变更超过授权范围，应以书面形式报委托人批准。

在紧急情况下，为了保护财产和人身安全，监理人所发出的指令未能事先报委托人批准时，应在发出指令后的 24 小时内以书面形式报委托人。

4）除专用条件另有约定外，监理人发现承包人的人员不能胜任本职工作的，有权要求承包人予以调换。

（5）提交报告

监理人应按专用条件约定的种类、时间和份数向委托人提交监理与相关服务的报告。

（6）文件资料

在建设工程监理合同履行期内，监理人应在现场保留工作所用的图纸、报告及记录监理工作的相关文件。工程竣工后，应当按照档案管理规定将监理有关文件归档。

（7）使用委托人的财产

监理人无偿使用附录 B 中由委托人派遣的人员和提供的房屋、资料、设备。除专用条件另有约定外，委托人提供的房屋、设备属于委托人的财产，监理人应妥善使用和保管，在建设工程监理合同终止时将这些房屋、设备的清单提交委托人，并按专用条件约定的时间和方式移交。

2. 委托人的义务

（1）告知

委托人应在委托人与承包人签订的合同中明确监理人、总监理工程师和授予项目监理机构的权限。如有变更，应及时通知承包人。

（2）提供资料

委托人应按照附录 B 约定，无偿向监理人提供与工程有关的资料。在建设工程监理合同履行过程中，委托人应及时向监理人提供最新的与工程有关的资料。

（3）提供工作条件

委托人应为监理人完成监理与相关服务提供必要的条件。

1）委托人应按照附录 B 约定，派遣相应的人员，提供房屋、设备，供监理人无偿使用。

2）委托人应负责协调工程建设中所有外部关系，为监理人履行建设工程监理合同提供必要的外部条件。

（4）委托人代表

委托人应授权一名熟悉工程情况的代表，负责与监理人联系。委托人应在双方签订建设工程监理合同后 7 天内，将委托人代表的姓名和职责书面告知监理人。当委托人更换委托人代表时，应提前 7 天通知监理人。

（5）委托人意见或要求

在建设工程监理合同约定的监理与相关服务工作范围内，委托人对承包人的任何意见或要求应通知监理人，由监理人向承包人发出相应指令。

（6）答复

委托人应在专用条件约定的时间内，对监理人以书面形式提交并要求作出决定的事宜，给予书面答复。逾期未答复的，视为委托人认可。

（7）支付

委托人应按建设工程监理合同约定，向监理人支付酬金。

3. 违约责任

（1）监理人的违约责任

监理人未履行建设工程监理合同义务的，应承担相应的责任。

1）因监理人违反建设工程监理合同约定给委托人造成损失的，监理人应当赔偿委托人损失。赔偿金额的确定方法在专用条件中约定。监理人承担部分赔偿责任的，其承担赔偿金额由双方协商确定。

2）监理人向委托人的索赔不成立时，监理人应赔偿委托人由此发生的费用。

（2）委托人的违约责任

委托人未履行建设工程监理合同义务的，应承担相应的责任。

1）委托人违反建设工程监理合同约定造成监理人损失的，委托人应予以赔偿。

2）委托人向监理人的索赔不成立时，应赔偿监理人由此引起的费用。

3）委托人未能按期支付酬金超过 28 天，应按专用条件约定支付逾期付款利息。

（3）除外责任

因非监理人的原因，且监理人无过错，发生工程质量事故、安全事故、工期延误等造成的损失，监理人不承担赔偿责任。

因不可抗力导致建设工程监理合同全部或部分不能履行时，双方各自承担其因此而造成的损失、损害。

4. 酬金支付

（1）支付货币

除专用条件另有约定外，酬金均以人民币支付。涉及外币支付的，所采用的货币种类、比例和汇率在专用条件中约定。

（2）支付申请

监理人应在建设工程监理合同约定的每次应付款时间的 7 天前，向委托人提交支付申请书。支付申请书应当说明当期应付款总额，并列出当期应支付的款项及其金额。

（3）支付酬金

支付的酬金包括正常工作酬金、附加工作酬金、合理化建议奖励金额及费用。

（4）有争议部分的付款

委托人对监理人提交的支付申请书有异议时，应当在收到监理人提交的支付申请书后 7 天内，以书面形式向监理人发出异议通知。无异议部分的款项应按期支付，有异议部分的款项按约定办理。

5. 合同的生效、变更、暂停、解除与终止

（1）生效

除法律另有规定或者专用条件另有约定外，委托人和监理人的法定代表人或其授权代理人在协议书上签字并盖单位章后建设工程监理合同生效。

（2）变更

1）任何一方提出变更请求时，双方经协商一致后可进行变更。

2）除不可抗力外，因非监理人原因导致监理人履行合同期限延长、内容增加时，监理人应当将此情况与可能产生的影响及时通知委托人。增加的监理工作时间、工作内容应

视为附加工作。附加工作酬金的确定方法在专用条件中约定。

3）合同生效后，如果实际情况发生变化使得监理人不能完成全部或部分工作时，监理人应立即通知委托人。除不可抗力外，其善后工作以及恢复服务的准备工作应为附加工作，附加工作酬金的确定方法在专用条件中约定。监理人用于恢复服务的准备时间不应超过28天。

4）合同签订后，遇有与工程相关的法律法规、标准颁布或修订的，双方应遵照执行。由此引起监理与相关服务的范围、时间、酬金变化的，双方应通过协商进行相应调整。

5）因非监理人原因造成工程概算投资额或建筑安装工程费增加时，正常工作酬金应作相应调整。调整方法在专用条件中约定。

6）因工程规模、监理范围的变化导致监理人的正常工作量减少时，正常工作酬金应作相应调整。调整方法在专用条件中约定。

（3）暂停与解除

除双方协商一致可以解除建设工程监理合同外，当一方无正当理由未履行合同约定的义务时，另一方可以根据合同约定暂停履行合同直至解除合同。

1）在建设工程监理合同有效期内，由于双方无法预见和控制的原因导致合同全部或部分无法继续履行或继续履行已无意义，经双方协商一致，可以解除合同或监理人的部分义务。在解除之前，监理人应作出合理安排，使工程损失减至最小。

因解除建设工程监理合同或解除监理人的部分义务导致监理人遭受的损失，除依法可以免除责任的情况外，应由委托人予以补偿，补偿金额由双方协商确定。

解除建设工程监理合同的协议必须采取书面形式，协议未达成之前，合同仍然有效。

2）在建设工程监理合同有效期内，因非监理人的原因导致工程施工全部或部分暂停，委托人可通知监理人要求暂停全部或部分工作。监理人应立即安排停止工作，并将开支减至最小。除不可抗力外，由此导致监理人遭受的损失应由委托人予以补偿。

暂停部分监理与相关服务时间超过182天，监理人可发出解除建设工程监理合同约定的该部分义务的通知；暂停全部工作时间超过182天，监理人可发出解除建设工程监理合同的通知，合同自通知到达委托人时解除。委托人应将监理与相关服务的酬金支付至合同解除日，且应承担约定的责任。

3）当监理人无正当理由未履行建设工程监理合同约定的义务时，委托人应通知监理人限期改正。若委托人在监理人接到通知后的7天内未收到监理人书面形式的合理解释，则可在7天内发出解除合同的通知，自通知到达监理人时合同解除。委托人应将监理与相关服务的酬金支付至限期改正通知到达监理人之日，但监理人应承担约定的责任。

4）监理人在专用条件中约定的支付之日起28天后仍未收到委托人按建设工程监理合同约定应付的款项，可向委托人发出催付通知。委托人接到通知14天后仍未支付或未提出监理人可以接受的延期支付安排，监理人可向委托人发出暂停工作的通知并可自行暂停全部或部分工作。暂停工作后14天内监理人仍未获得委托人应付酬金或委托人的合理答复，监理人可向委托人发出解除合同的通知，自通知到达委托人时合同解除。委托人应承担约定的责任。

5）因不可抗力致使建设工程监理合同部分或全部不能履行时，一方应立即通知另一方，可暂停或解除合同。

6）建设工程监理合同解除后，合同约定的有关结算、清理、争议解决方式的条件仍然有效。

（4）终止

以下条件全部满足时，建设工程监理合同即告终止：

1）监理人完成建设工程监理合同约定的全部工作；

2）委托人与监理人结清并支付全部酬金。

3.2.3　建设工程监理合同管理

工程建设是一个很复杂的社会生产过程，很多单位会参与其中。在工程的实施过程中，不论是建设单位，还是施工单位，都会涉及合同，如勘察合同、设计合同、施工合同、监理合同、咨询合同、材料设备采购合同等。在市场经济体制下，合同用来规范当事人的交易行为，也是维系各参与单位之间关系的纽带；合同管理是组织建设工程实施的基本手段，也是项目监理机构控制建设工程质量、造价和进度三大目标的重要手段。

1. 合同管理的内容

有效的给水排水工程建设监理合同管理是管理而不仅是控制。它的主要目的是约束双方遵守合同规则，避免双方责任的分歧以及不严格执行合同而造成经济损失。给水排水工程建设监理合同管理是指合同双方对合同的签订、分析、履行和控制，保证合同的顺利履行。

合同管理工作大体分 5 个部分：

（1）合同分析

合同分析就是要弄清合同中的每一项内容，组织有关人员对合同条款、法律条款分别进行学习、分析、解释，以便按合同实施。同时也要对项目的延期说明、成本变化、成本补偿、合同条款的变更等进行仔细分析。根据已出版的合同分析手册可以弄清楚合同条款的责任；若手册上没有，还需要自己分析。

（2）合同数据档案的建立

把合同条款分门别类地归纳起来，把它们存放在相应的位置上，便于计算机检索。也可以使用图表，使合同管理中的各个程序具体化。

（3）合同网络系统

把合同中的时间、工作和成本用网络形式表达出来，称为合同网络系统。

（4）合同监督

合同监督不仅是对合同条款进行经常解释，还是对双方来往信件、文件、会议记录等进行检查和解释。其目的是保证各项工作的精确性、准确性，符合合同要求。

（5）索赔管理

合同管理的最后一部分是索赔管理，包括索赔与反索赔。索赔与反索赔没有一个规定标准，只能以项目实施中发生的具体事件为依据进行评价分析，从中找到索赔的理由和条件。前面几项工作是索赔管理的基础或根据，若做不好，索赔管理就会很困难。

所谓索赔，是由于履约的关系受到破坏，一方向另一方要求赔偿的经济行为；也可以是贸易中受损失的一方向违约一方提出赔偿损失的要求。需要指出的是索赔不是单方面的，而是双向的，不仅限于监理人向委托人提出索赔，而且也有相反的情况。

2. 解决争端的途径

由于给水排水工程本身、施工条件以及社会的政治与经济等原因,任何给水排水工程建设监理合同总是存在许多风险。虽然合同的双方都应承担一定的责任,但因各方所处的地位不同,所以建设单位与监理单位之间在建设工程监理合同实施过程中,发生分歧、争议和索赔是难以避免的。如果金额巨大或后果严重,将有可能发生仲裁或诉讼。

解决争端的途径有 4 种:

(1)协商

协商是合同双方本着诚信原则协商解决彼此间争议的方式。这种方式是争议发生后,由合同双方当事人直接磋商,自行解决。一般程序是,通过协商,互相作出一定让步。在双方均认为可以接受的基础上,达成和解,使问题得到解决从而消除争议。这种做法既可节省费用,又可保持友好气氛,有利于双方合作关系的发展。但这种办法不够完备,缺乏约束力。

(2)调解

如果双方不能在 14 天内或双方商定的其他时间内解决本合同争议,可以将其提交给专用条件约定的或事后达成协议的调解人进行调解。这种方式是双方共同推举有关方面的专家对争议进行调解,使争议得到解决。此法花费不大,解决问题快。但调解人的意见是参照性的,由双方自愿履行,无约束力和强制性。

(3)仲裁

双方均有权不经调解直接向专用条件约定的仲裁机构申请仲裁。争议金额巨大或后果严重时,双方都不肯做出较大让步,虽经长期反复协商或调解仍不能解决,或者一方有意毁约,态度不好,没有解决的诚意时所采取的方式。仲裁不同于协商与调解,仲裁应按照仲裁程序,由仲裁员作出裁决。裁决是有约束力的,虽然仲裁组织本身无强制能力和强制措施,但是,如果败诉方不执行裁决,胜诉方有权向法院提出申请。法院可根据胜诉方的要求,出面强制败诉方执行,从而使败诉方不能无视裁决而逃避责任。仲裁比经法院处理问题迅速,也节省费用。

(4)诉讼

双方均有权不经调解直接向专用条件约定的有管辖权的人民法院提起诉讼。诉讼即向法院起诉。当发生争议后,通过协商调解不能解决,或争议所涉及的金额巨大,后果严重,合同条款中又没有签订仲裁条款,事后又没有达成仲裁协议,则双方当事人中任何一方都可以向有管辖权的法院起诉,申请判决。双方当事人都没有任意选择法院或法官的权力。诉讼须按诉讼程序法,判决按实体法,没有协商余地。

3.3 《业主/咨询工程师标准服务协议书》简介

国际咨询工程师联合会简称 FIDIC,是法文名称(Fédération Internationale Des Ingénieurs Conseils)字头的缩写,中文音译为"菲迪克",英文名称为 International Federation of Consulting Engineers,指国际咨询工程师联合会这一独立的国际组织。1913年,比利时、法国、瑞士等欧洲 3 国独立的咨询工程师协会组成了 FIDIC。第二次世界大战以来,FIDIC 的成员发展较快,它在国际土木工程建设中的影响也越来越大。至今,

FIDIC 已拥有来自全球各地的 60 多个成员国，下设四个地区成员协会：亚洲及太平洋地区成员协会（ASPAC）、欧洲共同体成员协会（CEDIC）、非洲成员协会集团（CAMA）和北欧成员协会集团（RIHORD）。目前，FIDIC 已成为国际上工程咨询最具有权威性的咨询工程师组织。

FIDIC 多年来编辑发表了许多条例和有关出版物，最著名的是它制定的合同条件（Conditions of Contract）。"合同条件"是招标文件的一个主要组成部分，它是工程发包方提出的供投标者中标后与项目法人谈判签订合同的依据。国内也有称之为"合同条款"的，但仍以采用"合同条件"一词为宜。合同条款指合同已经签字生效后，合同中所开列的条款。

目前流行的 FIDIC 合同条件是 20 世纪 80 年代以来该组织在一些原有合同条件基础上，修改编写的 3 个合同条件：①《土木工程施工合同条件》（Conditions of Contract for Works of Civil Engineering Construction），国内也简称为"红皮书"或 FIDIC 72 条，包括通用条件和专用条件两部分。②《电气与机械工程合同条件》（Conditions of Contract for Electrical and Mechanical Works），国内也有简称为"黄皮书"的。③《业主/咨询工程师标准服务协议书》（Conditions of the Client/Consultant Model Services Agreement），国内也有简称为"白皮书"的。以上 3 个合同条件，由于具有严谨性、科学性和公正性而为许多国家和有关项目法人、承包商所接受。在多年实践的基础上，目前已成为国际公认的标准合同条件，得到了越来越多的国家以及世界银行等国际金融机构的认可。

改革开放以来，我国许多施工企业开始走向国际工程承包市场，对国际惯用的 FIDIC 合同条件经历了边学习边实践，由不熟悉到熟悉的过程。与此同时，国内一批又一批利用世界银行贷款建设的工程项目相继开工。这些项目建设都按世界银行要求，应用 FIDIC 合同条件进行项目管理。实践表明，应用 FIDIC 合同条件进行工程管理，既符合国际惯例，也确实可以起到控制项目目标的作用。

1990 年 FIDIC 编写的《业主/咨询工程师标准服务协议书》是由过去 FIDIC 编写的《雇主/咨询工程师建筑工程设计与监理协议书国际通用规则》（缩写为 IGRA 1979 D&S）、《雇主/咨询工程师协议国际样板格式》（缩写为 IGRA 1979 PI）、《雇主/咨询工程师项目管理协议书国际通用规则》（缩写为 IGRA 1980 PM）3 种文件演变来的，它代替了上述 3 种文件。

在《业主/咨询工程师标准服务协议书》的"前言"中，明确指出了协议书的服务范围为"通用于投资前研究、可行性研究、设计及施工管理、项目管理"。不仅适用于国际，也可适用于国内，是一本适用范围非常广泛的标准文本。例如在项目管理中，它既适用于经济的可行性研究、财务管理、技术培训、资源管理、采购与发包等，也适用于环境影响评价与对策研究、工程技术设计、施工管理和工程管理。

《业主/咨询工程师标准服务协议书》（以下简称《标准协议书》）从表面上看是由两部分组成，即第一部分标准条件和第二部分特殊应用条件，实际上标准协议书由 4 部分组成，即协议书、第一部分标准条件、第二部分特殊应用条件和附件等共同组成一个完整的文本，现对标准协议书的 4 部分内容简述如下。

1. 协议书

"协议书"由 3 部分组成。

（1）约首。约首由签约日期、业主、咨询工程师名称和服务项目内容组成。

（2）正文。正文由双方达成的协议组成。在这些协议中，除了需要增加附件内容而填入外，其他只需双方承认即可。

（3）约末。约末由业主、咨询工程师的代表在公证人在场的情况下签名，填写签字地址。

2. 第一部分标准条件

《标准协议书》第一部分标准条件由9部分组成，包括定义及解释，咨询工程师的义务，业主的义务，职员，责任和保险，协议书的开始、完成、变更与终止，支付，一般规定，争端的解决。

需要指出的是，第一部分标准条件中既没有工程名称及业主、咨询工程师的名称，也没有签字的地方，只要双方同意此条件，并在"协议书"中确认此文件为其组成部分之一，即赋予法律效力。

3. 第二部分特殊应用条件

《标准协议书》的第二部分特殊应用条件由两部分组成，即A和B。A是参阅第一部分条款对其中的10条空白处，将双方协商一致的结果清楚地填写在里边，包括项目名称，责任期限，赔偿限额，开始、完成时间，货币支付时间和过期应付款项补偿比例，外币币种和汇率，使用语言，业务总部所在地，业主、咨询工程师的地址、电话号码和传真号码，仲裁规则等；B是附加条款，即双方经过协商需要附加的内容。

由条款的相应顺序编号把标准条件与被称为第二部分的特殊应用条件相联系起来，这样第一部分和第二部分共同构成确定各方权利和义务的条件。

第二部分的内容必须专门拟定，以适应每一单独的协议书和服务类型。应将必须完成的第二部分的内容刊印在活页纸上，以便在增编附加条款时可将其撤换。

4. 附件

根据《标准协议书》的要求，应有3个附件，即：

附件A——服务范围；

附件B——业主提供的职员、设备、设施和其他人员的服务；

附件C——报酬和支付。

（1）附件A——服务范围

在第一部分标准条件中服务范围写明"咨询工程师应履行与项目有关的服务。服务的范围在附件A中规定"。因此，附件A包括所要履行的服务范围，对"正常服务"的范围须明确描述，对较普通的和任何可预见的"附加服务"需单独描述。

（2）附件B——业主提供的职员、设备、设施和其他人员的服务

在第一部分标准条件中对业主提供的职员、设备、设施和其他人员的服务作了规定。同时对附件B作了有约束力的规定。对附件B，需要业主、咨询工程师双方根据需要与可能经过协商确定之后，对提供的职员人数、设备和设施的数量规格等逐项填写。

（3）附件C——报酬与支付

在第一部分标准条件中作了明确而具体的规定。附件C包括支付条件和支付方法等方面的内容，主要应注意支付条件、支付方法、价格变化、货币、税费、应急费等问题。

复 习 思 考 题

1. 什么是合同?《合同法》分则将合同分为哪几类?
2. 履行建设工程监理合同时,当事人双方都有哪些义务?
3. 履行建设工程监理合同时,当事人双方都应承担哪些违约责任?
4. 目前在我国基本建设领域中广泛采用的标准合同是哪个? 它包括哪些主要内容?
5. 目前用于涉外建设工程监理的标准合同主要是哪个? 它包括哪些主要内容?

第4章　给水排水工程建设监理目标控制

4.1　给水排水工程建设监理目标控制概述

一般而言，给水排水工程是为了解决人类生活与生产用水问题和污废水的处理与排放问题而采取的工程措施。按工程功能划分，给水排水工程包括：给水处理工程、污废水处理工程和水输送工程三部分；按工程措施划分，主要有：给水厂、污水处理厂、市政给水排水管网工程、建筑给水排水工程，以及工矿企业为自身需要而建设的局部水处理工程等。

给水排水工程建设监理目标控制，与其他的建设工程监理目标控制一样，主要有质量、投资和进度目标控制，通常称为"三大控制"。给水排水工程建设监理工作目标的具体内容是：

（1）控制工程质量：即控制工程实际建设质量，使工程达到预定的质量标准和质量等级。

（2）控制工程投资：即控制实际建设投资不超过计划投资，确保资金合理使用，使资金和资源得到最有效的利用，以期提高投资效益。

（3）控制工程进度：即控制工程实际建设进度，使工程建设按期完成。

上述投资目标控制，进度目标控制和质量目标控制组成一个既统一又对立的建设工程监理目标三控制系统。就一般而论，若确定较高的工程质量目标，往往要投入较多的时间和资金，从而加大了投资，延长了进度；另一方面，由于取得了较高的质量，从而减少了因质量缺陷引起的返工，相对地缩短了进度和避免了返工费用，以及使用维护费用。若确定较短的进度目标，往往会增加工程费用，提高投资，降低工程质量；另一方面，由于取得了较短的进度，从而可以提前投入使用而增加了经营效益。若确定较低的投资目标，则往往要使用价低质次的材料，并促使施工粗制滥造，从而降低了工程质量。因此，在确定每个目标值时，都要考虑到对其他目标的影响，并进行各方面的分析比较，做到目标系统最优。这里应当注意的是：工程安全可靠性和使用功能目标以及施工质量合格目标必须优先予以保证，并力争在此基础上使目标系统最优。在监理目标值确定后，尚须进一步确定目标计划和标准，然后在此基础上采取各种控制与协调措施，争取监理目标值的实现。

4.2　给水排水工程建设监理目标控制原理和方法

建设工程监理目标控制是实现监理目标的重要手段。给水排水工程建设监理目标控制与其他建设工程监理一样，有共同的控制理论和方法。下面仅就控制的基本理论、监理目标控制系统的一般模式和工程实施阶段监理目标动态控制方法作简要介绍。

4.2.1　控制的基本理论

1. 控制的基本定义

控制是对实现目标的过程中出现或可能出现的偏差进行纠正，以保证目标实现的活动。

2. 控制过程的步骤

控制过程一般包括 3 个步骤：确定目标标准，检查成效，纠正偏差。

3. 控制系统的建立

控制系统包括被控制子系统（受控系统）和控制子系统，彼此依赖信息流联系起来，如图 4-1 所示。

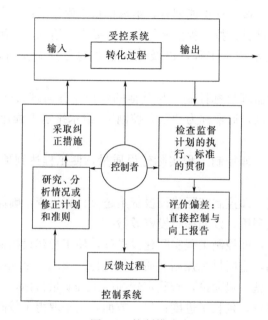

图 4-1　控制模式

控制子系统又包括两个单元，即制定目标单元和调节单元。前者的任务是确定目标和标准，作出控制决策和计划安排，并对执行情况进行监督；后者的任务是采取措施，纠正实际与标准的偏差。有效控制的基本要求，是要同计划与组织相应，要有检查成效的客观、准确、适当的标准，要有及时、正确揭示偏差的能力以及纠正偏差的切实而又经济的措施。

4. 控制与反馈

控制过程的形成依赖于反馈原理，它应该是反馈控制和前馈控制的组合。所谓反馈，是把被控对象的输出信息，回送到控制子系统作为输入并产生新的输出信息，再输入被控对象，影响其行为和结果的过程。只有依据反馈信息，才能对比情况，找出偏差、分析原因、采取措施，进行调节和控制。当今，由于电子计算机的应用，可以获得即时信息，从而缩短对复杂问题的控制过程，并对简单问题做到即时控制。但是，即使在获得即时信息的情况下，由于要分析偏差产生的原因，制定相应的纠正措施，是需要一定的时间的，简单的反馈控制实际上常常成为事后控制，起不到"防患于未然"的作用。为了避免造成被动和损失，前馈控制即面对未来的控制则是十分重要的。前馈控制是通过监视进入运行过程的输入，以确定它是否符合计划的要求，如果不符合，就要改变输入或运行过程。因此，前馈控制是在科学预测今后可能发生偏差的基础上，在偏差实际发生之前，就采取措施加以控制，防止偏差的发生。从某种意义上讲，前馈控制是一种高级的控制。当然，在管理过程中各方面的情况是极为复杂多变的，需要把前馈控制和反馈控制结合起来，形成事前、事中、事后的全过程控制。

5. 控制的方式和方法

在控制中纠偏要采取措施，采取控制要讲究方式方法。控制的方式和方法有：总体控制和局部控制；全面控制和重点控制；主管人员控制和全员控制；直接控制和间接控制；预算控制；事前、事中、事后控制；行政方法、技术方法、经济方法和法律方法的控制；直接采取措施消除偏差的控制和避免或减轻外部干扰的控制等等。对于这些控制方式方法的采用，应从实际出发，讲究实效，以保证目标的实现，将上述各种方式、方法或措施归并为组织措施、经济措施、合同措施、技术措施，分别对监理的三大目标进行控制，我们将其系统化为图 4-2 所示的监理目标控制系统的一般模式。

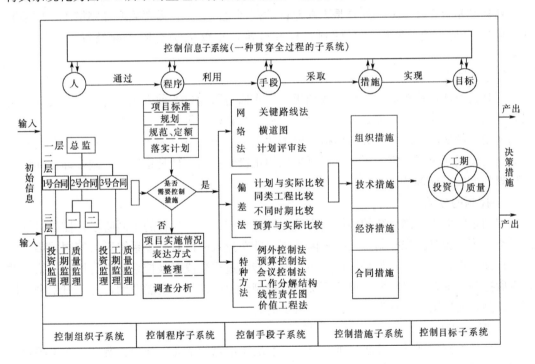

图 4-2 监理目标控制系统的一般模式

4.2.2 监理目标控制系统的一般模式

1. 监理目标控制系统的定义

监理目标控制系统是指监理机构以一定组织形式、一定程序、一定手段和四种措施对项目监理的目标进行全过程的控制，保证项目按规划的轨道进行，力争使实际与标准间的偏差减小到最低限度，确保监理总目标的实现。

2. 监理目标控制系统的组成

监理目标控制系统包括：组织子系统、程序子系统、手段子系统、措施子系统、目标子系统和信息子系统，其中控制的信息子系统贯穿于项目实施的全过程，一方面要从各子系统取得信息，另一方面又要把经加工整理的信息传递给各子系统。其他几个子系统的关系可以概括为：人通过程序，利用一定手段，采取一定措施，实现其目标。

3. 控制层次

控制按任务不同实行分层控制，控制层次大致可以分为两类：一类是直接控制层，即作业控制层，这种控制任务由直接负责检查监督规划执行情况的人员履行；另一类是间接控制层，又称战略控制层，主要根据作业层控制人员的反馈信息进行控制，对于一些重要的反馈信息，战略控制层的人员也可以直接检查监督。控制层可分三层：第一层是控制总负责人，即总监理工程师；第二层是战略控制层，如根据每个合同号设驻地监理工程师负责；第三层为作业控制层，如设监理员等。

4. 控制理论

控制是按事先拟定的计划和标准进行的。控制活动就是要检查实际发生的情况与预期的计划标准是否存在偏差，偏差是否在允许的范围之内，是否需要采取控制措施，应采取什么样的控制措施。所以没有计划目标和标准，也就无法对照实际情况，无法进行控制。

5. 控制方法

控制的方法是检查监督、引导或纠正。检查监督可通过 3 种方式进行：（1）交谈或会议等直接语言交流；（2）原始记录、会计报表、统计数据等书面材料的分析查看；（3）深入到现场了解实际情况。引导纠偏措施分为两类：一类是负反馈控制，即实际情况向不理想的方向偏离超出了一定的限度，需要采取纠正措施；另一种是正反馈控制，即实际情况向理想的方向发展调整。

6. 控制的分类

控制是针对被控制系统的整体而言的。按照被控系统全过程的不同阶段，控制可划分为三类：第一类是预先控制，又称事前控制，即在投入阶段对被控系统进行控制，事实上是一种预防性控制；第二类是过程控制，即在转化过程阶段对被控系统进行控制；第三类是事后控制，即在产出阶段对被控系统进行控制，但往往并非全能办到，并非对未来一切都能预测，所以第二、三类控制也是不可少的。

7. 控制的基础

信息是控制的基础。控制是否有效主要取决于信息的全面、准确、及时。在工程项目控制信息系统中的信息资料大致可分为 3 类：第一类是项目设计阶段所拥有的原始信息资料；第二类是运行过程反馈的实际信息资料；第三类是对上述两种信息资料加工处理而形成的比较资料。

第一类资料包括：

（1）各种合同资料，如土建工程合同、物资供应合同等；

（2）各种计划、施工方案、设计图纸和定额，各种施工及验收标准、规范、规程、规定等信息资料；

（3）各种控制人员和控制工作责任、权力和利益的资料，其中包括各种信息由谁来收集、保管和传送，控制决策由谁作出、谁执行及审批程序等。

第二类资料主要有：

（1）各种工程变化资料，包括协作条件变化、标准的变化、工程内部情况的变化以及工程变更等；

（2）工程实际进展资料，包括工程量完成情况、工程进展、工程质量及材料消耗等。

第三类资料主要有：

（1）实际情况与计划标准的比较资料；

（2）实际情况同历史上各个时期同类工程项目的比较资料。

8. 控制与计划和组织的联系

控制与计划和组织有着紧密的联系。控制保证计划的执行并为下一步计划提供依据，而计划的调整和修正又是控制工作的内容，控制与计划构成一个连续不断的"循环链"。控制是对组织及其人员工作进行的评价，指明偏差并提出纠正偏差的措施，而纠正偏差要靠组织工作和组织结构的完善来实现。

4.2.3 工程项目实施阶段监理目标动态控制原理与实施

1. 动态控制原理

动态控制原理图如图 4-3 所示。

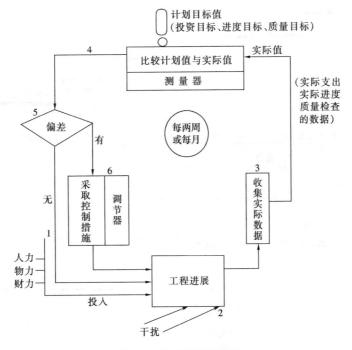

图 4-3 动态控制原理图

现对图 4-3 作以下几点解释：

（1）从左下角看起，是工程项目投入，即把人力、物力、资金投入到设计、施工中；

（2）设计、施工、安装的行为发生之后称为工程进展，工程进展过程中必然碰到干扰，也就是说有干扰是必然的，没有干扰是偶然的；

（3）收集反映工程进展情况的实际数据；

（4）把投资目标、进度目标、质量目标等计划值与实际值（实际支出、实际进度、质量检查数据）进行比较；

（5）检查有无偏差，如无偏差，项目继续进展，继续投入人力、物力、资金；

（6）如有偏差，则需采取控制措施。这个流程每两周或每月循环地进行，并由监理工程师填写报表送建设单位和总监理工程师。控制相当于汽车司机的操纵方向盘，经常调整方向以到达目的地。

2. 动态控制过程

监理工程师在控制过程中应进行以下几项工作：

（1）对目标计划值进行论证、分析；

（2）收集实际数据；

（3）进行计划值与实际值的比较；

（4）采取控制措施以确保目标的实现；

（5）向建设单位和总监理工程师提出报告。

以上这个反复循环过程，称为动态控制过程。

工程项目实施阶段监理控制实施图如图 4-4 所示。工程项目实施阶段是指从项目决策

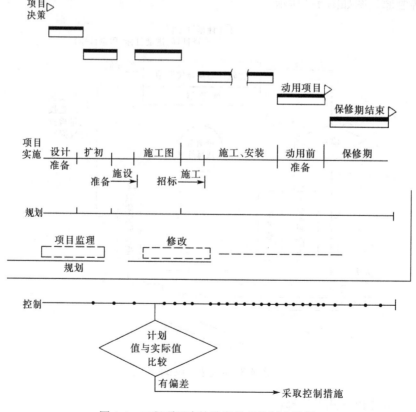

图 4-4　工程项目实施阶段监理控制实施图

后直至保修期结束的整个过程，包括设计准备、设计、施工招标、施工安装、动用前准备、保修期等。在这个阶段，监理机构应进行以下工作：一是做监理规划，规划在设计准备阶段就要编制，编制后要不断进行修改；二是做控制工作，图4-4中下面的黑点就是控制点，每隔一段时间就要控制一次，即把计划值与实际值进行比较，看有没有偏差，如有偏差则必须及时采取控制措施。

4.3 给水排水工程建设监理协调

按我国现行体制和传统习惯，给水排水工程建设是市政工程建设的重要组成部分，投资大、涉及面广。从我国建成的北京高碑店污水处理厂和天津东郊污水处理厂来看都涉及从政府到地方，从建设单位到承包商（含总包和分包），从设计部门到施工单位，从材料设备供应单位到财政金融部门以及新闻、消防、公安、外事部门和外商等方方面面。因此要取得建设工程监理目标的顺利完成，必须协调好各方面的关系。处理好各种冲突和矛盾，促使涉及工程项目的各方共同建立起互相信任、互相依赖、互相理解、互相支持和友好合作的和谐关系。协调是建设工程监理成功与否的关键，可以说，没有协调，就没有监理。给水排水工程建设监理的协调可以划分为：工程项目系统内部关系的协调与工程项目系统与远近外层关系的协调。

4.3.1 工程项目系统内部关系的协调

1. 人际关系的协调

工程项目系统是由人组成的工作体系。工作效率如何，很大程度上取决于人际关系的协调程度，监理工程师应首先抓好人际关系的协调。

（1）在人员安排上要量才录用

对各种人员，要根据每个人的专长进行安排，做到人尽其才。人员的搭配应注意能力互补和性格互补。人员配置应尽可能少而精干，防止力不胜任和忙闲不均现象。

（2）在工作委任上要职责分明

对组织内的每一个岗位，都应订立明确的目标和岗位责任。还应通过职能清理，使管理职能不重不漏，做到事事有人管，人人有专责。同时要明确岗位职权。

（3）在效绩评价上要实事求是

每个人都希望自己的工作做出成绩，并得到组织肯定。但工作成绩的取得，不仅需要主观努力，而且需要一定的工作条件和相互配合。评价一个人的效绩应实事求是，以免无功自傲或有功受屈。这样才能使每个人热爱自己的工作，并对工作充满信心和希望。

（4）在矛盾调解上要恰到好处

人员之间的矛盾是难免的，一旦出现矛盾就应进行调解。调解要恰到好处，一是要掌握主动权，二是要注意方法。如果通过及时沟通，个别谈话，必要的批评，还无法解决矛盾时，应采取必要的岗位更动措施。对上下级之间矛盾，要区别对待，是上级的问题，应作自我批评；是下级问题，应启发诱导；对无原则的纷争，应当批评制止。这样才能使人们始终处于团结、和谐、热情高涨的气氛之中。

2. 项目系统内组织关系的协调

工程项目系统是由若干子系统（项目组）组成的工作体系。每个项目组都有自己的目标和任务。如果每个项目组都从整个项目的整体利益出发，理解和履行自己的职责，那么整个系统就会处于有序的良性状态，否则，整个系统便处于无序的紊乱状态，导致功能失调，效率下降。

组织关系的协调宜从以下几方面入手：

（1）要在职能划分的基础上设置组织机构；

（2）要明确规定每个机构的目标职责、权限，最好以规章制度的形式作出明文规定；

（3）要事先约定各个机构在工作中的相互关系。在工程项目建设中许多工作不是一个项目组（机构）可以完成的，其中有主办、牵头和协作、配合之分，事先约定，才不至于出现误事、脱节等贻误工作的现象；

（4）要建立信息沟通制度，如采用工作例会、业务碰头会、发会议纪要、采用工作流程图或信息传递卡等方式来沟通信息，这样可使局部了解全局，服从并适应全局需要；

（5）及时消除工作中的矛盾和冲突，消除方法应根据矛盾或冲突的具体情况灵活掌握。

例如，配合不佳导致的矛盾和冲突，应从明确配合关系入手来消除；争功诿过导致的矛盾或冲突，应从明确考核评价标准入手来消除；奖罚不公导致的矛盾或冲突，应从明确奖罚原则入手来消除；过高要求导致的矛盾或冲突，应从改进领导的思想方法和工作方法入手来消除等。

3. 工程项目系统内部需求关系的协调

工程项目建设实施中有人员需求、材料需求、设备需求、能源动力需求等，然而资源是有限的，因此，内部需求平衡至关重要。

需求关系的协调可抓以下几个关键环节：

（1）抓计划环节，平衡人、财、物的需求

工作项目实施中的不同阶段，往往有不同的需求，同一工程项目的不同部位在同一时间往往有相同的需求。这就不仅有个供求平衡问题，而且有个均衡配置问题。解决供求平衡和均衡配置问题的关键在于计划。抓计划环节，要注意抓住期限上的及时性、规格上的明确性、数量上的准确性、质量上的规定性。这样才能体现计划的严肃性，发挥计划的指导作用。

（2）对建设力量的平衡，要抓住瓶颈环节

施工现场千变万化，有些项目的进度往往受到人力、材料、设备、技术、自然条件的限制或人为因素的影响而成为瓶颈式的"卡脖子"环节。这样瓶颈环节会成为阻碍全局的"拦路虎"。一旦发现这样的瓶颈环节，就要通过资源、力量的调整，集中力量打攻坚战，攻破瓶颈，为整个工程项目建设的均衡推进创造条件。抓关键、抓主要矛盾，网络计划技术的关键线路法是一种有效的工具。

（3）对专业工程配合，要抓住调度环节

一个工程项目施工，往往需要机械化施工、土建、机电安装等专业工种交替配合进行。交替进行有个衔接问题，配合进行有个步调问题，这些都需要抓好调度协调工作。

4.3.2 工程项目系统与远近外层关系的协调

工程项目系统与远近外层的关系，主要是建设单位与远近外层单位的合同关系，因此，监理与远近外层的关系的协调内容，主要是相互配合，顺利履行合同义务，共同保证工程项目建设目标的实现。

1. 建设单位与承建单位关系的协调

建设单位与承建单位对工程承包合同负有共同履约的责任，工作往来频繁，在往来中，对一些具体问题产生某些意见分歧是常有的事。在这个层次的协调中，监理工程师应处于公正的第三方，本着充分协商的原则，耐心细致地协调处理各种矛盾。

在不同阶段，需要协调建设单位与承建单位关系的内容也不尽相同，协调工作内容和方法也随阶段的变化而变化。

（1）招标阶段的协调

中标后，建设单位与承建单位的合同洽谈和签订，是协调的主要内容。首先要对双方的法人资格和履约能力进行复核。其次，合同中要明确双方的权、责、利，如建设单位要保证资金、材料（统配部分）、设计、建设场地和外部水、电、通信、道路的"五落实"；承建单位要实行"五包"，即按进度定额包进度、按质量评定标准包工程质量、按投标书包单价或总价（若是总价合同的话）、按施工图预算包材料、按承建工程项目整体要求包配套竣工。"五落实"未落实而影响"五包"，或"五包"未按合同兑现，均应受罚。双方罚款条件应对等。

国际工程项目承发包时，必须熟悉国际《土木工程施工合同条件》（FIDIC），按FIDIC施工惯例签订合同，特别是在其专用条款的拟定上要对"双方"进行协调。

"先说断，后不乱"，应是协调的一项基本原则，上述的一些要求就是根据这一原则提出的。

（2）施工准备阶段的协调

作好施工准备是顺利组织施工的先决条件。施工准备工作，包括施工所必要的劳动力、材料、机具、技术和场地等准备，这就需要建设单位和承建单位双方分工协作，共同完成，为开工和顺利施工创造条件。

开工条件是：有完整有效的施工图纸；有政府管理部门签发的施工许可证；财务和材料渠道已经落实，能按工程进度需要拨款、供料；施工组织计划已经批准；加工订货和设备已基本落实；施工准备工作已基本完成，现场已"五通一平"（水通、电通、路通、气通、通信通、场地平整）。

施工准备涉及资金问题，如果资金不落实，很多准备工作无法进行。国际惯例是建设单位按合同规定先拨给承包商一笔动员预付款，一般为工程造价的8%～15%，个别的达到20%甚至25%，安装工程一般不超过当年安装量的10%，特殊情况可适当增加。若建设单位不按合同规定付给备料款，可商请经办银行从建设单位账户中支付。承建方收取备料款后应抓紧准备，在约定期限内开工，否则建设单位方可商请经办银行从承建方账户中收回预付款。为避免以上不愉快的事情发生，监理工程师应保证双方信息沟通，协商办事，督促双方严格按合同执行。

建设单位和承建双方对施工准备工作应有明确的约定和分工。对于一些习惯性的作法也应事先沟通，以便协调行动。例如，建设单位负责申请和供应材料的工程，材料结算应明确规定采用哪种方式，如果是承建方包工包料，应由建设单位将主管部门分配的材料指标划交承建方，由承建方购货付款。若由建设单位方直接供料，应由建设单位按材料预算价格作价转给承建方，在结算工程价款时陆续抵扣（对这部分材料不应再收备料款）。在建设单位委托监理单位的情况下，上述建设单位方面工作均由监理机构承担。

（3）施工阶段的协调

施工阶段的协调工作，包括解决进度、质量、中间计量与支付的签证、合同纠纷等一系列问题。

1）进度问题的协调。影响进度因素错综复杂，协调工作也十分复杂。实践证明，有两项协调工作很有效：一是建设单位和承建单位双方共同商定一级网络计划，并由双方主要负责人在一级施工网络计划上签字，作为工程承包合同的附件；二是设立提前竣工奖，商请建设单位（或监理代行）按一级网络计划节点考核，分期预付，让承建方设立施工进度奖，调动承建方职工的生产积极性。如果整个工程最终不能保证进度，由建设单位从工程款中将预付进度奖扣回并按合同规定予以罚款。

2）质量问题的协调。实行监理工程师质量签字认可，对没有出厂证明、不符合使用要求的原材料、设备和构件，不准使用，对不合格的工程部位不予验收签证，也不予计算工程量，不予支付进度款。

3）签证的协调。设计变更或工程项目的增减是不可避免的，且是签订时无法预料的和未明确规定的。对于这种变更，监理工程师要仔细认真研究，合理计算价格，与有关各方充分协商，达成一致意见，并实行监理工程师签证制度。

4）合同争议的协调。对合同纠纷，首先应协商解决，协商不成时才向合同管理机关申请调解或仲裁，对仲裁决定不服时可在收到裁决书15日内诉请人民法院审判决定。上述仲裁程序是指国内工程项目而言，若系国际招标工程项目，应按FIDIC有关合同条款执行。一般合同争议切忌诉讼，应尽量协调解决，否则，会伤害感情，贻误时间，甚至可能落个"两败俱伤"的结局。只有当对方严重违约而使自己的利益受到重大损失而不能得到补偿时才采用诉讼手段。如果遇到非常棘手的合同纠纷问题，不妨暂时搁置等待时机，另谋良策。

（4）交工验收阶段的协调

建设单位在交工验收中可以提出这样或那样的问题，应根据技术文件、合同、中间验收签证及验收规范作出详细解释，对不符合要求的工程单元应采取补救措施，使其达到设计、合同、规范要求。

国内工民建工程一般在交工验收后20天内编出竣工结算和"工程价款结算账单"，办理竣工结算，结清账款。结算中既要防止承建方虚报冒领，又要防止建设单位方无故延付。按国家规定，延付工程款按每日万分之三的利率处以罚款。

（5）协调总包与分包单位的关系

首先选择好分包单位，明确总包与分包的责任关系，乃至调解其间的纠纷。

2. 协调与设计单位的关系

设计单位为工程项目建设提供图纸，作出工程概预算，以及修改设计等。监理单位必须协调设计单位的工作，以加快进度，确保质量，降低消耗。协调设计单位的关系可从以下几方面入手：

（1）真诚尊重设计单位的意见

例如组织设计单位向施工单位介绍工程概况、设计意图、技术要求、施工难点等；又如图纸会审时，请设计单位交底，明确技术要求，把标准过高、设计遗漏、图纸差错等问题解决在施工之前；施工阶段，严格按图施工；结构工程验收、专业工程验收、竣工验收等，约请设计代表参加。若发生质量事故，认真听取设计单位的处理意见。

（2）主动向设计单位介绍工程进展情况，以便促使他们按合同规定或提前出图施工中，发现设计问题，应及时主动向设计单位提出，以免造成大的损失；若监理单位掌握比原设计更先进的新技术、新工艺、新材料、新设备时，可主动向设计单位推荐，支持设计单位技术革新等。为使设计单位有修改设计的余地而不影响施工进度，可与设计单位达成协议，限定一个"关门"期限，争取设计、施工单位的理解、配合，如果逾期，设计单位要负责由此造成的经济损失。

3. 协调远外层的关系

工程项目系统与远外层的关系，一般是非合同关系，如政府部门、金融组织、社会团体、服务单位、新闻媒介等。目前在推行监理制中，有一种意见是值得推荐的，即主张政府建设管理部门和建设单位主要负责协调工程项目远外层的关系，监理单位主要负责协调工程项目内部和近外层的协调关系，亦即建设单位管"外"，监理单位管"内"的原则性意见。

协调远外层关系的方法主要是运用请示、报告、汇报、送审、取证、宣传、说明等协调方法和信息沟通手段。

（1）与政府关系的协调

工程合同直接送公证机关公证，并报政府建设管理部门和开户银行备案。

征地、拆迁、移民要争取政府有关部门支持，必要时争取由政府部门组织"建设项目协调办公室"或"重点工程建设管理委员会"负责此类问题乃至资金筹措等问题的协调。

现场消防设施的配置，宜请当地消防部门检查认可；若运输时涉及阻塞交通问题，还应经交通部门的批准等；质量等级认证应请质检部门确认；重大质量、安全事故，在配合施工部门采取急救、补救措施的同时，应敦促施工单位立即向政府有关部门报告情况，接受检查和处理；施工中还要注意防止环境污染，特别要防止噪声污染，坚持做到施工不扰民。特殊情况的短期骚扰，应敦促施工单位与毗邻单位搞好关系，求得谅解。特别是大型爆破作业，对居民区、风景名胜区、重要市政、工业设施有影响时，爆破作业方案必须经过批准，并征得所在地公安部门现场查看同意后才能实施等。

（2）与社会团体关系的协调

工程项目建设资金的收支离不开开户银行，建设单位和承建单位双方都要通过开户银行进行结算，因此，合同副本应报送开户银行备案，经开户银行审查同意后作为拨付工程价款的依据。若遇到在其他专业银行开户的建设单位拖欠工程款，监理工程师除应站在公正的立场上，按合同规定维护承包单位利益外，可商请开户银行协助解决拨款问题。

各种给水排水工程建成后，不仅会给建设单位带来好处，还会给该地区的经济发展带来好处，同时给当地人民生活带来方便，因此，必然会引起社会各界关注。建设单位和监理单位应把握社会环境，争取社会各界对工程建设的关心和支持。这是一种争取良好社会环境的协调。

复 习 思 考 题

1. 给水排水工程建设监理工作的目标是什么？
2. 简要叙述投资、质量和进度控制相互之间的关系。
3. 简要叙述建设工程监理目标控制系统的一般模式。
4. 简要叙述建设工程项目实施阶段监理目标动态控制原理。
5. 给水排水工程建设监理的协调包括哪几个方面？协调工作主要内容是什么？

第5章 给水排水工程建设监理程序和组织

5.1 给水排水工程建设监理程序

上海白龙港污水处理厂，日处理能力达到280万吨，是一种投资大、涉及面广的综合工程。给水排水工程中类似这种大型工程的建设监理是一种全方位的监理，必须按我国有关工程项目建设监理的程序进行，建筑给水排水工程的建设监理是属于群体工程建设监理中的专业监理。本节阐述的给水排水工程建设监理程序是具有普遍意义的工程项目建设工程监理程序。

负责给水排水工程建设监理的监理单位，一般可按照以下程序组织建设工程监理活动。

1. 委派总监理工程师、组建项目监理机构

监理单位根据给水排水工程项目的规模、性质和项目法人对监理工作要求，委派项目总监理工程师，总监理工程师全面负责工程项目的监理工作。总监理工程师对内向监理单位负责，对外向建设单位负责。

总监理工程师应根据监理大纲和签订的监理合同，组建项目监理机构，并在监理规划和具体实施计划执行中进行及时调整。

2. 收集有关资料、熟悉工程情况、掌握开展监理工作的依据

（1）反映工程项目特征的资料：

1）工程项目的批文；

2）规划部门关于规划红线范围和设计条件的通知；

3）土地管理部门关于准予用地的批文；

4）批准的工程项目可行性研究报告或设计任务书；

5）工程项目地形图；

6）工程项目勘察成果文件；

7）工程项目设计图纸及有关说明。

（2）反映当地工程建设政策、法规的资料：

1）关于工程建设报建程序的有关规定；

2）当地关于拆迁工作的有关规定；

3）当地关于工程建设应交纳有关税、费的规定；

4）当地关于工程项目建设管理机构资质管理的有关规定；

5）当地关于工程项目建设实行建设工程监理的有关规定；

6）当地关于工程建设招投标制的有关规定；

7）当地关于工程造价管理的有关规定等。

（3）反映工程所在地区技术经济状况等建设条件的资料：

1）气象资料；

2）工程地质及水文地质资料；

3）交通运输（包括铁路、公路、航运）有关的可提供的能力、时间及价格等的资料；

4）供水、供电、供热、供燃气、通信有关的可提供的容（用）量、价格等的资料；

5）勘测设计单位状况；

6）土建、安装施工单位状况；

7）建筑材料及构件、半成品的生产、供应情况；

8）进口设备及材料的有关到货口岸、运输方式的情况等。

（4）类似工程项目建设情况的有关资料：

1）类似工程项目投资方面的有关资料；

2）类似工程项目建设进度方面的有关资料；

3）类似工程项目的其他技术经济指标等。

3．编制工程项目监理规划

给水排水工程建设监理规划是在项目总监理工程师的主持下，在详细掌握监理项目有关资料的基础上，结合监理的具体条件组织专业监理工程师编制的开展项目监理工作的指导性文件。监理规划的基本构成内容包括：项目监理组织及人员岗位，监理工作制度，工程质量、造价、进度控制，安全生产管理的监理工作，合同与信息管理，组织协调等。

4．编制各专业监理实施细则

给水排水工程一般由建筑工程和设备与管道安装工程组成，为具体指导监理目标中的投资控制、质量控制和进度控制的进行，在监理规划的指导下，还需结合工程项目实际情况，制订出相应的实施细则。

5．规范化地开展监理工作

作为一种科学的工程项目管理制度，监理工作要规范化。

（1）工作的时序性

监理的各项工作都是按一定的逻辑顺序先后开展的，从而使监理工作能有效地达到目标而不致造成工作状态的无序和混乱。

（2）职责分工的严密性

建设工程监理工作是由不同专业、不同层次的专家群体共同来完成的，他们之间严密的职责分工，是协调进行监理工作的前提和实现监理目标的重要保证。

（3）工作目标的确定性

在职责分工的基础上，每一项监理工作应达到的具体目标都应是确定的，完成的时间也应有时限规定，从而能通过报表资料对监理工作及其效果进行检查和考核。

6．参与验收，签署建设工程监理意见

建设工程施工完成后，项目监理机构应在正式验收前组织工程竣工预验收。如果在预验收中发现问题，应及时与施工单位沟通，提出整改要求。项目监理机构人员应参加建设单位组织的工程竣工验收，签署工程监理意见。

7．向建设单位提交建设工程监理档案资料

建设工程监理工作完成后，项目监理机构向建设单位提交的监理档案资料应在建设工程监理合同中约定。如在合同中没有明确约定，项目监理机构一般应提交设计变更资料、工程变更资料、监理指令性文件、各种签证资料等档案资料。

8. 监理工作总结

监理工作完成后，项目监理机构应及时进行监理工作总结，包括两部分内容：

第一部分是向建设单位提交的监理工作总结。其内容主要包括：建设工程监理合同履行情况概述；监理任务或监理目标完成情况的评价；由建设单位提供的供监理工作使用的办公用房、车辆、试验设施等的清单；表明监理工作终结的说明等。

第二部分是向工程监理单位提交的监理工作总结。其内容主要包括：建设工程监理工作的经验，可以是采用某种监理技术、方法的经验，也可以是采用某种经济措施、组织措施的经验，以及签订监理合同方面的经验，如何处理好与建设单位、承包单位关系的经验等。

5.2　给水排水工程建设监理的组织形式

5.2.1　项目监理机构的组织形式

项目监理机构的组织形式是指项目监理机构具体采用的管理组织结构，应根据建设工程的特点、建设工程组织管理模式、建设单位委托的监理任务以及监理单位自身情况而确定。常用的项目监理机构组织形式有直线制监理组织形式、职能制监理组织形式、直线职能制监理组织形式和矩阵制监理组织形式等。

1. 直线制监理组织形式

直线制监理组织形式的特点是项目监理机构中任何一个下级只接受唯一上级的命令。各级部门主管人员对所属部门的问题负责，项目监理机构中不再另设职能部门。

这种组织形式适用于能划分为若干相对独立的子项目的大、中型建设工程。如图 5-1 所示，总监理工程师负责整个工程的规划、组织和指导，并负责整个工程范围内各方面的指挥、协调工作；子项目监理组分别负责各子项目的目标值控制，具体领导现场专业或专项监理组的工作。

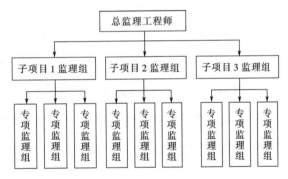

图 5-1　按子项目分解的直线制监理组织形式

如果建设单位委托监理单位对建设工程实施全过程监理，项目监理机构的部门还可按不同建设阶段分解设立直线制监理组织形式，如图 5-2 所示。

对于小型建设工程，监理单位也可以采用按专业内容分解的直线制监理组织形式，如图 5-3 所示。

直线制监理组织形式的主要优点是组织机构简单，权力集中，命令统一，职责分明，决策迅速，隶属关系明确。缺点是实行没有职能部门的"个人管理"，这就要求总监理工程师博晓各种业务，通晓多种知识技能，成为"全能"式人物。

2. 职能制监理组织形式

职能制监理组织形式，是在监理机构内设立一些职能部门，把相应的监理职责和权力

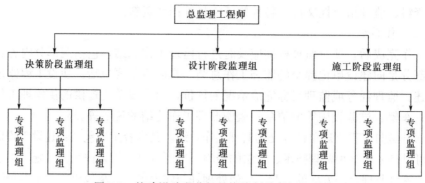

图 5-2 按建设阶段分解的直线制监理组织形式

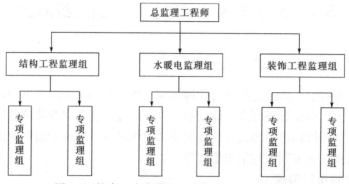

图 5-3 按专业内容分解的直线制监理组织形式

交给职能部门，各职能部门在本职能范围内有权直接指挥下级，如图 5-4 所示。这种组织形式一般适用于大、中型建设工程。

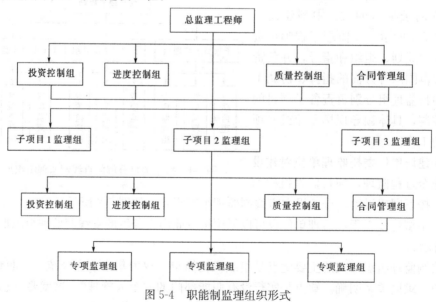

图 5-4 职能制监理组织形式

这种组织形式的主要优点是加强了项目监理目标控制的职能化分工，能够发挥职能机构的专业管理作用，提高管理效率，减轻总监理工程师负担。但由于下级人员受多头领导，如果上级指令相互矛盾，将使下级在工作中无所适从。

3. 直线职能制监理组织形式

直线职能制监理组织形式是吸收了直线制监理组织形式和职能制监理组织形式的优点而形成的一种组织形式。这种组织形式把管理部门和人员分为两类：一类是直线指挥部门的人员，他们拥有对下级实行指挥和发布命令的权力，并对该部门的工作全面负责；另一类是职能部门和人员，他们是直线指挥人员的参谋，他们只能对下级部门进行业务指导，而不能对下级部门直接进行指挥和发布命令，如图5-5所示。

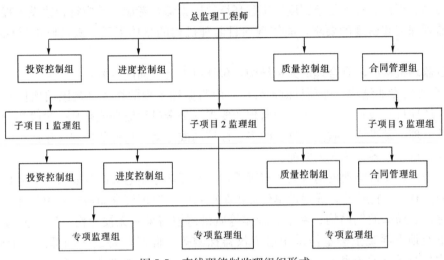

图 5-5　直线职能制监理组织形式

这种形式保持了直线制组织实行直线领导、统一指挥、职责清楚的优点，另一方面又保持了职能制组织目标管理专业化的优点；其缺点是职能部门与指挥部门易产生矛盾，信息传递路线长，不利于互通情报。

4. 矩阵制监理组织形式

矩阵制监理组织形式是由纵横两套管理系统组成的矩阵组织结构，一套是纵向的职能系统，另一套是横向的子项目系统，如图5-6所示。

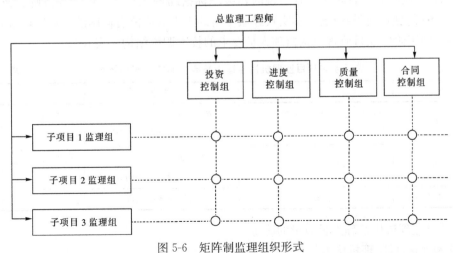

图 5-6　矩阵制监理组织形式

这种形式的优点是加强了各职能部门的横向联系，具有较大的机动性和适应性，把上下左右集权与分权实行最优的结合，有利于解决复杂难题，有利于监理人员业务能力的培养。缺点是纵横向协调工作量大，处理不当会造成扯皮现象，产生矛盾。

5.2.2 项目监理机构的人员配备及职责分工

1. 项目监理机构的人员配备

项目监理机构中配备监理人员的数量和专业应根据监理的任务范围、内容、期限以及工程的类别、规模、技术复杂程度、工程环境等因素综合考虑，并应符合建设工程监理合同中对监理深度和密度的要求，能体现项目监理机构的整体素质，满足监理目标控制的要求。

项目监理机构应具有合理的人员结构，包括以下两方面的内容：

1）合理的专业结构。即项目监理机构应由与监理工程的性质（是民用项目或是专业性强的生产项目）及建设单位对工程监理的要求（是全过程监理或是某一阶段如设计或施工阶段的监理，是投资、质量、进度的多目标控制或是某一目标的控制）相适应的各专业人员组成，也就是各专业人员要配套。

一般来说，项目监理机构应具备与所承担的监理任务相适应的专业人员。但是，当监理工程局部有某些特殊性，或建设单位提出某些特殊的监理要求而需要采用某种特殊的监控手段时，如局部的钢结构、网架、罐体等质量监控需采用无损探伤、X光及超声探测仪，水下及地下混凝土桩基需采用遥测仪器探测等，此时，将这些局部的专业性强的监控工作另行委托给有相应资质的咨询机构来承担，也应视为保证了人员合理的专业结构。

2）合理的技术职务、职称结构。为了提高管理效率和经济性，项目监理机构的监理人员应根据建设工程的特点和建设工程监理工作的需要确定其技术职称、职务结构。合理的技术职称结构表现在高级职称、中级职称和初级职称有与监理工作要求相称的比例。一般来说，决策阶段、设计阶段的监理，具有高级职称和中级职称的人员在整个监理人员构成中应占绝大多数。施工阶段的监理，可有较多的初级职称人员从事实际操作，如旁站、填记日志、现场检查、计量等。这里说的初级职称指助理工程师、助理经济师、技术员、经济员，还可包括具有相应能力的实践经验丰富的工人（应能看懂图纸、正确填报有关原始凭证）。施工阶段项目监理机构监理人员要求的技术职称结构见表5-1。

施工阶段项目监理机构监理人员要求的技术职称结构　　　　　　　表5-1

层次	人员	职能	职称职务要求		
决策层	总监理工程师、总监理工程师代表、专业监理工程师	项目监理的策划、规划；组织、协调、监控、评价等	高级职称		
执行层/协调层	专业监理工程师	项目监理实施的具体组织、指挥、控制、协调等		中级职称	初级职称
作业层/操作层	监理员	具体业务的执行			

2. 项目监理机构监理人员数量的确定

（1）影响项目监理机构人员数量的主要因素

1) 工程建设强度。工程建设强度是指单位时间内投入的建设工程资金的数量，用下式表示：

$$工程建设强度 = 投资 \div 工期 \tag{5-1}$$

其中，投资和工期是指由监理单位所承担的那部分工程的建设投资和工期。一般投资可按工程概算投资额或合同价计算，工期是根据进度总目标及其分目标计算。

工程建设强度越大，需投入的项目监理人数越多。

2) 建设工程复杂程度。根据一般工程的情况，工程复杂程度涉及以下各项因素：设计活动多少、工程地点位置、气候条件、地形条件、工程地质、施工方法、工程性质、进度要求、材料供应、工程分散程度等。

根据上述各项因素的具体情况，可将工程分为若干工程复杂程度等级。不同等级的工程需要配备的项目监理人员数量有所不同。例如，可将工程复杂程度按五级划分：简单、一般、较复杂、复杂、很复杂。工程复杂程度定级可采用定量办法：对构成工程复杂程度的每一因素通过专家评估，根据工程实际情况给出相应权重，将各影响因素的评分加权平均后根据其值的大小确定该工程的复杂程度等级。例如，将工程复杂程度按 10 分制计评，则平均分值 1～3 分、3～5 分、5～7 分、7～9 分、9 分以上者依次为简单工程、一般工程、较复杂工程、复杂工程和很复杂工程。

简单工程需要的项目监理人员较少，而复杂工程需要的项目监理人员较多。

3) 监理单位的业务水平。每个监理单位的业务水平和对某类工程的熟悉程度不完全相同，在监理人员素质、管理水平和监理的设备手段等方面也存在差异，这都会直接影响到监理效率的高低。高水平的监理单位可以投入较少的监理人力完成一个建设工程的监理工作，而一个经验不多或管理水平不高的监理单位则需投入较多的监理人力。因此，各监理单位应当根据自己的实际情况制定监理人员需要量定额。

4) 项目监理机构的组织结构和任务职能分工。项目监理机构的组织结构情况关系到具体的监理人员配备，务必使项目监理机构任务职能分工的要求得到满足。必要时，还需要根据项目监理机构的职能分工对监理人员的配备作进一步的调整。

有时监理工作需要委托专业咨询机构或专业监测、检验机构进行，这种情况下，项目监理机构的监理人员数量可适当减少。

（2）项目监理机构人员数量的确定方法

项目监理机构人员数量的确定方法可按如下步骤进行：

1) 项目监理机构人员需要量定额。根据监理工程师的监理工作内容和工程复杂程度等级，测定、编制项目监理机构监理人员需要量定额，见表 5-2。

监理人员需要量定额（人·年/百万美元） 表 5-2

工程复杂程度	监理工程师	监理员	行政、文秘人员
简单工程	0.20	0.75	0.10
一般工程	0.25	1.00	0.10
较复杂工程	0.35	1.10	0.25
复杂工程	0.50	1.50	0.35
很复杂工程	＞0.50	＞1.50	＞0.35

2）确定工程建设强度。根据监理单位承担的监理工程，确定工程建设强度。

例如：某工程分为 2 个子项目，合同总价为 3900 万美元，其中子项目 1 合同价为 2100 万美元，子项目 2 合同价为 1800 万美元，合同进度为 30 个月。

工程建设强度：$3900 \div 30 \times 12 = 1560$（万美元/年）$= 15.6$（百万美元/年）

3）确定工程复杂程度。按构成工程复杂程度的 10 个因素考虑，根据本工程实际情况分别按 10 分制打分。具体结果见表 5-3。

工程复杂程度等级评定表 表 5-3

项　次	影响因素	子项目 1	子项目 2
1	设计活动	5	6
2	工程位置	9	5
3	气候条件	5	5
4	地形条件	7	5
5	工程地质	4	7
6	施工方法	4	6
7	进度要求	5	5
8	工程性质	6	6
9	材料供应	4	4
10	分散程度	5	5
平均分值		5.4	5.5

根据计算结果，此工程为较复杂工程等级。

4）根据工程复杂程度和工程建设强度套用监理人员需要量定额。从定额中可查到相应项目监理机构监理人员需要量定额如下（人·年/百万美元）：

监理工程师：0.35；监理员 1.1；行政文秘人员 0.25。

各类监理人员数量如下：

监理工程师：

$0.35 \times 15.6 = 5.46$ 人，按 6 人考虑；

监理员：

$1.10 \times 15.6 = 17.16$ 人，按 17 人考虑；

行政文秘人员：

$0.25 \times 15.6 = 3.9$ 人，按 4 人考虑。

5）根据实际情况确定监理人员数量。本建设工程的项目监理机构的直线制组织结构如图 5-7 所示。

根据项目监理机构情况决定每个部门各类监理人员如下：

监理总部（包括总监理工程师，总监理工程师代表和总监理工程师办公室）：总监理工程师 1 人，总监理工程师代表 1 人，

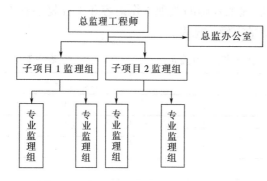

图 5-7　项目监理机构的直线制组织结构

行政文秘人员2人。

子项目1监理组：专业监理工程师2人，监理员9人，行政文秘人员1人。

子项目2监理组：专业监理工程师2人，监理员8人，行政文秘人员1人。

项目监理机构的监理人员数量和专业配备应随工程施工进展情况作相应的调整，从而满足不同阶段监理工作的需要。

3. 项目监理机构各类人员的基本职责

工程监理单位实施监理时，应在施工现场派驻项目监理机构。项目监理机构的监理人员应由总监理工程师、专业监理工程师和监理员组成，且专业配套数量应满足建设工程监理工作需要，必要时可设总监理工程师代表。项目监理机构还可根据监理工作需要，配备文秘、翻译、司机和其他行政辅助人员。

工程监理单位在建设工程监理合同签订后，应及时将项目监理机构的组织形式、人员构成及对总监理工程师的任命书面通知建设单位。项目监理机构应根据建设工程不同阶段的需要配备数量和专业满足要求的监理人员，有序安排相关监理人员进退场。

（1）总监理工程师

总监理工程师是由工程监理单位法定代表人书面任命，负责履行建设工程监理合同、主持项目监理机构工作的注册监理工程师。总监理工程师是项目监理机构的负责人。工程监理单位调换总监理工程师时，应征得建设单位书面同意。一名注册监理工程师可担任一项建设工程监理合同的总监理工程师。当需要同时担任多项建设工程监理合同的总监理工程师时，应经建设单位书面同意，且最多不得超过三项。

总监理工程师应履行下列职责：

1）确定项目监理机构人员及其岗位职责；

2）组织编制监理规划，审批监理实施细则；

3）根据工程进展及监理工作情况调配监理人员，检查监理人员工作；

4）组织召开监理例会；

5）组织审核分包单位资格；

6）组织审查施工组织设计、（专项）施工方案；

7）审查工程开复工报审表，签发工程开工令、暂停令和复工令；

8）组织检查施工单位现场质量、安全生产管理体系的建立及运行情况；

9）组织审核施工单位的付款申请，签发工程款支付证书，组织审核竣工结算；

10）组织审查和处理工程变更；

11）调解建设单位与施工单位的合同争议，处理工程索赔；

12）组织验收分部工程，组织审查单位工程质量检验资料；

13）审查施工单位的竣工申请，组织工程竣工预验收，组织编写工程质量评估报告，参与工程竣工验收；

14）参与或配合工程质量安全事故的调查和处理；

15）组织编写监理月报、监理工作总结，组织整理监理文件资料。

（2）总监理工程师代表

总监理工程师代表是经工程监理单位法定代表人同意，由总监理工程师书面授权，代表总监理工程师行使其部分职责和权力，具有工程类注册执业资格（如注册监理工程师、注册造价工程师、注册建造师、注册建筑师、注册工程师等）或具有中级及以上专业技术职称、3年及以上工程实践经验并经监理业务培训的人员。总监理工程师应在总监理工程师代表的书面授权中，列明代为行使总监理工程师的具体职责和权利。总监理工程师作为项目监理机构负责人，监理工作中的重要职责不得委托给总监理工程师代表。

下列情形项目监理机构可设总监理工程师代表：

1）工程规模较大、专业较复杂，总监理工程师难以处理多个专业工程时，可按专业设总监理工程师代表。

2）一个建设工程监理合同中包含多个相对独立的施工合同，可按施工合同段设立总监理工程师代表。

3）工程规模较大、地域比较分散，可按工程地域设总监理工程师代表。

总监理工程师不得将下列工作委托给总监理工程师代表：

1）组织编制监理规划，审批监理实施细则；

2）根据工程进展及监理工作情况调配监理人员；

3）组织审查施工组织设计、（专项）施工方案；

4）签发工程开工令、暂停令和复工令；

5）签发工程款支付证书，组织审核竣工结算；

6）调解建设单位与施工单位的合同争议，处理工程索赔；

7）审查施工单位的竣工申请，组织工程竣工预验收，组织编写工程质量评估报告，参与工程竣工验收；

8）参与或配合工程质量安全事故的调查和处理。

（3）专业监理工程师

专业监理工程师是由总监理工程师授权，在项目监理机构中按专业或岗位设置的专业监理人员，有相应监理文件签发权。当工程规模较大时，在某一专业或岗位宜设置若干名专业监理工程师。该岗位可以由具有工程类注册执业资格的人员（如注册监理工程师、注册造价工程师、注册建造师、注册建筑师、注册工程师等）担任，也可由具有中级及以上专业技术职称、2年及以上工程实践经验的监理人员担任。建设工程涉及特殊行业（如爆破工程），从事此类工程的专业监理工程师还应符合国家对有关专业人员资格的规定。工程监理单位调换专业监理工程师时，总监理工程师应书面通知建设单位。

专业监理工程师应履行下列职责：

1）参与编制监理规划，负责编制监理实施细则；

2）审查施工单位提交的涉及本专业的报审文件，并向总监理工程师报告；

3）参与审核分包单位资格；

4）指导、检查监理员工作，定期向总监理工程师报告本专业监理工作实施情况；

5）检查进场的工程材料、构配件、设备的质量；

6）验收检验批、隐蔽工程、分项工程，参与验收分部工程；

7）处置发现的质量问题和安全事故隐患；

8）进行工程计量；

9）参与工程变更的审查和处理；

10）组织编写监理日志，参与编写监理月报；

11）收集、汇总、参与整理监理文件资料；

12）参与工程竣工预验收和竣工验收。

（4）监理员

监理员是从事具体监理工作的人员，不同于监理机构中其他行政辅助人员。监理员应具有中专及以上学历，并经过监理业务培训。

监理员应履行下列职责：

1）检查施工单位投入工程的人力、主要设备的使用及运行状况；

2）进行见证取样；

3）复核工程计量有关数据；

4）检查工序施工结果；

5）发现施工作业中的问题，及时指出并向专业监理工程师报告。

复 习 思 考 题

1. 简单叙述给水排水工程建设监理的一般程序。

2. 我国工程项目建设监理组织有哪几种基本类型？

3. 什么叫监理组织的合理人员结构？

4. 给水排水工程建设监理组织是怎样确定的？举例说明。

5. 给水排水工程建设监理需要哪些方面的专业监理工程师？

6. 给水排水工程建设监理各类人员的基本职责是什么？

第6章 给水排水工程建设监理规划与实施细则

6.1 给水排水工程建设监理文件概述

给水排水工程建设监理文件是指监理单位投标时编制的监理大纲、监理合同签订以后编制的监理规划和专业监理工程师编制的监理实施细则。

6.1.1 监理规划与实施细则

监理规划是在总监理工程师的主持下并组织专业监理工程师编制的，经总监理工程师签字后由工程监理单位技术负责人审批，用来指导项目监理机构全面开展监理工作的指导性文件。目的是将监理委托合同规定的监理组织承担的责任即监理任务具体化，并在此基础上制订出实现监理任务的措施。编就的监理规划是项目监理组织有序地开展监理工作的依据和基础。

给水排水工程建设监理是一项受项目法人（建设单位）委托授权进行项目监督管理的系统工程。既是一项"工程"，就要进行事前的系统策划和设计。监理规划就是进行此项工程的"初步设计"，此项工程的"施工图设计"就是各项专业监理的实施细则。这两项内容分别将在本章6.2及6.3节中介绍。

6.1.2 监理大纲、监理规划、监理实施细则的区别

监理大纲是工程监理单位为获得监理任务在投标阶段编制的项目监理方案性文件，它是监理单位投标书的组成部分。其目的一是要使项目法人信服：采用本监理单位制订的监理方案，能实现项目法人的投资目标和建设意图，进而赢得竞争，赢得监理任务，二是为项目监理机构今后开展监理工作制订基本方案，是监理方案性文件。

监理规划是在监理委托合同签订后制订的指导监理工作全面开展的指导性文件，它起着指导监理单位内部自身业务工作的作用。由于它是在明确监理委托关系，以及确定项目总监理工程师以后，在更详细占有有关资料基础上编写的，所以，其包括的内容与深度也比监理大纲更为具体详细。

监理实施细则（又称监理细则）是根据监理规划，由专业监理工程师编写，并经总监理工程师审批，针对工程项目中某一专业或某一方面监理工作的操作性文件。它起着具体指导监理实务作业的作用。

监理大纲、监理规划、监理实施细则三者间的比较，参见表6-1。

监理大纲、监理规划、监理实施细则的比较 表 6-1

	主持人	性质	编制对象	编制时间和作用	内 容		
					为什么做	做什么	如何做
监理大纲	监理单位	方案性文件	项目整体	在监理招标阶段编制的，目的是使项目法人信服，进而获得监理任务	◎	○	
监理规划	总监理工程师	指导性文件	项目整体	在监理委托合同签订后制定，目的是指导项目监理工作，起"初步设计"作用	○	◎	◎
监理实施细则	专业监理工程师	操作性文件	某项专业监理工作	在完善项目监理组织，落实监理责任后制订，目的是具体实施各项监理工作，起"施工图设计"作用		○	◎

◎为重点内容

6.2 给水排水工程建设监理规划

6.2.1 编制监理规划的依据

1. 工程建设方面的法律法规和标准

工程建设方面的法律、法规具体包括三个层次：

（1）国家颁布的工程建设有关的法律、法规和政策；

（2）工程所在地或所属部门颁布的工程建设相关的法律、法规、规定和政策；

（3）工程建设的各种标准、规范。

2. 建设工程外部环境调查研究资料

（1）自然条件方面的资料；

（2）社会和经济条件方面的资料。

3. 政府批准的工程建设文件

文件包括：政府发展改革部门批准的可行性研究报告、立项批文以及政府规划土地、环保等部门确定的规划条件、土地使用条件、环境保护要求、市政管理规定。

4. 建设工程监理合同文件

5. 建设工程合同

6. 建设单位的合理要求

7. 监理大纲

8. 工程实施过程中输出的有关工程信息

6.2.2 监理规划的主要内容

给水排水工程建设监理规划通常包括以下主要内容：给水排水工程概况；监理工作范

围；监理工作内容和目标；监理工作依据；项目监理机构的组织形式、人员配备计划、监理人员岗位职责；监理工作制度；工程质量控制；工程造价控制；工程进度控制；安全生产管理的监理工作；合同管理与信息管理；组织协调；监理工作设施。

1. 给水排水工程概况

给水排水工程的概况部分主要编写以下内容：

（1）给水排水工程项目名称。

（2）给水排水工程项目建设地点。

（3）给水排水工程项目组成及建设规模。

（4）主要建筑结构类型。

（5）工程概算投资额或建安工程造价。

（6）给水排水工程项目计划工期，包括开竣工日期。

（7）给水排水工程项目质量目标。

（8）给水排水工程项目设计单位及施工单位名称，项目负责人。

（9）给水排水工程项目结构图、组织关系图和合同结构图。

（10）给水排水工程项目特点。

（11）其他说明。

2. 监理工作范围

监理工作范围是指监理单位所承担的监理任务的工程范围。如果监理单位承担全部建设工程的监理任务，监理范围为全部建设工程，否则应按监理单位所承担的建设工程的建设标段或子项目划分确定建设工程监理范围。监理工作范围虽然已在建设监理合同中明确，但需要在监理规划中列明并做进一步说明。

3. 监理工作内容和目标

（1）监理工作内容

监理工作基本内容包括：工程质量、造价、进度三大目标控制，合同管理和信息管理，组织协调，以及履行建设工程安全生产管理的法定职责。监理规划中需要根据建设工程监理合同约定进一步细化监理工作内容。

（2）监理工作目标

监理工作目标是指监理单位所承担的建设工程的监理控制预期达到的目标。通常以建设工程的质量、造价、进度三大目标的控制值来表示。

1）工程质量控制目标：建设工程质量合格及建设单位的其他要求。

2）工程造价控制目标：以××年预算为基价，静态投资数额（或合同价）；

3）工程进度控制目标：×个月或自×年×月×日至×年×月×日。

4. 监理工作依据

实施给水排水工程建设监理的主要依据有：

（1）法律法规及建设工程相关标准；

（2）建设工程勘察设计文件；

（3）建设工程监理合同；

（4）其他建设工程合同文件，包括施工合同、采购合同等；

（5）编制特定工程的监理规划，不仅要以以上内容为依据，而且还要收集有关资料作为依据，包括：反映工程特征的资料；反映建设单位对项目监理要求的资料；反映工程建设条件的资料；反映当地工程建设法规及政策方面的资料等。

5. 项目监理机构的组织形式、人员配备计划、监理人员岗位职责

（1）项目监理机构的组织形式

工程监理单位派驻现场的项目监理机构的组织形式和规模，应根据建设工程监理合同约定的服务内容、服务期限，以及工程特点、规模、技术复杂程度等因素确定。项目监理机构组织形式可用组织结构图表示。

（2）项目监理机构的人员配备计划

项目监理机构监理人员应由总监理工程师、专业监理工程师和监理员组成，且专业配套、数量应满足建设工程监理工作需要，必要时可设总监理工程师代表。

项目监理机构配备的监理人员应与监理投标文件或监理项目建议书的内容一致，并详细注明职称及专业，可按表 6-2 格式填报。要求填入真实到位人数。

项目监理机构的人员配备计划表　　　　　　　表 6-2

序号	姓名	性别	年龄	职称或职务	本工程拟担任岗位	专业特长	以往承担过的主要工程及岗位	进场时间	退场时间
1									
2									

项目监理机构的人员配备应根据建设工程监理的进程合理安排，见表 6-3。

项目监理机构的人员配备计划　　　　　　　表 6-3

时间	3 月	4 月	……	12 月
专业监理工程师	8	10		7
监理员	24	27		22
文秘人员	3	5		5

（3）项目监理机构的人员岗位职责

项目监理机构监理人员的分工及岗位职责应根据监理合同约定的监理工作范围和内容以及《建设工程监理规范》规定，由总监理工程师安排和明确。总监理工程师应根据项目监理机构监理人员的专业、技术水平、工作能力、实践经验等细化和落实相应的岗位职责，并且应督促和考核监理人员职责的履行。

6. 监理工作制度

为全面履行建设工程监理职责，确保建设工程监理服务质量，监理规划中应根据工程特点和工作重点明确相应的监理工作制度。主要有：

（1）项目监理机构现场监理工作制度

1）施工图纸会审及设计交底制度；

2）施工组织设计审核制度；

3）工程开工、复工审批制度；

4）工程材料、半成品质量检验制度；

5）整改制度，包括签发监理通知单和工程暂停令等；

6）平行检验、见证取样、巡视检查和旁站制度；

7）隐蔽工程、分项（部）工程质量验收制度；

8）单位工程验收、单项工程验收制度；

9）工程变更处理制度；

10）质量安全事故报告和处理制度；

11）现场协调会及会议纪要签发制度；

12）监理工作报告制度；

13）安全生产监督检查制度；

14）技术经济签证制度；

15）工程款支付审核、签认制度等。

（2）项目监理机构内部工作制度

1）项目监理机构工作会议制度，包括监理交底会议，监理例会、监理工作会议等；

2）项目监理机构人员岗位职责制度；

3）对外行文审批制度；

4）监理工作日志制度；

5）监理周报、月报制度；

6）技术、经济资料及档案管理制度；

7）监理人员教育培训制度；

8）监理人员考勤、业绩考核及奖惩制度。

（3）相关服务工作制度

当提供相关服务时，还需建立如下制度：

1）项目立项阶段：包括可行性研究报告评审制度和工程估算审核制度等；

2）设计阶段：包括设计大纲、设计要求编写及审核制度，设计合同管理制度，工程概算审核制度，施工图纸审核制度等；

3）施工招标阶段：包括招标管理制度，标底或招标控制价编制及审核制度，合同条件拟定及审核制度等。

7. 工程质量控制

工程质量控制重点在于预防，即在既定目标的前提下，遵循质量控制原则，制订总体质量控制措施、专项工程预控方案，以及质量事故处理方案，具体包括：

（1）工程质量控制目标描述

1）施工质量控制目标；

2）材料质量控制目标；

3）设备质量控制目标；

4）设备安装质量控制目标；

5）质量目标实现的风险分析：项目监理机构宜根据工程特点、施工合同、工程设计文件及经过批准的施工组织设计对工程质量目标控制进行风险分析，并提出防范性对策。

（2）工程质量控制主要任务

1）工程开工前应审查施工单位现场的质量管理组织机构、管理制度及专职管理人员和特种作业人员的资格；

2）审查施工单位报审的施工方案，施工组织设计；

3）审查工程使用的新材料、新工艺、新技术、新设备的质量认证材料和相关验收标准的适用性；

4）检查、复核施工单位报送的施工控制测量成果及保护措施，签署意见；

5）审核分包单位资格，检查施工单位为本工程提供服务的试验室；

6）审查施工单位报送的用于工程的材料、构配件、设备的质量证明文件，并按照有关规定、建设工程监理合同约定，对用于工程的材料进行见证取样、平行检验；

7）审查施工单位定期提交影响工程质量的计量设备的检查和检定报告；

8）项目监理机构应根据工程特点和施工单位报送的施工组织设计，确定旁站的关键部位、关键工序，安排监理人员进行旁站，并应及时记录旁站情况；项目监理机构应安排监理人员对工程施工质量进行巡视；应根据工程特点、专业要求，以及建设监理合同约定，对施工质量进行平行检验；

9）项目监理机构应对施工单位报验的隐蔽工程、检验批、分项工程和分部工程进行验收，对验收合格的应给予签认；

10）对质量缺陷、质量问题、质量事故及时进行处置和检查验收；

11）审查施工单位提交的单位工程竣工验收报审表及竣工资料，组织工程竣工预验收；

12）参加由建设单位组织的竣工验收，对验收中提出的整改问题，应督促施工单位及时整改。工程质量符合要求的，总监理工程师应在工程竣工验收报告中签署意见。

（3）工程质量控制工作流程与措施

1）依据分解的目标编制质量控制工作流程图；

2）工程质量控制的具体措施有：

组织措施：建立健全项目监理机构，完善职责分工，制订有关质量监督制度，落实质量控制责任；

技术措施：协助完善质量保证体系；严格事前事中和事后的质量检查监督；

经济措施及合同措施：严格质量检查和验收，不符合合同规定质量要求的，拒绝付工程款；达到建设单位特定质量目标要求的，按合同支付工程质量补偿金或奖金。

（4）旁站方案

（5）工程质量目标状况动态分析以及工程质量控制表格。

8. 工程造价控制

项目监理机构应全面了解工程施工合同文件、工程设计文件等内容，熟悉合同价款的计价方式、施工投标报价及组成、工程预算等情况，明确工程造价控制的目标和要求，制订工程造价控制工作流程、方法和措施，以及针对工程特点确定工程造价控制的重点和目标值，将工程实际造价控制在计划造价范围内。

（1）工程造价控制的目标分解

1）按建设工程的费用组成分解；

2）按年度、季度分解；

3）按建设工程实施阶段分解。

（2）工程造价控制内容工作

1）熟悉施工合同及约定的计价规则，复核、审查施工图预算；

2）定期进行工程计量，复核工程进度款申请，签署进度款付款签证；

3）应编制月完成工程量统计表，对实际完成量与计划完成量进行比较分析，发现偏差的，应提出调整建议，并应在监理月报中向建设单位报告；

4）按程序进行竣工结算款审核，签署竣工结算款支付证书。

（3）工程造价控制主要方法

依据施工进度计划、施工合同等文件，编制资金使用计划，可列表编制（见表 6-4），并运用动态控制原理，对工程造价进行动态分析、比较和控制。工程造价的动态比较的内容有工程造价目标分解值与造价实际值的比较；工程造价目标值的预测分析。

资金使用计划表 表 6-4

工程名称	××年度				××年度				××年度				总额
	一	二	三	四	一	二	三	四	一	二	三	四	

（4）工程造价目标实现的风险分析

项目监理机构宜根据工程特点、施工合同、工程设计文件及经过批准的施工组织设计对工程造价目标控制进行风险分析，并提出防范性对策。

（5）工程造价控制的工作流程与措施

1）依据工程造价目标分解编制工程造价控制工作流程图；

2）工程造价控制的具体措施：

（A）组织措施：建立健全项目监理机构，完善职责分工及有关制度，落实工程造价控制的责任；

（B）技术措施：对材料、设备采购，通过质量价格比选，合理确定生产供应单位；通过审核施工组织设计和施工方案，使施工组织合理化。

（C）经济措施：及时进行计划费用与实际费用的分析比较；对原设计或施工方案提出合理化建议并被采用，由此产生的投资节约按合同规定予以奖励。

（D）合同措施：按合同条款支付工程款，防止过早、过量的支付。减少施工单位的索赔，正确处理索赔事宜等。

（6）工程造价控制表格

9. 工程进度控制

项目监理机构应全面了解工程施工合同文件、施工进度计划等内容，明确施工进度控制目标和要求，制订施工进度控制工作流程、方法和措施，以及针对工程特点确定工程进度控制的重点和目标值，将工程实际进度控制在计划工期范围内。

（1）工程总进度目标分解

1）年度、季度进度目标；

2）各阶段的进度目标；

3）各子项目进度目标。

（2）工程进度控制的工作内容

1）审查施工单位报审的施工总进度计划和阶段性施工进度计划，提出审查意见。由总监理工程师审核后报建设单位；检查、督促施工进度计划的实施；

2）进行进度目标实现的风险分析，制订进度控制的方法和措施；

3）预测实际进度对工程总工期的影响，分析工期延误原因，制订对策和措施，并报告工程实际进展情况。

（3）工程进度控制方法

1）加强施工进度计划的审查，督促施工单位制订和履行切实可行的施工计划；

2）运用动态控制原理进行进度控制。

项目监理机构应比较分析工程施工实际进度与计划进度，预测实际进度对工程总工期的影响，并在监理月报中向建设单位报告工程实际进展情况；应检查施工进度计划的实施情况，发现实际进度严重滞后于计划进度且影响合同工期时，应签发监理通知单，要求施工单位采取调整措施加快施工进度。总监理工程师应向建设单位报告工期延误的风险。

工程进度控制的动态比较内容包括：工程进度目标分解值与进度实际值的比较；工程进度目标值的预测分析。

（4）工程进度控制的工作流程与措施

1）工程进度控制工作流程图；

2）工程进度控制的具体措施：

（A）进度控制的组织措施

落实进度控制的责任，建立进度控制协调制度。

（B）进度控制的技术措施

建立多级网络计划体系，监控施工单位的实施作业计划。

（C）进度控制的经济措施

对工期提前者实行奖励；对应急工程实行较高的计件单价；确保资金的及时供应等。

（D）进度控制的合同措施

按合同要求及时协调有关各方的进度，以确保建设工程的形象进度。

（5）工程进度控制表格

10. 安全生产管理的监理工作

项目监理机构应根据法律法规、工程建设强制性标准，履行建设工程安全生产管理的监理职责，并应将安全生产管理的监理工作内容、方法和措施纳入监理规划和监理实施细则，应根据工程项目的实际情况，加强对施工组织设计中涉及安全技术措施的审核，加强对专项施工方案的审查和监督，加强对现场安全事故隐患的检查，发现问题及时处理，防止和避免安全事故的发生。

（1）安全生产管理的监理工作目标

履行法律法规赋予工程监理单位的法定职责，尽可能防止和避免施工安全事故的发生。

（2）安全生产管理的监理工作内容

1）编制建设工程监理实施细则，落实相关监理人员；

2）项目监理机构应审查施工单位现场安全生产规章制度的建立和实施情况，并应审查施工单位安全生产许可证及施工单位项目经理、专职安全生产管理人员和特种人员的资格，同时应核查施工机械和设施的安全许可验收手续；

3）审查施工承包人提交的施工组织设计，重点审查其中的质量安全技术措施、专项施工方案与工程建设强制性标准的符合性；

4）审查包括施工起重机械和整体提升脚手架等在内的施工机械和设施的安全许可验收手续情况；

5）巡视检查危险性较大的分部分项工程专项施工方案实施情况；

6）对施工单位拒不整改或不停止施工的，应及时向有关主管部门报送监理报告。

（3）专项施工方案的编制要求、审查和实施的监理要求

1）专项施工方案编制要求

实行施工总承包的，专项施工方案应当由总承包施工单位组织编制，其中起重机械安装拆卸工程、深基坑工程等专业工程实行分包的，其专项施工方案可由专业分包单位组织编制。实行施工总承包的，专项施工方案应当由总承包施工单位技术负责人及相关专业分包单位技术负责人签字。对于超过一定规模的危险性较大的分部分项工程的专项施工方案，应检查施工单位组织专家进行论证、审查的情况，以及是否附具安全验算结果。

2）专项施工方案审查要求

主要对编制的程序和实质性内容进行符合性审查。编制程序应符合相关规定，安全技术措施应符合工程建设强制性标准。

3）专项施工方案实施要求。施工单位应当严格按照已批准的专项方案组织施工，安排专职安全管理人员实施管理，不得擅自修改、调整专项施工方案。如因设计、结构、外部环境等因素发生变化确需修改的，应及时报告项目监理机构，修改后的专项施工方案应当按相关规定重新审核。

（4）安全生产管理的监理方法和措施

1）通过审查施工单位现场安全生产规章制度的建立和实施情况，督促施工单位落实安全技术措施和应急救援预案，加强风险防范意识，预防和避免安全事故发生。

2）通过项目监理机构安全管理责任风险分析，制订监理实施细则，落实监理人员，加强日常巡视和安全检查，发现工程存在安全事故隐患时，项目监理机构应当履行监理职责，应签发监理通知单，要求施工单位整改；情况严重时，应签发工程暂停令，并及时报告建设单位。

（5）安全生产管理监理工作表格。

11. 合同管理与信息管理

（1）合同管理

合同管理主要是对建设单位与施工单位、材料设备供应单位等签订的合同进行管理，从合同执行等各个环节进行管理，督促合同双方履行合同，并维护合同订立双方的正当权益。

1）合同管理的主要工作内容

处理工程暂停工及复工、工程变更、索赔及施工合同争议、解除等事宜；处理施工合同终止的有关事宜。

2）合同结构

结合项目结构图和项目组织结构图，以合同结构图的形式表示，并列出项目合同目录

一览表（见表 6-5）。

项目合同目录一览表　表 6-5

序号	合同编号	合同名称	施工单位	合同价	合同工期	质量要求

3）合同管理的工作流程与措施。

（A）工作流程图；

（B）合同管理的具体措施。

4）合同执行状况的动态分析。

5）合同争议调解与索赔处理程序。

6）合同管理表格。

（2）信息管理

信息管理是建设工程监理的基础性工作，通过对建设工程形成的信息进行收集、整理、处理、存储、传递与运用，保证能够及时、准确地获取所需要的信息。具体工作包括监理文件资料的管理内容，监理文件资料的管理原则和要求，监理文件资料的管理制度和程序，监理文件资料的主要内容，监理文件资料的归档和移交等。

1）信息分类表（见表 6-6）；

信 息 分 类 表　表 6-6

序号	信息类别	信息名称	信息管理要求	责任人

2）项目监理机构内部信息流程图；

3）信息管理的工作流程与措施：

（A）工作流程图；

（B）信息管理的具体措施。

4）信息管理表格。

12. 组织协调

组织协调工作是指监理人员通过对项目监理机构内部人与人之间、机构与机构之间，以及监理组织与外部环境组织之间的工作进行协调与沟通，从而使工程参建各方相互理解、步调一致。

（1）组织协调的范围和层次

1）项目组织协调的范围包括建设单位、工程建设参与各方（包括政府管理部门）之间的关系。

2）组织协调的层次包括协调工程参与各方之间的关系以及工程技术协调。

（2）组织协调的主要工作

1）项目监理机构的内部协调

（A）总监理工程师牵头，做好项目监理机构内部人员之间的工作关系协调；

（B）明确监理人员分工及各自的岗位职责；

（C）建立信息沟通制度；及时交流信息、处理矛盾，建立良好的人际关系。

2）与工程建设有关单位的外部协调

（A）建设工程系统内的单位：进行建设工程系统内的单位协调重点分析，主要有建设单位、设计单位、施工单位、材料和设备供应单位、资金提供单位等。

（B）建设工程系统外的单位：进行建设工程系统外的单位协调重点分析，主要有政府建设行政主管机构、政府其他有关部门、工程毗邻单位、社会团体等。

（3）组织协调方法和措施。

1）组织协调方法：主要有会议协调；交谈协调；书面协调；访问协调。

2）不同阶段组织协调措施：开工前的协调；施工过程中的协调；竣工验收阶段的协调。

（4）协调工作程序

1）工程质量控制协调程序；

2）工程造价控制协调程序；

3）工程进度控制协调程序；

4）其他方面工作协调程序。

（5）协调工作表格

13. 监理工作设施

（1）制订监理设施管理制度；

（2）建设单位应按照建设工程监理合同约定，提供监理工作需要的办公、交通、通信、生活等设施；项目监理机构应妥善使用和保管建设单位提供的设施，并应按建设工程监理合同约定的时间移交建设单位；

（3）根据建设工程类别、规模、技术复杂程度、建设工程所在地的环境条件，按建设工程监理合同的约定，配备满足项目监理机构工作需要的常规检测设备和工具（见表6-7）。

常规检测设备和工具　　　　表6-7

序号	仪器设备名称	型号	数量	使用时间	备注
1					
2					
3					
4					
5					

6.2.3 监理规划编制的一般程序

1. 规划信息的收集和处理

作为编制规划的第一步，必须收集与项目有关的所有信息。收集的信息越完整、越精确、越及时，规划的质量越高。

2. 确认项目目标

（1）目标的识别

目标的识别是根据所获得的信息，对项目的目标进行分析和评价，判别真伪，充分考虑约束条件。在识别目标的过程中，要明确的问题有：

1）建设单位真正目的是什么？

2）目标实现的可能性有多大？

3）建设单位在什么背景下提出这些目标的？

4）在什么条件下能实现这些目标？

5）实现这些目标的标准是什么？

6）目标与目标之间的关系如何？

（2）目标实现的先后次序

任何项目的目标都不是独立的，一般都有多个目标。在确认了目标以及目标与目标之间的相互关系之后，需要对目标进行排序，分清主次。例如将进度目标放在第一位，则相应的成本和质量目标就可能要作一些让步。

（3）目标的衡量

1）目标的量化。对要实现的目标，最好首先将其量化。对于那些确实难以量化的目标，可以采取一些技术措施进行处理，如找出相关可量化的指标或定义、可接受水平等。

2）目标的满意度。目标量化的结果是给出一个特定的目标值 E，但任何项目实施后实现的目标都不可能绝对等于 E，这是显而易见的。因此，在目标量化以后，需要定义一个可以接受的置信水平，也就是与目标值 E 的偏差多大，才可以接受。若可以接受的偏差定义 $\pm\Delta$，则目标实现的结果在（$E\pm\Delta$）的范围内时，目标要求就被认为满足了。

3. 工作说明（SOW）

SOW（Statement of Work）是对实现项目目标所要进行的工作或活动的一种叙述性描述。SOW 的复杂程度取决于建设单位、高层次管理人员以及规划使用者的要求。

项目在组织内部，SOW 一般由计划部门根据执行部门提供的信息制订，然后由执行部门确认；如果项目处在组织外部，也就是处在一个竞争的招标环境中，SOW 通常由承包商或委托的项目管理机构根据建设单位要求准备，然后取得建设单位的认可。监理规划就属于后一种。

一般来说，在项目目标明确以后，须列举完成这些目标所要进行的工作或任务，说明这些工作或任务的内容、要求和程序。这种描述按一定格式给出时，便形成了 SOW。

4. 工作分解结构（WBS）和业务责任图（LRC）

WBS（Work Breakdown Structure）是项目监理规划与控制的基础资料。它是根据系统工程的思想用树形图将一个功能实体（项目）逐级划分成若干个相对独立的工作单元，以便更有效地组织、计划、控制项目整体的实施。WBS 的特点是确保项目参与者（建设单位、承包商、主管部门等）从整体上理解自己承担的工作与全局的关系，从而能够尽早发现问题，及时解决。WBS 作为项目参与者的信息基础和共同言语，是他们之间信息交流和共同工作的基础。WBS 中的最终工作单元应是相对独立的、有意义的，每一个单元应责权分明，易管理，有始终，有确定的衡量标准，在实施过程中易检查，人、财、物的消耗都能测定，便于成本核算。

WBS 的步骤：

（1）根据所获信息，将项目按工作内容逐级分解，直到确定的、相对独立的工作单元；

（2）对于每一个工作单元，应该说明其性质、特点、工作内容、目标、资源输入（人、财、物、基础设施、服务等），列出与其有联系的机构，进行成本估算、时间估算，并确定执行这项工作的负责人和相应的组织形式，人员安排；

（3）各工作单元的责任者对该工作的预算、时间安排、资源需求、人员安排等进行复核，以保证 WBS 的准确性，复核完毕，形成初步文件报上一级；

（4）将以上信息逐级汇总，明确各项工作实施的先后次序，即确定逻辑关系；

（5）汇总到最高级，将各项成本累积成项目总的初步概算，并以此作为后面项目成本计划（预算）的基础（概算中应该包括直接费用和间接费用、不可预见费用、利润等）；

（6）时间估算和关键事件以及逻辑关系的信息可以汇总为"项目总进度计划"，形成后面项目详细工作规划的基础；

（7）各项工作单元的资源使用汇总成"资源使用计划"（包括设备、材料、资金、人力等）；

（8）总监理工程师对 WBS 的输出结果进行系统综合评价，拟定项目的实施方案；

（9）形成项目监理规划，呈报建设单位审批；

（10）严格按监理规划实施，在实施中收集进展信息，不断补充、修改。

WBS 与组织机构并列使用，便形成业务责任图（LRC-Line Responsibility Chart，有人译为线性责任图，此处宜译为业务责任图），以明确各项任务（业务）的责任者，便于项目的实施管理（图 6-1）。

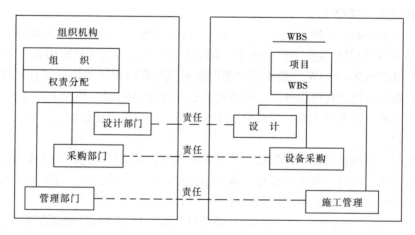

图 6-1 LRC 示意图

5.制订监理规划

根据 WBS 和 LRC 提供的信息确定出各工作单元的任务。各工作单元按照自己的实施方案编制监理规划。

总的监理规划可以按照 WBS 的层次逐级由下往上汇总，最终构成项目总的监理规划文件，其制定过程如图 6-2 所示。

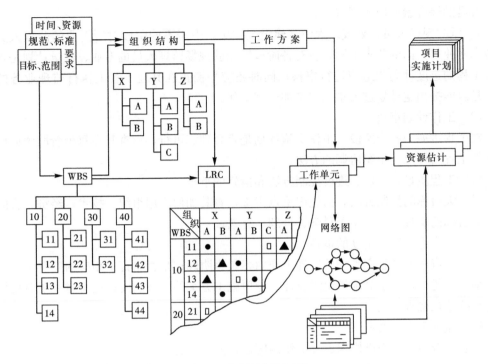

图 6-2 规划的制订过程

6.2.4 监理规划的报审

监理规划应在签订建设工程监理合同及收到工程设计文件后，由总监理工程师组织编制，并应在召开第一次工地会议前报送建设单位。工程监理单位技术管理部门是监理规划的内部审核部门，其技术负责人应当签认。监理规划审核的内容主要有：

1. 监理范围、工作内容及监理目标的审核

依据监理招标文件和建设工程监理合同，审核是否理解了建设单位的工程建设意图，监理的工作范围、监理工作内容是否包括了全部委托的工作任务，监理目标是否与建设工程监理合同要求和建设意图相一致。

2. 项目监理机构结构的审核

（1）组织机构方面

在组织形式、管理模式等方面是否合理，是否已结合了工程实施的特点，是否能够与建设单位的组织关系和施工单位的组织关系相协调等。

（2）人员配备方面

1）派驻监理人员的专业满足程度。不仅考虑专业监理工程师如土建监理工程师、安装监理工程师等能够满足开展监理工作的需要，而且还要看其专业监理人员是否覆盖了工程实施过程中的各种专业要求，以及高、中级职称和年龄结构的组成。

2）人员数量的满足程度。主要审核从事监理工作人员在数量和结构上的合理性。

3）专业人员不足时采取的措施是否恰当。对于大中型建设工程，由于技术复杂，涉及的专业面宽，当监理单位的技术人员不足以满足全部监理工作要求时，对拟临时聘用的

监理人员的综合素质应认真审核。

4）派驻现场人员计划表。大中型建设工程中，由于不同阶段对所需要的监理人员的人数和专业等方面的要求不同，应对各阶段所派驻现场监理人员的专业、数量计划是否与建设工程的进度计划相适应进行审核；同时还应平衡正在其他工程上执行监理业务的人员，是否能按预定计划进入本工程参加监理工作。

（3）工作计划审核

在工程进展中各个阶段的工作实施计划是否合理、可行，审查其在每个阶段中如何控制建设工程目标以及组织协调的方法。

（4）工程质量、造价、进度控制方法和措施的审核

对三大目标的控制方法和措施应重点审查，看其如何应用组织、技术、经济、合同措施保证目标的实现，方法是否科学、合理、有效。

（5）安全生产管理制度的审核

主要是审核安全生产管理的监理工作内容是否明确；是否制订了相应的安全生产管理实施细则；是否建立了对施工组织设计、专项施工方案的审查制度；是否建立了对现场安全隐患的巡视检查制度等。

（6）监理工作制度审核

主要审查项目监理机构内、外工作制度是否健全、有效。

在实施建设工程监理过程中，实际情况或条件发生变化而需要调整监理规划时，应由总监理工程师组织专业监理工程师修改，并应经工程监理单位技术负责人批准后报建设单位。

6.3　给水排水工程建设监理实施细则

监理实施细则是进行监理工作的"施工图设计"。它是在监理规划的基础上，落实了各专业监理责任和工作内容后，由专业监理工程师针对工程具体情况制订出更具实施性和操作性的业务文件，对监理工作"做什么""如何做"的更详细的具体化和补充，其作用是具体指导监理业务的实施。在实施建设工程监理过程中，监理实施细则可根据实际情况进行补充和修改，并应经总监理工程师批准后实施。

1. 设计阶段的实施细则

这一阶段应围绕以下主要内容来制订实施细则。

（1）协助建设单位组织设计竞赛或设计招标，优选设计方案和设计单位；

（2）协助设计单位开展限额设计和设计方案的技术经济比较，优化设计，保证项目使用功能、安全可靠、经济合理；

（3）向设计单位提供满足功能和质量要求的设备、主要材料的有关价格、生产厂家的资料；

（4）协调好各设计单位之间的关系。

2. 施工招标阶段实施细则

引进竞争机制，通过招标投标，正确选择施工承包单位和材料设备供应单位；合理确定工程承包和材料、设备合同价；正确拟订承包合同和订货合同条款等。

3. 施工阶段给水排水工程监理实施细则

（1）监理实施细则的编写依据

1）已批准的建设工程监理规划；

2）工程建设标准、工程设计文件和技术资料；

3）施工组织设计、（专项）施工方案。

除了《建设工程监理规范》中规定的相关依据，监理实施细则在编制过程中，还可以融入工程监理单位的规章制度和经认证发布的质量管理体系，以达到监理内容全面完整。

（2）监理实施细则编写要求

《建设工程监理规范》规定，采用新材料、新工艺、新技术、新设备的工程以及专业性较强、危险性较大的分部分项工程，项目监理机构应编制监理实施细则。监理实施细则应符合监理规划的要求，应结合工程特点，做到详细具体、具有可操作性，其作用是具体指导监理业务的实施。监理实施细则应在相应工程施工开始前由专业监理工程师编制，并报总监理工程师审批后实施。监理实施细则应满足以下三方面要求：

1）内容全面

监理工作包括"三控两管一协调"与安全生产管理的监理工作，监理实施细则作为指导监理工作的操作性文件应涵盖这些内容。专业监理工程师应依据建设工程监理合同和监理规划确定的监理范围和内容，结合需要编制监理实施细则的专业工程的特点，对工程质量、造价、进度主要影响因素以及安全生产管理监理工作的要求，制订内容细致、翔实的监理实施细则，确保监理目标的实现。

2）针对性强

监理实施细则应在相关依据基础上，结合工程项目实际建设条件、环境、技术、设计、功能等进行编制，确保监理实施细则的针对性。因此，在编制监理实施细则前，各专业监理工程师应组织本专业监理人员熟悉本专业的设计文件、施工图纸和施工方案，应结合工程特点，分析本专业监理工作的重点、难点及其主要影响因素，制订有针对性的组织措施、技术措施、经济措施和合同措施。

3）可操作性强

监理实施细则应有详细、明确的控制目标值和全面的监理工作计划；应有具体可行的操作方法和措施。

（3）监理实施细则的主要内容

监理实施细则应包含的内容有：专业工程特点、监理工作流程、监理工作要点以及监理工作方法及措施。

1）专业工程特点

专业工程特点是指需要编制监理实施细则的工程专业特点，应从专业工程施工的重点和难点、施工范围和施工顺序、施工工艺、施工工序等内容进行有针对性的阐述，体现为工程施工的特殊性、技术的复杂性，与其他专业的交叉和衔接以及各种环境约束条件。

除了专业工程外，新材料、新工艺、新技术以及对工程质量、造价、进度应加以重点控制等特殊要求也需要在监理实施细则中体现。

2）监理工作流程

表达监理工作流程的主要形式是结合工程相应专业制订具有可操作性和可实施性的工

第6章 给水排水工程建设监理规划与实施细则

作流程图。不仅涉及最终产品的检查验收，更多地涉及施工中各个环节及中间产品的监督检查与验收。

监理工作涉及的流程主要包括：开工审核工作流程、施工质量控制流程、造价（工程量计量）控制流程、进度控制流程、安全生产和文明施工监理流程、测量监理流程、施工组织设计审核工作流程、分包单位资格审核流程、技术审核流程、建筑材料审核流程、工程质量问题处理审核流程、旁站监理工作流程、隐蔽工程验收流程、信息质量管理流程等。

3）监理工作要点

监理工作控制要点及目标值是监理工作流程中工作内容及其增加和补充的依据，应将流程图设置的相关监理控制点和判断点进行详细而全面的描述。将监理工作目标和检查点的控制指标、数据和频率等阐明清楚。

4）监理工作方法及措施

监理规划中的方法是针对工程总体要求的方法和措施，监理实施细则中的监理工作方法和措施是针对专业工程而言，应更具体、更具有可操作性和可实施性。

（A）监理工作方法

监理工程师通过旁站、巡视、见证取样、平行检测等监理方法，对专业工程作全面监控，对每一个专业工程的监理实施细则而言，其工作方法必须加以详细阐明。除上述四种常规方法外，监理工程师还可采用指令文件、监理通知、支付控制手段等方法实施监理。

（B）监理工作措施

各专业工程的控制目标要有相应的监理措施以保证控制目标的实现。制订监理工作措施通常有两种方式。

（a）根据措施实施内容不同，可将监理工作措施分为技术措施、经济措施、组织措施和合同措施。

（b）根据措施实施时间不同，可将监理工作措施分为事前控制措施、事中控制措施及事后控制措施。事前控制措施是指为预防发生差错而提前采取的措施；事中控制措施是指监理工作过程中，及时获取工程实际状况信息，以供及时发现问题、解决问题而采取的措施；事后控制措施是指发现工程相关指标与控制目标或标准之间出现差异后而采取的纠偏措施。

（4）监理实施细则报审

1）监理实施细则报审程序

监理实施细则可随工程进展编制，但必须在相应工程施工前完成，并经总监理工程师审批后实施。

2）监理实施细则的审核内容

监理实施细则审核的内容主要包括以下几个方面：

（A）编制依据、内容的审核

监理实施细则的编制是否符合监理规划的要求，是否符合专业工程相关的标准，是否符合设计文件的内容，与提供的技术资料是否相符合，是否与施工组织设计、（专项）施工方案使用的规范、标准、技术要求相一致。监理的目标、范围和内容是否与监理合同和监理规划相一致，编制的内容是否涵盖专业工程的特点、重点和难点，内容是否全面、详实、可行，是否能确保监理工作质量等。

（B）项目监理人员的审核

（a）组织方面。组织方式，管理模式是否合理，是否便于监理工作的实施，是否结合了专业工程的具体特点，是否与建设单位和施工单位相协调，制度、流程上是否能保证监理工作等。

（b）人员配备方面。人员配备的专业满足程度、数量等是否满足监理工作的需要、专业人员不足时采取的措施是否恰当、是否有操作性较强的现场人员计划安排表等。

（C）监理工作流程、监理工作要点的审核

监理工作流程是否完整、翔实，节点检查验收的内容和要求是否明确，监理工作流程是否与施工流程相衔接，监理工作要点是否明确、清晰，目标值控制点设置是否合理、可控等。

（D）监理工作方法和措施的审核

监理工作方法是否可信、合理、有效，监理工作措施是否具有针对性、可操作性、安全可靠，是否能确保监理目标的实现等。

（E）监理工作制度的审核

针对专业建设工程监理，其内、外监理工作制度是否能有效保证监理工作的实施，监理记录、检查表格是否完备等。

复 习 思 考 题

1. 试比较监理大纲、监理规划和监理实施细则的异同。
2. 给水排水工程建设监理规划编制的依据有哪些？
3. 给水排水工程建设监理规划的主要内容是什么？
4. 给水排水工程建设监理实施细则的主要内容是什么？
5. 给水排水监理实施细则的审核内容分别是什么？

第7章 给水排水工程设计阶段监理

7.1 给水排水工程设计阶段监理的意义

在计划经济的模式下，我国传统的建设管理体制中，工程设计任务是由政府建设管理部门向所属的工程设计单位进行分配，这种模式缺乏竞争机制。建设单位无明确的经济责任又缺少工程建设的专家，对工程设计不能进行有效的监督，甚至无需进行监督。政府建设管理部门对工程设计的审批仅限于宏观决策上的审查，缺乏全面的、微观上的有效监督，尤其缺少对设计全过程中的同步跟踪监督。由于这些原因，致使许多工程项目设计水平不高，甚至不少工程项目设计存在着重大的隐患和严重的浪费现象。

近年来，随着计划经济向市场经济的转轨，改变由行政分配工程设计任务的方式，开放建设市场，实行项目法人责任制；这显然可以促使建设单位采用招投标等方式选择设计单位，重视对工程设计的监督，也可以促使设计单位提高设计水平。但是，有时由于建设单位不熟悉工程设计的状况，况且，由于现代工程建设项目所涉及的专业领域越来越广，专业技术内容也越来越深，建设单位不可能全面熟悉与掌握这些新情况，因此，尽管开放了建设市场，建设单位可以择优选择设计单位，但这并没有消除建设单位不熟悉工程设计的状况，不能减少建设单位决策上的盲目性，也不能增强对工程设计的微观监督。

解决这一困难的办法是，建设单位可以委托工程监理单位，进行工程设计阶段的服务。监理单位根据建设单位的委托，组成设计管理咨询专家团队，通过对设计全过程的管理，在设计环节上满足对工程项目质量、进度、投资控制的需要，满足建设单位对于项目功能和品质的要求。

由于监理单位是工程建设专业化的咨询机构，它集中了各方面的专家人才，能够充分发挥专家的群体智慧，实施工程设计的监理服务，一方面，可以向建设单位就建设地址选择、工程规模、采用的设计标准、使用功能要求和相应的投资规模，以及对设计单位设计方案的选择等重大问题，提供客观的、科学的建议，保障建设单位决策的正确性，避免决策的盲目性；另一方面，可以帮助设计单位避免设计工作中可能出现的失误和浪费，优化工程设计，最终达到保障工程项目安全可靠，提高其适用性和经济性的目的。

7.1.1 设计阶段监理对项目投资目标的影响

一个建设项目经过建设前期的各项工作后，设计就成为工程建设的关键。对于工程设计，其在资源利用上是否合理，厂区布置是否紧凑，设备选型是否得当，技术、工艺、流程是否先进合理、生产组织是否科学，是否能以较少的投资取得较好的综合回报，这在很大程度上取决于设计工作的好坏，所以设计对建设项目在建设过程中的经济性和建成投产后能否充分发挥其生产能力或工程效益起着决定性作用。

控制项目投资目标，是建设工程监理控制的三大目标之一。从图 7-1、图 7-2 可见，设计对项目投资目标的影响是很大的。

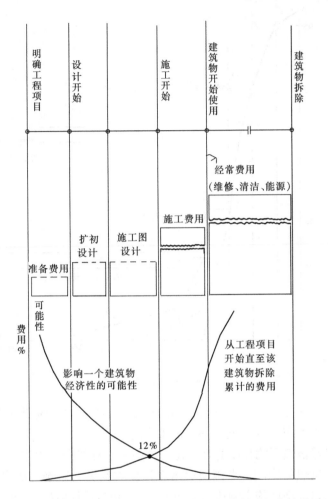

图 7-1 项目各阶段的费用及投资节约可能性与时间的关系图

图 7-1 的上半部分反映了项目建设过程投资耗用的情况，横坐标是时间阶段；一个个矩形代表费用支出。建设前期那个矩形面积表示建设单位花的钱较少；设计阶段（初步设计及施工图设计）建设单位花的钱也并不很多；而当施工开始后，对应矩形面积很大，花钱就很多。因此，很多人就认为建设单位的投资多数被施工单位"吃"掉了，从而眼睛总是盯着施工阶段。图 7-1 下半部分的两条曲线，一条从坐标原点出发的上升曲线，表示累计的投资支出额越来越多，而当施工阶段开始后花钱就直线上升。图中另一条自左向右下降曲线是表示节省投资可能性曲线。开始时，如果决定项目不予实施，则为 100% 的投资都将节约，故开始时最高可达 100% 的节省。投资节约的可能性曲线表明了从施工阶段开始后节约投资的可能性仅为 12%，而 88% 的节约投资的可能性属于建设前期阶段及设计阶段。由此可以看出，虽然施工阶段消耗大量的投资，但施工前节约投资的可能性却最大，相反，施工开始后，节约投资的可能性就小得多了。

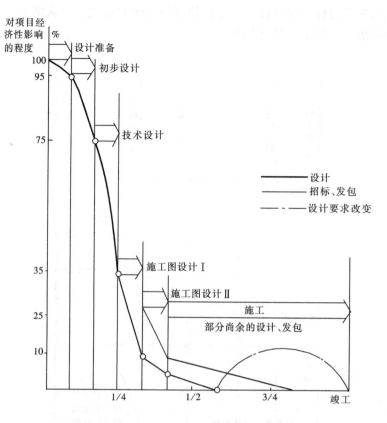

图 7-2　项目各阶段对项目经济性影响的程度

　　图 7-2 是项目各阶段对项目经济性影响的程度。图中，横坐标表示时间，其中 1/4、1/2、3/4 是指建设单位从决策后直到竣工的整个时间的 1/4、1/2、3/4，纵坐标是项目实施的各阶段对项目经济性影响程度的百分比。图中有三种线条，粗实线表示设计的影响，细实线表示招标、发包的影响，点画线表示设计要求变更的影响。从图中可以清楚地看到，建设前期对项目经济性的影响达 95％～100％；初步设计阶段为 75％～95％；技术设计阶段为 35％～75％；施工图设计（其中施工图设计Ⅱ相当于详图设计）阶段为 10％～35％；施工阶段的影响只有 10％。细实线之所以对应到施工图设计Ⅱ结束，是因为许多国家施工详图由施工单位出图，设计单位只做到施工图就结束了。

　　从图 7-1、图 7-2，很清楚地看出，项目投资控制的重点在于施工以前的投资决策和设计阶段，而在项目做出投资决策后，控制项目投资的关键就在于设计，设计对项目投资目标的影响是很大的，在这一阶段节约投资的可能性极大，因此，对设计阶段实施监理，其意义是很大的。这有一个例子，很能说明这一点。我国上海宝钢集团的引水工程，由于毗邻宝钢的长江水氯离子含量高，对管道和设备有较强的腐蚀作用，故而原设计定为由淀山湖引水，这样将铺设巨型管道数十千米。后来，上海市科协组织了腐蚀、环保、水利、土木、建筑、净水、金属等学会和研究会的专家教授，通过调查研究，摸索出长江纵断面、径流量、主流、支流以及涨落潮和氯离子含量的规律，收集了长江水质的几万个数据，然后提出了在长江筑库引水的建议，这一设计方案不但具有水量充沛、水质保证、少占农田、节约运行费用等优点，并且使建设投资节约上千万元。可见设计阶段的监理，对控制项目投资目标，节约项目投资及建成后的生产运行费用等起着关键性作用。

7.1.2 设计监理对项目质量目标的影响

表 7-1 给出了工程质量事故的统计数字。由统计数字可以看出，因设计原因造成的质量事故所占的比例为 40.1%，为最大，故设计的责任最大。

工程质量事故统计表 表 7-1

质量事故原因	所占百分比（%）
设计责任	40.1
施工责任	29.3
材料原因	14.5
使用责任	9.0
其他	7.1

保障工程项目安全可靠，提高其适用性和经济性，既是工程设计工作的目标，也是工程设计监理工作的基本任务。

所谓安全可靠性，就是要保障工程项目的大部分或全部的使用价值不致丧失，投资不致白费。国内外不乏工程项目设计失误的先例。例如，有的工程项目所选的建设地址未能考虑防洪问题，被山洪或泥石流摧毁；有的工程项目其设计标高低于历史最高水位，遭水淹没或排水返流而毁坏；有些工程项目或因其所选的地址与农业生产和生态保护发生尖锐的矛盾，或因其采用的工艺不过关，或因其生产的原材料来源无保障，而不得不报废；有的工程项目，因地质勘探的疏漏或对地基承载力评价的错误而招致不均匀沉陷和毁坏；有许多工程项目，因结构设计计算的错误而倒塌。据不完全统计，在 1981 年至 1985 年的 5 年间，除报废的工程项目外，全国在建或刚刚竣工的房屋工程发生倒塌的就高达 406 起，平均每 4.5 天就发生一起，其中属于设计上的失误就达 40% 以上。这类决策和技术上的失误，其责任应在建设单位和设计单位方面，因为他们具有最终的决定权。没有重视对设计阶段实施监理，也是建设单位失误的重要因素之一。

作为监理单位，它应具有更为广阔的视野，能在设计监理过程中，事先提出或在审核设计中发现诸如此类的重要问题，对工程项目的质量目标实施影响，帮助建设单位和设计单位避免这类失误的发生。

一个工程项目的质量目标，除了安全可靠性以外，还应当具有适用性。适用性不好的工程项目，尽管其十分安全可靠，但仍不是一项优质工程。

所谓适用性，就是工程项目要具有良好的使用功能和优美的效果。优美的生活和生产环境，既是人们的精神享受，也有利于提高生产。正因为如此，人们通常把适用性称之为工程项目建设的"第一要素"，也是工程设计方案阶段和初步设计阶段需要着力研究的问题，当然也是实施设计监理全部工作的重点。一般来说，对工业企业工程设计，在总体布置上，不要过于分散，而要便于运输和便于联系；但也不要过于集中，相互干扰。在车间内部布置上，工艺和运输流程要衔接顺畅，要有必要的劳动操作面积和空间，不能拥挤和相互妨碍，要有必要的通风、照明、空调、除尘、防毒、防爆等设备，不能影响劳动操作和人的身体健康等。对给水排水工程设计，在总体布置上，各个建筑物、构筑物、道路和各种设施的位置要合理，间距要适当，既要便于联系又要避免互相干扰。各类工程的形象处理，要有合适的体形、尺度比例、式样、装饰色调、绿化以及外部空间与环境的和谐等，从而给人以庄重、大方、明快和充满活力的享受。

当然，由于用途的多样性，每个工程项目的适用性要求又有所不同，而且影响适用性要求的因素又是多方面的，如设计标准限制的影响、投资限额的影响、外部环境的影响等等。因此，作为监理单位，在实施设计监理时，一方面要充分发挥设计人员的创造才能，另一方面又要运用自己的知识和经验，并集中各方面专家有益的意见，帮助建设单位选定最佳的适用方案，或向设计单位提出最佳适用的设计要求，或对设计单位的设计提出优化的意见，使设计的工程项目达到最佳的适用境界。

7.1.3　设计监理对项目进度目标的影响

一个工程项目的进度，取决于全过程中各个阶段的进度的影响，从规划立项、可行性研究报告、工程设计，到施工阶段、三通一平、物资供应、工商税务等等，诸多事务，图7-3 表明了设计和物资供应等对项目进度的影响频度。

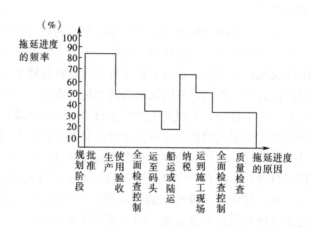

图 7-3　设计和物资供应等对进度的影响

图 7-3 横坐标为拖延进度的原因，纵坐标为工程项目全过程中各个阶段进度对拖延进度的影响频度。由图中可见，设计阶段进度对拖延进度的影响频率是很高的。因此，监理工程师必须采取有效措施对工程项目的设计进度进行控制，以确保项目建设总进度目标的实现。

1. 设计阶段进度控制的意义

（1）设计进度控制是工程建设进度控制的重要内容

建设工程进度控制的目标是建设工期，而工程设计作为工程项目实施阶段的一个重要环节，其设计周期又是建设工期的组成部分。因此，为了实现工程建设进度总目标，就必须对设计进度进行控制。

工程设计工作涉及众多因素，包括规划、勘察、地质、水文、能源、市政、环境保护、运输、物资供应、设备制造等。设计本身又是多专业的协作产物，它必须满足使用要求，同时也要讲究美观和经济效益，并考虑施工的可能性。为了对上述诸多复杂的问题进行综合考虑，工程设计要划分为初步设计和施工图设计两阶段，特别复杂的工程设计还要增加技术设计阶段，这样，工程项目的设计周期往往很长，有时需要经过多次反复才能定案。因此，控制工程设计进度，不仅对工程建设总进度的控制有着很重要的意义，同时通过确定合理的设计周期，也使工程设计的质量得到了保证。

（2）设计进度控制是施工进度控制的前提

在建设工程实施过程中，必须是先有设计图纸，然后才能按图施工。只有及时供应图纸，才能有正常的施工进度，否则，设计就会拖施工的后腿。在实际工作中，由于设计进度缓慢和设计变更多，使施工进度受到牵制的情况是经常发生的。为了保证施工进度不受影响，应加强设计进度控制。

（3）设计进度控制是设备和材料供应进度控制的前提

工程项目建设所需要的设备和材料是根据设计而来的，设计单位必须提出设备清单，以便进行加工订货或购买。由于设备制造需要一定的时间，所以必须控制设计工作的进度，才能保证设备加工的进度。材料加工和购买也是如此。因此，在设计和施工两个实施环节之间就必须有足够的时间，必须对设计进度进行控制，以便进行设备与材料的加工订货和采购，以保证设备和材料供应的进度，进而保证施工进度。

2. 设计阶段进度控制的工作程序

设计阶段进度控制的主要任务是出图控制，也就是通过采取有效措施使工程设计者如期完成初步设计、技术设计、施工图设计等各阶段的设计工作，并提交相应的设计图纸及说明。为此，监理工程师要审核设计单位的进度计划和各专业的出图计划，并在设计实施过程中，跟踪检查这些计划的执行情况，定期将实际进度与计划进度进行比较，进而纠正或修订进度计划。若发现进度拖后，监理工程师应督促设计单位采取有效措施加快进度。

3. 影响设计进度的因素

建设工程设计工作属于多专业协作配合的智力劳动，在工程设计过程中，影响其进度的因素有很多，归纳起来，主要有以下几个方面：

（1）建设意图及要求改变的影响。建设工程设计是本着建设单位的建设意图和要求而进行的，所有的工程设计必然是建设单位意图的体现。因此，在设计过程中，如果建设单位改变其建设意图和要求，就会引起设计单位的设计变更，必然会对设计进度造成影响。

（2）设计审批时间的影响。建设工程设计是分阶段进行的，如果前一阶段（如初步设计）的设计文件不能顺利得到批准，必然会影响到下一阶段（如施工图设计）的设计进度。因此，设计审批时间的长短，在一定条件下将影响到设计进度。

（3）设计各专业之间协调配合的影响。建设工程设计是一个多专业、多方面协调合作的复杂过程，如果建设单位、设计单位、监理单位等各单位之间，以及土建、电气、通信等各专业之间没有良好的协作关系，必然会影响建设工程设计工作的顺利实施。

（4）工程变更的影响。当建设工程采用 CM 法实行分段设计、分段施工时，如果在已施工的部分发现一些问题而必须进行工程变更的情况下，也会影响设计工作进度。

（5）材料代用、设备选用失误的影响。材料代用、设备选用的失误将会导致原有工程设计失效而重新进行设计，这也会影响设计工作进度。

4. 监理单位的进度监控

监理单位受建设单位的委托进行工程设计监理时，应落实项目监理机构中专门负责设计进度控制的人员，按合同要求对设计工作进度进行严格的监控。

因此，作为设计监理单位，同时也承担着对设计进度控制的任务，尽量减小因设计进度对整个工程项目进度的影响频度，对于设计进度的监控应实施动态控制。在设计工作开始之前，首先应由监理工程师审查设计单位所编制的进度计划的合理性和可行性。在进度计划实施过程中，监理工程师应定期检查设计工作的实际完成情况，并与计划进度进行比较分析。一旦发现偏差，就应在分析原因的基础上提出纠偏措施，以加快设计工作进度。必要时，应对原进度计划进行调整或修订。

7.2　给水排水工程设计阶段监理的内容

7.2.1　给水排水工程项目设计概述

为了叙述给水排水工程设计阶段监理的内容，有必要事先简要地叙述一下给水排水工程项目设计的程序与主要内容。

工程设计阶段一般是指工程项目建设决策完成，即设计任务书下达之后，从设计准备开始，到施工图设计结束这一时间阶段。

工程设计按工作进程和深度的不同，一般分为：可行性研究（方案设计）、初步设计、技术设计和施工图设计（包括施工期间的设计变更）。

工程设计究竟应按几个阶段进行，需视可行性研究的阶段和深度而定。目前我国可行性研究大都还按一个阶段进行，其内容大致相当于国外的初步可行性研究，其深度只需满足计划决策部门确定项目和审批设计任务书的要求。根据这个要求，一个建设项目，可按初步设计和施工图设计两个阶段进行；对技术上复杂的建设项目，根据主管部门的要求，可按初步设计、技术设计和施工图设计三个阶段进行，小型建设项目中技术简单的，经主管部门同意，在简化的初步设计确定后，就可做施工图设计。

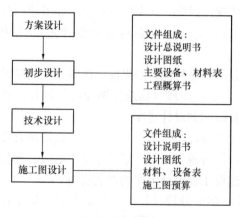

图 7-4　给水排水工程设计程序

给水排水工程设计的程序大致如图 7-4 所示。

1. 可行性研究（方案设计）

工程可行性研究应以批准的项目建议书和委托书为依据，其主要任务是在充分调查研究、评价预测和必要的勘察工作基础上，对项目建设的必要性、经济合理性、技术可行性、实施可能性、对环境的影响性，进行综合性的研究和论证，对不同建设方案进行比较；提出推荐建设方案。可行性研究的工作成果是提出可行性研究报告，批准后的可行性研究报告是编制设计任务书和进行初步设计的依据。某些项目的可行性研究，经行业主管部门同意可简化为可行性方案设计（简称方案设计）。

一般说来，对于大型工程，或是涉及面广的综合工程，才在初步设计之前进行方案设计。但是，对于给水排水工程，如一个城市的给水工程，或是一个城市的污水处理工程，特别是给水量比较大的工程，或采用二级以上处理的污水处理厂工程等，在初步设计之前，往往要进行可行性研究（方案设计）。

由于给水、排水技术近年来的飞速发展，特别是污水处理技术的新工艺、新技术、新设备、新材料日新月异，尤其是对于在设计中引进国外新技术、新设备、新材料、新工艺或国内科研成果、专利产品时，为确保初步设计的顺利开展，搞好方案设计是很有必要的，即使对于常规的内容，比如，取水水源的选择、给水系统的选择、输水管网系统的选择、水处理药剂的选择、微生物菌种的选择等，由于情况千变万化，环境因素千差万别，作为一名给水排水工程师，很有必要对各种方案进行论证，全面权衡，进行技术经济比较，选择科学性、合理性、先进性的优秀方案。

方案设计文件应满足编制初步设计的需要，满足方案审批或报批的需要。方案设计的深度一般应满足初步设计的开展，给水排水工艺流程，主要大型设备的预安排，采用新技术、新材料、新工艺、新设备的技术经济分析等方面的要求。

2. 初步设计

初步设计是根据选定的可行性研究（方案设计）进行更为具体、更为深入的设计，应根据批准的可行性研究报告或方案设计进行编制，要明确工程规模、建设目的、投资效益、设计原则和标准，深化设计方案，确定拆迁、征地范围及数量，提出设计中存在的问题、注意事项及有关建议，其深度应能控制工程投资，满足编制施工图设计、主要设备订货、招标及施工准备的要求，满足初步设计审批的需要。

初步设计形成的文件组成一般为：设计说明书；设计图纸；主要设备材料表；工程概算书等。

"工程概算书"是初步设计中一项相当重要的内容，它不仅涉及给水排水工程项目投资目标的控制，而且影响到下一步工程施工招标投标阶段标底的形成，更进一步会影响到给水排水工程项目建设完成后，正常运行维护的经济效益、成本构成、投资回报率等一系列后期经济指标。

3. 技术设计

技术设计是针对技术上复杂或有特殊要求而又缺乏设计经验的建设项目而增加的一个阶段设计，用以进一步解决初步设计阶段一时无法解决的一些重大问题，如初步设计中采用的特殊工艺流程须经试验研究，新设备须经试制及确定，大型建筑物、构筑物的关键部位或特殊结构须经试验研究落实，建设规模及重要的技术经济指标须经进一步论证等。在给水排水工程设计中若引进国外新技术、新设备、新工艺、新材料、国内科研成果、专利技术与产品时，进行技术设计是很有必要的。

技术设计根据批准的初步设计进行，其具体内容视工程项目的具体情况、特点和要求，其深度以能解决重大技术问题、指导施工图设计为原则。

技术设计阶段应在初步设计总概算的基础上编制出修正总概算。技术设计文件要报主管部门批准。

4. 施工图设计

施工图设计是在初步设计、技术设计的基础上进行的更深入、更详细、更具体的设计，用以指导建筑及结构安装、设备安装、管道安装、系统连接、电气动力安装、非标设备的加工制作等工程项目施工操作。施工图设计应根据批准的初步设计进行编制，其设计文件应能满足施工招标、施工安装、材料设备订货、非标设备制作、加工及编制施工图预算的要求，应把工程和设备各构成部分的尺寸、布置、主要施工操作方法等，绘制出正确、完整、详尽的建筑和安装详图及必要的文字说明。

施工图设计的文件组成为：设计说明书；设计图纸；主要材料及设备表；施工图预算。

在施工图设计阶段应编制施工图预算，并应与已批准的初步设计概算或修正概算核对，以保证施工图总预算控制在经批准的总概算之内。当某些单位工程施工图预算超过概算时，即应分析其原因，如是由于设计造成，则应向设计总负责人提出对施工图设计作必要的修改，使预算控制在批准的总概算内，如无法控制在总概算内时，应报原审批单位批准。

施工图预算经审定后，是确定工程预算造价、签订工程合同、实行建设单位和施工单位投资包干和办理工程结算的依据。实行招标的工程，预算有时是工程造价的标底。

当设计文件完成以后，要报上级主管部门审批。

设计文件经批准以后，就具有一定的严肃性，不能任意修改和变更，如必须修改，须报有关部门批准。凡涉及设计任务书的主要内容，如建设规模、产品方案、建设地点、主要协作关系等的修改，须经原设计任务书审批机关批准。凡涉及初步设计的主要内容，如总平面布置、主要工艺流程、主要设备、建筑面积、建筑标准、总定员、总概算等方面的修改，须经原设计审批机关批准。修改工作须由原设计单位负责进行。施工图的修改须经原设计单位的同意。

7.2.2　给水排水工程设计准备阶段监理的内容

上面我们详细介绍了给水排水工程设计的主要内容，对给水排水工程设计有了一个较为清晰的轮廓。下面我们进入给水排水工程设计监理的内容介绍。

当监理单位收到建设单位的"设计监理委托书"，并决定接受监理委托后，事实上监理单位已经开始介入到该项给水排水工程的设计工作中去了，作为监理工程师应立即到岗。此时应任命一名项目总监理工程师，并根据工程的专业要求、监理任务大小等情况，配备各专业监理负责人，进一步与建设单位洽商，签订"设计监理委托合同"，明确监理的范围、内容和深度，以及责、权、利。在"监理委托合同"签订后，监理单位和总监理工程师要进一步配备监理辅助人员，组成工程项目设计监理机构，正式开展设计监理前的准备工作。即，当接受了监理任务后，监理单位（项目监理机构）需要做好一系列的有关工作：

做好工程设计前的监理准备；

协助建设单位编制工程设计任务书；

组织设计方案竞赛或设计招标，协助建设单位选择最优设计方案和设计单位；

协助签订工程设计合同，明确设计方的责、权、利和监理方的监理内容、深度、权力；控制投资、控制质量、控制进度；

跟踪审核与优化工程设计；

验收设计文件等。

正式开展工程设计监理前的准备工作主要有：

1. 向建设单位和有关单位搜集必要的资料

如果监理单位未参加工程项目的前期工作，应向建设单位和有关单位搜集如下资料（复制件）：

（1）批准的"项目建议书"、"可行性研究报告"、"设计任务书"；

（2）批准的建设选址报告、城市规划部门的批文、土地使用要求、环保要求；

（3）设计阶段的工程地质和水文地质勘察报告、区域图、1/10000～1/5000 地形测量图；

（4）地质气象和地震烈度等自然条件资料；

（5）资源报告；

（6）设备条件；

（7）规定的设计标准；

（8）有关的技术、经济定额等。

如果工程前期资料不齐全，应采取补救措施。如上级主管部门有关批文的程序、手续和内容不完备或有不明确之处，应请建设单位说清情况或敦促建设单位向主管部门申请补发补充文件。如对工程项目建设和生产的技术经济条件不清楚，应建议建设单位组织补充调查。一些特种工艺和技术问题应积极征求有关专家的咨询意见和其他资料，一些需要通过试验取得的主要技术数据，应尽早安排试验取得。

做好监理准备的核心，是要"消化"这些资料，取得基本数据，明了建设单位意图，分析影响工程可靠性、适用性和经济性的关键因素，研究解决存在问题的途径，以取得监理的主动权和主导权。

2. 拟订工程项目设计监理规划

设计监理规划应是指导设计监理工作全过程的文件。主要内容有：

（1）明确监理工作的领导和组织体制。

除明确项目总监理工程师的责任外，还要明确各专业监理负责人、经济论证负责人、设计阶段进度控制负责人、信息管理负责人等。同时还要明确这些负责人的分工协作关系，以及与建设单位及设计单位的关系。

（2）明确设计监理工作各阶段的任务目标。

任务目标有方案设计阶段的监理任务与完成时间，初步设计阶段的监理任务与完成时间，施工图设计阶段的监理任务与完成时间等。

（3）明确设计方案选择和设计工作所应遵循的基本原则，如投资规模的限定、采用的设计标准、使用功能要求等。

监理规划要与建设单位进行充分协商，取得一致。特别是设计方案选择和设计工作所应遵循的基本原则，要与建设单位取得一致意见，作为双方的"共同纲领"，保障对设计方案参赛单位（或设计投标单位）和选定的设计单位口径的一致，使监理工作有个良好的基础。实践表明，凡是在原则问题上与建设单位口径一致，监理工作就较为顺畅和有效。

3. 编制"设计要求"文件

一般来说，建设单位并不熟悉设计的具体工作，难以对工程设计事先提出具体要求，这就要依靠项目监理机构来落实。项目总监理工程师根据建设单位商定的基本原则，组织各专业监理人员提出各专业设计的指导原则和具体要求，加以修改汇总，形成"设计要求"文件，提交建设单位审阅确认，在设计单位选定后，连同监理负责人名单，提交给设计单位，作为商签工程设计合同的重要组成文件。工程设计合同一旦签订，它就是监督设计工作和审核工程设计的依据。

7.2.3　给水排水工程设计实施阶段监理的任务

当给水排水工程设计正式启动实施，在这阶段监理的任务要牢牢记住"三控制"目标的任务，即：

控制投资目标的任务；

控制质量目标的任务；

控制进度目标的任务。

1. 投资控制的任务

采用有关的组织措施、经济措施、技术措施及合同措施对设计实施各阶段的投资进行控制。

（1）组织措施

编制本阶段投资控制详细工作流程图；在项目监理机构中落实从投资控制角度进行设计跟踪的人员、具体任务及管理职能分工（如设计挖潜、设计审核、概预算审核、设计费复核、计划值与实际值比较及投资控制报表数据处理等）；聘请专家作技术经济比较、设计挖潜等。

（2）经济措施

编制详细的投资计划，用于控制各子项目、各设计工种的限额设计，对设计的进展进行投资跟踪（动态控制）；编制设计阶段详细的费用支出计划，并控制其执行；定期向监理总负责人、建设单位提供投资控制报表，反映投资计划值和按设计需要的投资值（实际值）的比较结果，以及投资计划值和已发生的资金支出值（实际值）的比较结果。

（3）技术措施

在设计进展过程中，进行技术、经济比较，通过比较寻求设计挖潜（节约投资）的可能，必要时组织专家论证，进行科学试验。

（4）合同措施

参与设计合同谈判；向设计单位反复说明在给定的投资范围内进行设计的要求，并以合同措施鼓励设计单位在广泛调研的基础上，在必要的科学论证的基础上，力求优化设计。

2. 质量控制的任务

在设计进展过程中，深入到各工程、各阶段去审核设计是否符合质量要求，根据需要提出修改意见。

3. 进度控制的任务

（1）编制设计阶段工作进度计划并控制其执行；

（2）编制详细的出图计划，并控制其执行。

7.3　给水排水工程设计阶段监理的实施

7.3.1　组织设计方案竞赛

设计方案竞赛是优选设计方案常用的方式，可以组织公开竞赛，愿意参加的设计单位都可以参加，也可以邀请少数预先选出的设计单位参加。

对建设单位来讲，设计方案竞赛是一种很有效的择优选用设计方案的方式。因为选用优秀的设计方案，可以提高工程项目的适用性，获得很高的经济效益。作为监理工程师必须协助建设单位，组织好设计方案竞赛工作，取得优秀的设计方案。这对后面的监理工作也是非常有利的。

1. 设计方案竞赛的特点

设计方案竞赛的参加者，只需要提供设计方案，而不像工程设计投标者那样，除提交设计方案以外，还要提交设计进度和设计费报价。

设计方案竞赛的结果一般是把竞赛者分成两类：一类是中奖者，列出第一、第二、第三名等中奖名次；另一类是非中奖者。中奖者得到奖金，非中奖者得到工作的补偿。如果建设单位选用中奖者的设计方案或部分选用中奖者的方案，而另外委托其他单位做设计，还应给中奖者以适当的补偿，应当尊重设计者的知识产权。

一般情况下，设计方案竞赛的第一名往往是下一步设计任务的承担者，有时是会把前几名所作方案的优点综合起来，作为设计方案的基础，再委托某设计单位进行设计，或通过招标委托某设计单位进行设计。建设单位不必拘泥于必须委托中奖者第一名承担设计。

2. 设计方案竞赛的组织

一般方法是，由监理单位项目总监理工程师提出设计方案竞赛组织规划或方案竞赛可行性报告，其内容包括：

（1）工程项目设计规划设想；

（2）拟邀请参赛设计单位的名单；

（3）拟聘请评审方案的评委人选；

（4）编写参赛邀请函（包括参赛条件要求）；

（5）竞赛信息发布会的组织方案；

（6）解答参赛单位提出的疑问和踏勘现场的组织方案；

（7）预审参赛者提交的竞赛文件的组织方案；

（8）评选设计方案会议的组织方案。

设计方案评审委员，一般由对当地情况比较熟悉的知名专家担任，同时要注意不同专业的专家的人数要有适当的比例，应包括技术专家、经济专家、合同法律专家等。评审委员要以个人名义而不是以所在单位的名义参加。同时要求他们持公正的立场和态度。

3. 参赛邀请函的内容

参赛邀请函的编写，一般除说明设计方案参赛发起者的性质和被邀参赛单位的名称外，还应包括以下内容：

（1）提交参赛设计方案的截止日期（邮寄者以邮局投递日戳为准，逾期作废）；

（2）组织现场踏勘的时间及答疑的地点和时间，参赛单位参加人数，以及交通工具和工作午餐的说明；

（3）设计方案评审的程序和时间（评审会举行以前，不告诉参赛单位评审委员的名单）；

（4）中奖设计方案的奖金数额和非中奖设计方案的付酬数额；

（5）对设计方案的基本原则要求，如工程规模，采用的设计标准，使用功能要求，相应的投资控制总额等，同时还要附上编制设计方案所必要的资料，如建设场地地形测量图等；

（6）设计单位的选定办法，各阶段设计进度，设计费总数等。

4. 参赛设计方案的预审和评审

参赛设计方案的预审，一般由项目总监理工程师、各专业监理工程师和建设单位承担，必要时，可邀请一些专业人士参加。预审的任务，一是要确定报废设计方案及报废理由；二是要对预选的设计方案进行技术、经济指标的复核和经济性比较；三是提出各预选的设计方案的优缺点。

设计方案评审会，由项目总监理工程师主持或协助建设单位主持。评审开始之前，一般应就评审办法征求评委们的意见，取得他们的同意。评审会要充分听取和深入讨论各种意见，并对各个参赛设计方案的优缺点和经济指标进行全面的比较。项目总监理工程师要善于归纳各种意见，客观地鉴别正确与不正确的意见，待大多数委员们的意见基本上趋向一致时，再进行投票表决，最后由建设单位作出决策。对未入选的设计方案，也要明确其不足之处，以便说服持不同意见者。中选的或未中选的设计方案，都要书面通知参赛单位，对中选的设计单位还要进一步确定是否由其中的某设计单位承担设计。设计单位确定后，再与之商签工程设计合同。

7.3.2　组织设计招标

工程设计招标也是运用竞争机制优选设计方案和设计单位的一种很好方式。与设计方案竞赛的区别是：参赛者只提交参赛设计方案，而投标者除提交设计方案以外，还应提交包括设计进度和设计费报价在内的投标文件；参赛获得第一名者不一定是设计任务的当然承担者，而投标者谁中标谁就是设计任务的承担者。

工程设计招标，按国家法规规定，必须具备以下条件：具有经过审批机关批准的设计任务书；具有开展设计必需的可靠基础资料；成立了专门的招标小组或办公室，并有指定的负责人；招标申请报告已经由政府监督管理部门批准。具备了上述条件，建设单位才可以进行工程设计招标。

1. 设计招标方式和程序

工程设计招标，有邀请招标和公开招标两种方式。当采用邀请招标方式时，招标单位应向三个以上设计单位发出招标邀请书，如果同意参加投标，则可向招标单位购买或领取招标文件，在踏勘现场和获得对招标文件中的问题解答后，编制投标标书。当采用公开招标时，招标单位应按国家规定发布招标公告，在报纸、广播、电视等大众媒体公开发布招标广告。愿意投标的单位购买或领取招标文件，编制与报送投标申请书。招标单位对申请者进行资格审查，对合格者组织他们踏勘现场和解答他们对招标文件提出的问题之后，合格的投标单位编制投标标书。

投标单位编制的投标标书，要按招标单位规定的时间，用密封的方式投送给招标单位。招标单位举行开标和评标会议，当众开标，并组织评标委员会进行评标和选定中标单位。

中标单位确定后，招标单位向其发出中标通知书，并与之签订工程设计合同。

2. 监理单位的工作

在实行建设单位责任制的条件下，招标单位即是建设单位。项目总监理工程师及其监理单位按照既定的招标方式和程序，帮助建设单位做好以下工作：编制招标文件；拟订招标邀请函或招标广告；选择邀请投标单位，或审查投标申请书和投标单位资格；组织投标单位踏勘现场和解答对招标文件提出的问题；审查投标标书；组织开标、评标和决标；颁发中标通知书；与中标单位洽商设计合同，由建设单位签认。

（1）关于招标文件的编制

不同的工程项目，招标文件的内容可以有些不同。以给水排水工程为例，一般应包括：

1）工程项目的综合说明，如水处理设计容量、总建筑面积、设计标准和使用功能要求、投资控制额等。

2）投标须知，如现场踏勘和答疑日期、对投标标书内容组成要求（一般应包括有设计方案、各阶段设计进度、设计费报价等）、提交投标标书的截止日期和地址、废标条件等。

3）开标的日期和评标办法。

4）设计阶段要求等。

同时招标文件中还应附上编制设计方案所必要的基本资料，如建设场地地形测量图、已批准的设计任务书复印件、地质、水文、气象、资源资料等。

招标文件一经发出，招标单位不得擅自改变，否则，应赔偿由此给投标单位造成的经济损失。

（2）关于投标单位资格的审查

邀请的投标单位，一般应按照该工程项目的特点，选择具有设计该类工程项目的特长者，并具有承担该工程项目设计的资质等级证书。邀请的单位数量一般不得少于 3 个。

自行申请投标的设计单位，一般是通过审查其投标申请书来审查其投标资格。投标申请书应能表明投标单位的资格和设计能力，包括：设计单位的名称、地址、负责人姓名、设计证书号码和开户银行账号；设计单位的性质和其主管部门；设计单位成立的时间，设计的业绩，各专业人员数量；设计技术装备情况等。监理单位认为必要时可作相关的调查和核实。

（3）关于组织开标

开标应当在招标文件确定的提交投标文件截止时间的同一时间公开进行；开标地点应当为招标文件中预先确定的地点。开标由招标人主持，邀请所有投标人参加。开标时，由招标人或者其推选的代表检查投标文件的密封情况，也可以由招标人委托的公证机构检查并公正；经确认无误后，由工作人员当众拆封，宣读投标人名称、投标价格和投标文件等其他主要内容。招标人在招标文件要求提交投标文件的截止时间前收到的所有投标文件，开标时都应当当众予以拆封、宣读。开标过程应当记录，并存档备查。投标人少于 3 个的，不得开标。

（4）关于组织评标和中标

中标的标准应是：设计方案最优，即适用性和经济性等最好；设计进度快；设计费报价合理；设计资历和社会信誉高。要把最优设计方案客观地、公正地评定出来，应注意解决好以下几个问题：

1）评标由招标人依法组建的评标委员会负责。

依法必须进行招标的项目，其评标委员会由招标人的代表和有关技术、经济等方面的专家组成，成员人数为 5 人以上单数，其中技术、经济等方面的专家不得少于成员总数的 2/3。

前述专家应当从事相关领域满 8 年并具有高级职称或者同等专业水平，由招标人从国务院有关部门或者省、自治区、直辖市人民政府有关部门提供的专家名册或者招标代理机构的专家库内的相关专业的专家名单中确定。一般招标项目可以采取随机抽取方式，特殊招标项目可以由招标人直接确定。

与投标人有利害关系的人不得进入相关项目的评标委员会；已经进入的应当更换。

2）建设单位和监理单位要有正确的指导思想，即不搞保护主义、不搞关系学、不事先内定中标单位。

3）要注意保密事项，即：评委会成员名单和评标情况在中标通知书发出以前要保密；同时，各设计方案的单位名称和人名要隐去，用代号予以表示，即对评委会成员保密。

4）要选择合理的评标办法。当前有综合评议法与分项评议记分法两种。究竟采用哪种，应根据工程情况和评委会成员的意见议定。一般来说，复杂的大型工程项目采用分项评议记分方法较好。但这就要求分项要合理，即按每个分项的分量和重要程度确定给予恰当的给分比例。在打分前要安排充分时间进行讨论，待对主要问题的认识基本上取得一致时再进行打分。当出现几个得分最高而又相差不多的设计方案情况下，还可组织再行复议，然后定标。

中标单位确定后，招标人（建设单位）要向中标单位发出中标通知书，双方应当自中标通知书发出之日起三十日内，按照招标文件和中标人的投标文件订立书面合同。

7.3.3　工程设计合同的监理

无论是采用招标或方案竞赛，还是采用其他方式，一旦当选定设计单位后，监理工程师应协助建设单位商签设计合同并组织实施。

一般工程设计合同的洽商，是按中选或中标的设计方案、参赛邀请书或招标文件提出的有关条件、投标标书提出的有关条件、"设计要求文件"提出的有关条件进行。监理作为专业技术人员应参与设计合同谈判，以便更好地与设计人员沟通，在项目的功能质量关键部分充分反映建设单位要求，根据国家标准和技术规范提出具体的要求。同时监理通过参与设计谈判，也可以了解设计方的想法，谈判中有争议并勉强达成协议的地方往往是今后合同履行中最难控制的地方。所以，监理工程师，特别是总监理工程师参与设计合同谈判十分必要。

设计合同应采用国家或行业颁布的设计合同示范文本。对正式签订的设计合同条款，监理应从投资、质量、进度、安全和环保控制的角度进行分析，分析合同执行过程中可能出现的风险，研究风险防范对策。设计合同应重点注意写明设计进度要求、主要设计人员、优化设计要求、施工现场配合、设计费数额与支付办法，工程设计变更时设计费调整办法，提供设计依据资料延误的处罚办法，设计进度延误和设计错误后果的处罚办法，设计责任的承担办法等。

工程设计合同一旦经建设单位和设计单位签认，监理单位则依据工程设计合同和监理合同开展设计的跟踪监理、各阶段设计进度控制和设计文件验收等工作。

7.3.4 工程设计过程的服务

1. 工程设计跟踪监理

设计跟踪监理的内容可以概括为：使用功能和技术方面、投资控制和经济性方面。

（1）使用功能和技术方面的跟踪监理

不同的设计阶段，其重点应有所不同。在初步设计和技术设计阶段（或扩初阶段），主要是看生产工艺及设备的选型、总平面与运输布置、建筑物或构筑物与设施的布置、采用的设计标准和主要的技术参数等。如工艺及设备是否先进，新工艺及设备是否可靠，建筑物与设施是否符合当地水源、电源、气象、地质、水文、防洪、抗地震和环保要求的实际情况，防火、卫生、人防、空调等是否符合规范要求，基础处理方案和结构选型方案是否保障安全可靠和是否有浪费，计算的方法、公式和参数是否正确等。在施工图设计阶段，主要是看计算是否有错误、选用的材料和做法是否合适、标注的各部分的设计标高和尺寸是否有错误、各专业设计之间是否有矛盾等。

在各阶段设计的监理过程中，监理人员要事先与设计人员进行磋商，并进行中间审查，发现问题，及时提醒设计人员进行修正。对重大的问题，可由监理工程师写出书面意见，提请设计单位进行改正。

（2）投资控制和经济性方面的跟踪监理

主要是审核不同方案的技术、经济比较和设计概算编制。不同方案的经济比较，重点应看造价指标，预算产品成本指标或预算使用费指标的计算是否准确无误。如果这些基本指标计算有错误，有可能导致方案选择的错误。在初步设计阶段或扩初设计阶段修正方案选择和设计概算也是常有的事情。其目的不外乎既保障工程的适用性又提高其经济性。

2. 工程设计进度计划的审查与过程控制

监理单位应依据设计合同及项目总体计划要求审查各专业、各阶段设计进度计划。审查内容有：计划中各个节点是否存在漏项；出图节点是否符合建设工程总体计划节点要求；定期将实际进度与合同规定的进度进行比较，如发现重要环节的进度滞后，要敦促设计单位找出滞后原因，分析各阶段、各专业工种设计工作量和工作难度，审查相应设计人员的配置安排是否合理，对关键环节要及时建议设计单位采取措施或增加设计力量，或加强相互协调配合来加快设计进度，保障设计按期出图；审查各专业计划衔接是否合理，是否满足工程需要。

监理单位应检查设计进度计划执行情况、督促设计单位完成设计合同约定的工作内容、审核设计单位提交的设计费用支付申请表，以及签认设计费用支付证书，并应报建设单位。

3. 工程设计文件验收

工程设计文件验收的主要工作是：检查设计单位提交的各阶段设计文件组成是否齐全。一般要有下列文件：

（1）整体工程项目的设计文件要有设计总说明、包括各子项的总平面图，建筑物、构筑物一览表，各子项的各专业图纸。

（2）单体工程项目设计文件也要有项目总说明、总平面布置、各专业图纸。

（3）建筑、结构、给水排水、暖通空调、电气等专业图纸，均要有专业的设计说明和设备选型、设备安装图、材料汇总表、非标设备制作图等。

（4）设计中采用的通用图及项目专用图，需有图集目录。

（5）设计概算要有编制说明、总概算书、综合概算书、单项工程概算书和设备材料汇总表。

上述文件都应有设计单位各专业主要设计、审核人员的签字盖章。

监理单位在验收时，按交图目录和规定的份数，逐一检查清点，代建设单位签收。

施工图纸一般还要经过会审（或交底），经总监理工程师签认后，方可交施工单位依图施工。无总监理工程师签认，施工单位不得依图施工。

4. 工程设计"四新"的审查

工程监理单位应审查设计单位在设计中提出的使用新材料、新工艺、新技术、新设备有关情况，了解其是否经过评审或鉴定并在相关部门备案。对目前尚未经过国家、地方、行业组织评审、鉴定的新材料、新工艺、新技术、新设备，必要时应协助建设单位组织专家评审。

5. 工程设计成果审查

工程监理单位应审查设计单位提交的设计成果，并提出评估报告。评估报告应包括下列主要内容：

（1）设计工作概况。

（2）设计深度、与设计标准的符合情况。

（3）设计任务书的完成情况。

（4）有关部门审查意见的落实情况。

（5）存在的问题及建议。

监理单位应协助建设单位组织专家对设计成果进行评审。

7.3.5　工程设计概预算的审查

工程设计概预算应当精确并符合实际，因为它是控制投资的依据，也是编制施工招标标底、与施工单位签订工程承包合同、进行工程拨款和工程结算的依据，审核设计概预算是设计监理工作的一项重点内容。在具体研究审核方法之前，应首先了解一下设计概预算的编制方法。

1. 设计概算的编制

设计概算是在初步设计或扩大初步设计阶段，以初步设计文件为依据，按照规定的程序、方法和依据，对建设项目总投资及其构成进行的概略计算。建设项目设计概算是设计文件的重要组成部分，是确定和控制建设项目全部投资的文件，是编制固定资产投资计划、实行建设项目投资包干、签订承发包合同的依据，是签订贷款合同、项目实施全过程造价控制管理以及考核项目经济合理性的依据。设计概算投资一般应控制在立项批准的投资估算以内，设计概算由项目设计单位负责编制，并对其编制质量负责。

（1）设计概算的内容

设计概算文件的编制形式应视项目情况采用三级概算编制或二级概算编制形式。对单一的、具有独立性的单项工程建设项目，可按二级编制形式直接编制总概算。建设工程总概算的内容如图 7-5 所示，单项工程综合概算的组成如图 7-6 所示，建设工程总概算的组成如图 7-7 所示。

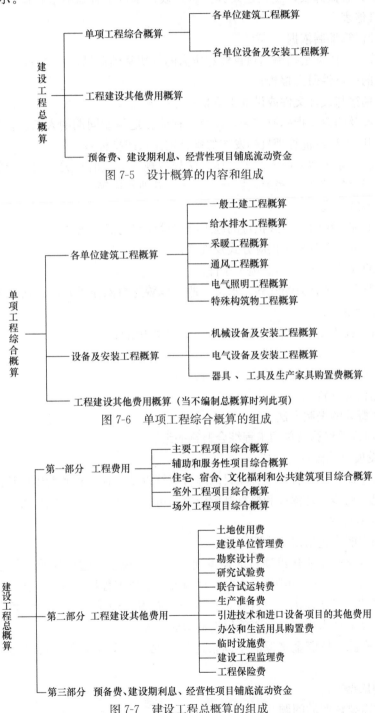

图 7-5 设计概算的内容和组成

图 7-6 单项工程综合概算的组成

图 7-7 建设工程总概算的组成

三级编制（总概算、综合概算、单位工程概算）形式的设计概算文件组成：封面、签署页及目录；编制说明；总概算表；工程建设其他费用表；综合概算表；单位工程概算表；概算综合单价分析表；附件；其他表。

二级编制（总概算、单位工程概算）形式的设计概算文件的组成：封面、签署页及目录；编制说明；总概算表；工程建设其他费用表；单位工程概算表；概算综合单价分析表；附件：其他表。

（2）设计概算编制依据

设计概算编制依据是指编制项目概算所需的一切基础资料，主要有以下几个方面：

1）批准的可行性研究报告；

2）工程勘察与设计文件或设计工程量；

3）项目涉及的概算指标或定额，以及工程所在地编制同期的人工、材料、机械台班市场价格，相应工程造价管理机构发布的概算定额（或指标）；

4）国家、行业和地方政府有关法律、法规或规定，政府有关部门、金融机构等发布的价格指数、利率、汇率、税率，以及工程建设其他费用等；

5）资金筹措方式；

6）正常的施工组织设计或拟订的施工组织设计和施工方案；

7）项目涉及的设备材料供应方式及价格；

8）项目的管理（含监理）、施工条件；

9）项目所在地区有关的气候、水文、地质地貌等自然条件；项目所在地区有关的经济、人文等社会条件；

10）项目的技术复杂程度以及新技术、专利使用情况等；

11）有关文件、合同、协议等；

12）委托单位提供的其他技术经济资料；

13）其他相关资料。

（3）设计概算的编制方法

1）建设项目总概算及单项工程综合概算的编制

（A）建设项目总概算的组成

建设项目总概算是将各个工程项目的综合概算以及其他工程和费用概算汇总而成，并根据工程情况，初步设计深度和概算基础资料的可靠程度，考虑一笔预备费用。

（B）概算编制说明

概算编制说明应包括以下主要内容：

（a）项目概况：简述建设项目的建设地点、设计规模、建设性质（新建、扩建或改建）、工程类别、建设期（年限）、主要工程内容、主要工程量、主要工艺设备及数量等。

（b）主要技术经济指标：项目概算总投资（有引进地给出所需外汇额度）及主要分项投资、主要经济技术指标（主要单位投资指标）等。

（c）资金来源：按资金来源的不同渠道分别说明，发生资产租赁的说明租赁方式及租金。

（d）编制依据。

（e）其他需要说明的问题。

（f）总说明附表：建筑、安装工程的工程费用计算程序表；进口设备材料货价及从属费用计算表；具体建设项目概算要求的其他附表及附件。

（C）总概算表

概算总投资由工程费用、工程建设其他费用、预备费及应列入项目概算总投资中的几项费用组成。

第一部分工程费用：按单项工程综合概算组成编制，采用二级编制的按单位工程概算组成编制（图7-5、图7-6）。市政民用建设项目一般排列顺序：主体建（构）筑物、辅助建（构）筑物、配套系统。工业建设项目一般排列顺序：主要工艺生产装置、辅助工艺生产装置、公用工程、总图运输、生产管理服务性工程、生活福利工程、厂外工程。

第二部分其他费用：一般按其他费用概算顺序列项。

第三部分预备费：包括基本预备费和价差预备费。

第四部分应列入项目概算总投资中的几项费用：建设期利息，固定资产投资方向调节税，铺底流动资金。

（D）工程项目综合概算的编制

综合概算以单项工程所属的单位工程概算为基础，采用"综合概算表"进行编制，分别按各单位工程概算汇总成若干个单项工程综合概算。

各个单位工程概算编好后，即可按工程项目表的划分，按项进行综合。进行综合时应与设计仔细核对，防止遗漏。综合概算一般仅汇总该项目的建筑工程费、设备费和安装工程费。其他费用虽与该工程项目有关，但为了便于管理和作投资分析，均应计入总概算内。

综合概算书一般包括编制说明、综合概算表。编制说明一般包括工程概况、编制依据、编制方法、主要工程量及材料用量等有关问题。当只编综合概算不编总概算时，说明应当详细；若还要编制总概算，则编制说明可以省略或从简。综合概算表应当有一定的排列顺序，以便于检查有无重复和遗漏。综合概算由项目设计单位编制。

2）单位工程概算的编制方法

单位工程概算是编制单项工程综合概算（或项目总概算）的依据，单位工程概算项目根据单项工程中所属的每个单体按专业分别编制。单位工程概算一般分建筑工程、设备及安装工程两大类。

（A）建筑工程概算的编制方法

编制建筑单位工程概算一般有扩大单价法、概算指标法两种，可根据编制条件、依据和要求的不同适当选取。对于通用结构建筑可采用"造价指标"编制概算；对于特殊或重要的建构筑物，必须按构成单位工程的主要分部分项工程编制，必要时结合施工组织设计进行详细计算。

（a）扩大单价法

在初步设计中，往往主体车间或大型工程建筑结构方案类型已确定，工程量也能根据技术条件作出估计。这时，可以用扩大单价法编制概算。首先根据概算定额编制成扩大单位估价表（概算定额基价）。概算定额一般以分部工程为对象，包括分部工程所含的分项工程，完成某单位分部工程所消耗的各种材料人工、机具的数量额度，以及相应的费用。扩大单位估价表是确定单位工程中各扩大分部分项工程或完整的结构构件所需全部材料费、人工费、施工机具使用费之和的文件。计算公式为：

概算定额基价＝概算定额单位材料费＋概算定额人工费＋概算定额单位施工机具使用费

$$＝\Sigma（概算定额中材料消耗量×材料预算价格）$$

$$＋\Sigma（概算定额中人工工日消耗量×人工工资单价）$$

$$＋\Sigma（概算定额中施工机具台班消耗量×机具台班费用单价）\qquad（7\text{-}1）$$

将扩大分部分项工程的工程量乘以扩大单位估价进行计算。其中工程量的计算，必须按概算定额中规定的各个分部分项工程内容，遵循定额中规定的计量单位、工程量计算规则及方法来进行。完整的编制步骤为：

a）根据初步设计图纸和说明书，按概算定额中划分的项目计算工程量。

b）根据计算的工程量套用相应的扩大单位估价，计算出材料费、人工费、施工机械使用费三者之和。

c）根据有关取费标准计算企业管理费、规费、利润和税金。

d）将上述各项费用累加，其和为建筑工程概算造价。

采用扩大单价法编制建筑工程概算比较准确，但计算较繁琐。在套用扩大单位估价表时，若所在地区的工资标准及材料预算价格与概算定额不符，则需要重新编制扩大单位估价或测定系数加以修正。

（b）概算指标法

由于设计深度不够等原因，对一般附属、辅助和服务工程等项目，以及住宅和文化福利工程项目或投资比较小、比较简单的工程项目，可采用概算指标法编制概算。

概算指标是比概算定额更综合和简化的综合造价指标。一般以单位工程或分部工程为对象，包括所含的分部工程或分项工程，完成某计量单位的单位工程或分部工程所需的直接费用。通常以每 $100\,\mathrm{m^2}$ 建筑面积或每 $1000\,\mathrm{m^3}$ 建筑体积的人工、材料消耗以及施工机具消耗指标，结合本地的工资标准、材料预算价格计算人工费、材料费、施工机具使用费。其具体步骤如下：

a）计算单位建筑面积或体积（以 100 或 1000 为单位）的人工费、材料费、施工机具使用费。

b）计算单位建筑面积或体积的企业管理费、利润、规费、税金及概算单价。概算单价为各项费用之和。

c）计算单位工程概算价值：

$$概算价值＝单位工程建筑面积或建筑体积×概算单价\qquad（7\text{-}2）$$

d）计算技术经济指标。

当设计对象结构特征与概算指标的结构特征局部有差别时，可用修正概算指标，再根据已计算的建筑面积或建筑体积乘以修正后的概算指标及单位价值，算出工程概算价值。

（B）设备及安装工程概算的编制方法

设备及安装工程分为机械设备及安装工程和电气设备及安装工程两部分。设备及安装工程概算由设备购置费和安装工程费两部分组成。

（a）设备购置费的编制

设备购置费由设备出厂价和运杂费两部分组成。一般设备出厂价应按照国家主管部门规定的价格和计价办法计算；特殊设备可以向制造厂询价，或按相似设备的价格估计。当初步设计只有主体设备清单时，除主体设备的设备费按以上办法计算外，还应计算配套辅助设备的费用，它可按主体设备费的百分比计算，百分比可根据机械化、自动化程度按相似工程的比值确定。设备运杂费一般根据主管部门规定的设备运杂费率进行计算。

（b）安装工程费的编制

设备安装工程费编制的基本方法有三种：

a）预算单价法。当初步设计有详细设备清单时，可直接按预算单价（预算定额单价）编制设备安装工程概算。根据计算的设备安装工程量，乘以安装工程预算单价，经汇总求得。用预算单价法编制概算，计算比较具体，精确性较高。

b）扩大单价法。当初步设计的设备清单不完备，或仅有成套设备重量时，可采用主体设备、成套设备或工艺线的综合扩大安装单价编制概算。

c）概算指标法。当初步设计的设备清单不完备，或安装预算单价及扩大综合单价不全，无法采用预算单价法和扩大单价法时，可采用概算指标编制概算。

2. 施工图预算的编制

施工图预算，又称工程预算。它是以施工图设计文件为主要依据，按照规定的程序、方法和依据，在施工招投标阶段编制的预测工程造价的经济文件。建设项目施工图预算是施工图设计阶段合理确定和有效控制工程造价的重要依据。

施工图预算根据建设项目实际情况可采用三级预算编制或二级预算编制形式。当建设项目有多个单项工程时，应采用三级预算编制形式，三级预算编制形式由建设项目施工图总预算、单项工程综合预算、单位工程施工图预算组成；当建设项目只有一个单项工程时，应采用二级预算编制形式，二级预算编制形式由建设项目施工图总预算和单位工程施工图预算组成。

建设项目总预算是反映施工图设计阶段建设项目投资总额的造价文件，是施工图预算文件的主要组成部分。它是由组成该建设项目的各个单项工程综合预算和相关费用组成。

单项综合预算是反映施工图设计阶段一个单项工程（设计单元）造价的文件，是总预算的组成部分，由构成该单项工程的各个单位工程施工图预算组成。

单位工程预算是依据单位工程施工图设计文件、现行预算定额以及人工、材料和施工机械台班价格等，按照规定的计价方法编制的工程造价文件。

（1）单位工程施工图预算的编制

单位工程施工图预算的编制是编制各级预算的基础。单位工程预算包括单位建筑工程预算和单位设备及安装工程预算。单位工程施工图预算的编制主要编制方法有单价法和实物量法；其中单价法分为定额单价法和工程量清单单价法。

1）单价法

（A）定额单价法

定额单价法是用事先编制好的分项工程的单位估价表来编制施工图预算的方法。按施工图及计算规则计算的各分项工程的工程量，乘以相应工料机单价，汇总相加，得到单位工程的人工费、材料费、施工机具使用费之和；再加上按规定程序计算出企业管理费、利润、措施费、其他项目费、规费、税金，便可得出单位工程的施工图预算造价。

定额单价法编制施工图预算的基本步骤如下：

（a）编制前的准备工作

准备工作主要包括两个方面：一是组织准备；二是资料的收集和现场情况的调查。

（b）熟悉图纸和预算定额以及单位估价表

图纸是编制施工图预算的基本依据。熟悉图纸不仅要弄清图纸的内容，还应对图纸进行审核。通过对图纸的熟悉，要了解工程的性质、系统的组成，设备和材料的规格型号和品种，以及有无新材料、新工艺的采用。

预算定额和单位估价表是编制施工图预算的计价标准，对其适用范围、工程量计算规则及定额系数等都要充分了解，这样才能使预算编制准确、迅速。

（c）了解施工组织设计和施工现场情况

要熟悉与施工安排相关的内容，以便能正确计算工程量和正确套用或确定某些分项工程的基价。

（d）划分工程项目和计算工程量

划分的工程项目必须和定额规定的项目一致，这样才能正确地套用定额。不能重复列项计算，也不能漏项少算。计算并整理工程量必须按定额规定的工程量计算规则进行计算，该扣除部分要扣除，不该扣除的部分不能扣除。当按照工程项目将工程量全部计算完以后，要对工程项目和工程量进行整理，即合并同类项和按序排列，为套用定额、计算直接工程费和进行工料分析打下基础。

（e）套单价（计算定额基价）

即将定额子项中的基价填于预算表单价栏内，并将单价乘以工程量得出合价，将结果填入合价栏。

（f）工料分析

工料分析即按分项工程项目，依据定额或单位估价表，计算人工和各种材料的实物耗量，并将主要材料汇总成表。工料分析的方法是首先从定额项目表中分别将各分项工程消耗的每项材料和人工的定额消耗量查出；再分别乘以该工程项目的工程量，得到分项工程工料消耗量，最后将各分项工程工料消耗量加以汇总，得出单位工程人工、材料的消耗数量。

（g）计算主材费（未计价材料费）

因为许多定额项目基价为不完全价格，即未包括主材费用在内。计算所在地定额基价费（基价合计）之后，还应计算出主材费，以便计算工程造价。

（h）按费用定额取费

即按有关规定计取措施费，以及按当地费用定额的取费规定计取间接费、利润、税金等。

（i）计算汇总工程造价

将直接费、间接费、利润和税金相加即为工程预算造价。

（j）复核

对项目填列、工程量计算公式、计算结果、套用的单价、采用的取费费率、数字计算、数据精确度等进行全面复核，以便及时发现差错，及时修改，提高预算的准确性。

（k）编制说明、填写封面

编制说明主要应写明预算所包括的工程内容范围、依据的图纸编号、承包方式、有关部门现行的调价文件号、套用单价需要补充说明的问题及其他需说明的问题等。封面应写明工程编号、工程名称、预算总造价和单方造价、编制单位名称、负责人和编制日期以及审核单位的名称、负责人和审核日期等。

（B）工程量清单单价法

工程量清单单价法是指招标人按照设计图纸和国家统一的工程量计算规则提供工程数量，采用综合单价的形式计算工程造价的方法。该综合单价是指完成一个规定计量单位的分部分项工程量清单项目或措施清单项目所需的人工费、材料费、施工机具使用费和企业管理费与利润，以及一定范围内的风险费用。工程量清单费用构成及计量费用计算程序如图 7-8 所示。

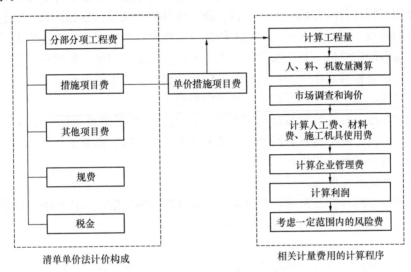

图 7-8 清单费用构成及计量费用计算程序图

2）实物量法

（A）实物量法的含义

实物量法编制施工图预算即依据施工图纸和预算定额的项目划分及工程量计算规则，先计算出分部分项工程量，然后套用预算定额（实物量定额）计算出各类人工、材料、机械的实物消耗量，再根据预算编制期的人工、材料、机械价格，计算出人工费、材料费、施工机具使用费、企业管理费和利润，再加上按规定程序计算出的措施费、其他项目费、规费、税金，便可得出单位工程的施工图预算造价。

（B）实物量法编制施工图预算的步骤（如图 7-9 所示）

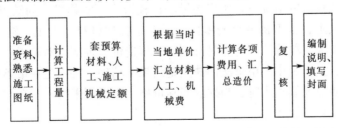

图 7-9 实物量法编制施工图预算步骤

（a）准备资料、熟悉施工图纸

全面收集各种人工、材料、机械的当时当地的实际价格，应包括不同品种、不同规格的材料预算价格；不同工种、不同等级的人工工资单价；不同种类、不同型号的机械台班单价等。要求获得的各种实际价格应全面、系统、真实、可靠。具体可参考预算单价法相应步骤的内容。

（b）计算工程量

本步骤的内容与预算单价法相同。

（c）套用消耗定额，计算人料机消耗量

定额消耗量中的"量"应是符合国家技术规范和质量标准要求、并能反映现行施工工艺水平的分项工程计价所需的人工、材料、施工机具的消耗量。根据预算人工定额所列各类人工工日的数量，乘以各分项工程的工程量，计算出各分项工程所需各类人工工日的数量，统计汇总后确定单位工程所需的各类人工工日消耗量。同理，根据材料预算定额、机具预算台班定额分别确定出工程各类材料消耗数量和各类施工机具台班数量。

（d）计算并汇总人工费、材料费、机具使用费

根据当时当地工程造价管理部门定期发布的或企业根据市场价格确定的人工工资单价、材料预算价格、施工机具台班单价分别乘以人工、材料、机具消耗量，汇总即为单位工程人工费、材料费和施工机具使用费。

（e）计算其他各项费用、汇总造价

其他各项费用的计算及汇总，可以采用与预算单价法相似的计算方法，只是有关的费率是根据当时当地建筑市场供求情况来确定。

（f）复核

检查人工、材料、机具台班的消耗量计算是否准确，有无漏算、重算或多算；套取的定额是否正确；检查采用的实际价格是否合理。其他内容可参考预算单价法相应步骤的介绍。

（g）编制说明、填写封面

本步骤的内容和方法与预算单价法相同。

（C）实物量法与单价法的区别

实物量法编制施工图预算的步骤与预算单价法基本相似，但在具体计算人工费、材料费和施工机具使用费及汇总上述3种费用之和方面有一定区别。

实物量法和单价法各有优缺点。实物量法的优点是能比较及时地将反映各种材料、人工、机械的当时当地市场单价计入预算价格，不需调价，反映当时当地的工程价格水平，在市场价格起伏比较大的情况下，用实物量法比较恰当。实物量法的缺点是要收集当时、当地各种材料、人工、施工机械台班单价，要汇总各种材料、人工、施工机械台班耗用量，因而工作量较大。单价法的优点是有利于工程造价管理部门对施工图预算编制的统一管理、计算简便、工作量小。单价法的缺点是结果不精确，特别是在市场价格起伏较大的情况下，它经常明显地偏离当时、当地的实际价格、不得不采用一些系数或进行价差补充等弥补。

（2）单项工程综合预算的编制

单项工程综合预算造价由组成该单项工程的各个单位工程预算造价汇总而成。

单项工程施工图预算 ＝Σ单位建筑工程费用＋Σ单位设备及安装工程费用 （7-3）

（3）建设项目总预算的编制

建设项目总预算的编制费用项目是各单项工程的费用汇总，以及经计算的工程建设其他费、预备费和建设期利息和铺底流动资金汇总而成。

三级预算编制中总预算由综合预算和工程建设其他费、预备费、建设期利息及铺底流动资金汇总而成。

总预算＝Σ单项工程施工图预算＋工程建设其他费＋预备费＋建设期利息

＋铺底流动资金 （7-4）

二级预算编制中总预算由单位工程施工图预算和工程建设其他费、预备费、建设期贷款利息及铺底流动资金汇总而成。

总预算 ＝Σ单位建筑工程费用＋Σ单位设备及安装工程费用＋工程建设其他费

＋预备费＋建设期利息＋铺底流动资金 （7-5）

3. 工程设计概算、施工图预算的审查

工程监理单位应审查设计单位提出的设计概算、施工图预算，提出审查意见，并报建设单位。设计概算、施工图预算的审查内容主要有以下几个方面：

（1）工程设计概算和施工图预算的编制依据是否正确。

（2）工程设计概算和施工图预算的内容是否充分反映自然条件、技术条件、经济条件，是否合理运用各种原始资料提供的数据，概预算编制说明是否齐全等。

（3）各类取费项目是否符合规定，包括各项定额、取费标准、有关规定，是否得到遵守，是否符合工程实际，有无遗漏或在规定之外的取费。

（4）各分部分项套用定额单价是否正确，定额中参考价选用是否恰当。编制的补充定额，取值是否合理。

（5）工程量计算是否正确，有无漏算、重算和计算错误，对计算工程量中各种系数的选用是否有合理的依据。

（6）若建设单位有限额设计要求，则审查设计概算和施工图预算是否控制在规定的范围内。

有经验的监理人员，一般采用的方法是，把设计单位的概预算与自己掌握的经验数据进行对照，或将其内容分解，与同类工程项目的实际造价费用项目逐项进行对比，对相差较大的费用项目重点进行分析，找出其相差的原因，然后帮助编制人员进行修正。

复 习 思 考 题

1. 设计阶段监理的意义是什么？

2. 给水排水工程设计包括哪些内容？

3. 设计阶段进度控制的意义是什么？

4. 影响建设工程设计工作进度的因素有哪些？

5. 如何实施设计方案竞赛和设计招标？

6. 工程设计合同中应有哪些规定？

7. 设计文件的验收有哪些内容？

8. 工程设计概算和施工图预算的审查的内容有哪些？

第8章 给水排水工程施工招标阶段监理

8.1 给水排水工程施工招标阶段监理的意义及任务

在上一章中，我们介绍了给水排水工程设计阶段的监理。这是在社会主义市场经济条件下，将竞争机制引入给水排水工程项目建设的设计阶段。通过设计阶段监理活动的开展，帮助建设单位（项目法人）选择好设计单位，获得优化的设计方案，这是整个给水排水工程项目建设赢得成功的基础。

设计阶段结束以后，接着进行的将是工程施工阶段。自 2000 年 1 月 1 日起开始施行的《中华人民共和国招标投标法》（国家主席令第 21 号）规定，在中华人民共和国国境内进行下列工程建设项目包括项目的勘察、设计、施工、监理以及与工程建设有关的重要设备、材料等的采购，必须进行招标：1）大型基础设施、公用事业等关系社会公共利益、公众安全的项目；2）全部或者部分使用国有资金投资或者国家融资的项目；3）使用国际组织或者外国政府贷款、援助的资金项目。因此，给水排水工程施工阶段的招标也是势在必行，亦即通过竞争的方式，择优选择施工单位。

在工程施工招标阶段中还可能涉及设备及材料供应的招标，一项给水排水工程建设项目，必然涉及方方面面的通用设备、专用设备、非标准设备以及工程建设基本材料，如钢材、木材、水泥、石材等，也应当引入竞争机制来择优选择给水排水工程建设项目所需的通用设备、专用设备、非标设备、材料等的生产供应商。

设备招标可以采用单项设备招标方式进行，也可以采用专业或整个给水排水工程项目建设所需成套设备供应一次性招标方式进行。对单项设备供应商或成套设备供应商的考察选择，主要考察所供设备的性能、质量、价格、供货时间、售后服务、生产厂家、供应商信誉等，有时还要考虑运输距离因素，因为根据惯例，设备供应时的包装及运杂费等均由需方承担。对于关键性的生产设备，甚至还要溯源到生产该设备的原材料等质量保证体系等方面。

如果一项给水排水工程建设项目，从项目建议书、可行性研究报告、勘察设计、设备及材料供应、工程施工、生产准备、联动调试、交付使用等一系列全过程进行招标，实行总承包，即通常所说的"交钥匙工程"招标，这种招标方式建设单位只需要提出建设意图，功能要求和交工使用期限，承包单位即进行全过程承包，这种做法虽然建设单位减少了许多工作量，但是从工程建设项目管理角度来看，是不甚合适的，因为一个建设项目的可行性研究、设计、施工等都由同一家公司来承包，不仅项目的招标报价高，而且其综合的技术经济效益也存在着许多问题，因此，国际金融界（如世界银行）对由其贷款或援建的项目，一般不允许采用这种招标模式。

另一种总承包模式是只包工程设计、设备及材料供应、工程施工、生产准备、联动调试、交付使用，这类总承包模式是常规的总承包招标模式，但要求投标者必须具有总承包的能力。

由上述可见，工程施工招标是建设单位为实现其所投资的项目实施工程施工阶段特定目标选择其实施者的行为。

建设单位是招标活动的主体，又叫招标人。自愿参与的为竞争成为"实施者"的是招标的客体，又称应标人或投标人，他们之所以参与，是为了承揽业务，赢得用户，赢得市场。在市场经济条件下，招标与投标是工程建设市场中双方当事人的交易行为。

目前，我国招标工作主要有三种组织形式：

第一种，由建设单位的主管部门（处、科、室）负责有关招标的全部工作，工作人员一般均是从各有关专业部门临时抽调的，项目完成后即转入生产或其他部门或回原单位工作，这种形式的临时班子不利于培养专业化人员和提高招标工作的水平，同时建设单位（项目法人）仍游离于工程建设项目之外，不利于项目法人责任制的推行。

第二种，由政府主管部门设立"招标投标领导小组"，或"招标投标办公室"之类的机构，统一处理招标投标工作。这种做法虽然能较快地打开局面，但政府部门过多地干预建设单位的招标活动，代替招标单位决策，不免是越俎代庖，显然不符合市场经济的运作规律，是不符合政企分开这一经济体制改革的大原则的。

第三种，由专业咨询机构或监理机构，受建设单位或项目法人的委托，承办招标的技术性和事务性工作，由建设单位进行监控和决策，这种形式是符合社会主义市场经济客观规律的，也符合国家的有关规定。

由于科学技术的迅速发展、社会专业化分工越来越细化，给水排水工程项目建设已经成为一项日趋复杂的技术，成为一项经济系统工程，新的水处理工艺技术、新的水处理设备、新的自动控制技术、新的水处理材料等，不精通此道的建设单位不可能熟悉与全面了解其中之奥秘，当然难以在给水排水工程项目建设的全过程中自行进行组织和管理，在此种情况下，委托专业化的社会监理单位、专业咨询机构代为进行建设项目的管理也就势所必然了。其中组织给水排水工程项目施工招标阶段的监理，也就成为监理工作的一项重要内容。

给水排水工程施工招标阶段监理工作的任务是什么呢？

施工招标阶段监理的任务，通常是根据项目投资控制目标、质量控制目标、进度控制目标这三大目标的要求帮助建设单位选择好施工单位，具体内容包括：

1. 协助建设单位申请及组织招标工作；
2. 参与招标文件和标底的编制；
3. 参与审查投标资格、组织投标单位现场勘察、答疑；
4. 协助建设单位组织开标、评标及定标等工作；
5. 协助建设单位与中标的承包商签订工程承包合同等工作。

8.2 给水排水工程施工招标阶段监理的程序和内容

由上节给水排水工程施工招标阶段监理的任务可见，给水排水工程施工招标阶段的监理介入到整个施工招标阶段的全过程。那么这种监理介入应当在何时何处开始切入呢？这种监理介入的深度又是怎样的呢?

给水排水工程施工招标阶段监理介入的切入点应当是在监理单位接受了建设单位的委托以后,在工程施工招标的准备阶段即开始监理介入。

对于每个从事给水排水工程监理的工程师来说,应当熟悉给水排水工程施工招标的有关制度、规定、内容和工作程序,这是保证提供高质量监理服务的前提条件之一。

按照我国工程建设招标、投标有关规定,工程施工招标一般可分为准备阶段、招标投标阶段和决标成交阶段,如图 8-1 所示。

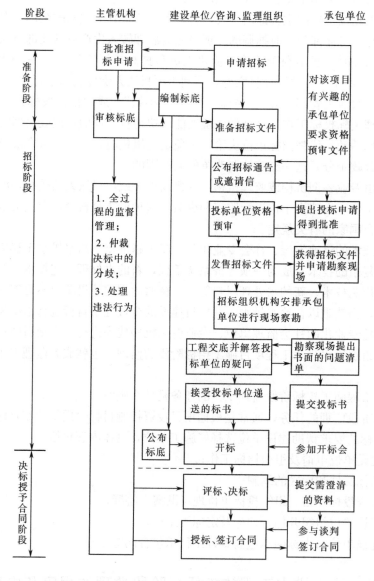

图 8-1 招标一般程序示意图

8.2.1 准备阶段

1. 申请批准招标

一项给水排水工程建设项目，如果已经由上级主管部门批准；工程项目建设的设计阶段已经结束，设计图纸及概（预）算文件已经获得主管部门批准；工程项目施工前期的准备工作，如征地、"三通一平"等现场条件已经就绪，并已取得工程项目施工许可证；工程项目所需资金基本落实到位；当上述这些条件满足以后，可以认为具备了施工招标的条件，建设单位应当向主管部门提出招标申请。当上级主管部门经审查批准以后，就可着手进行下一步的工作，即准备招标文件。在这一阶段监理工程师的主要任务是协助建设单位编写招标申请书。

2. 准备招标文件

（1）招标文件的基本原则

招标文件是组织工程施工招标的纲领性文件，是投标单位编制投标书的基本依据；同时它又是建设单位与中标单位商签合同的基础，商签后即成为合同文件的主要组成部分。

编制招标文件的工作是给水排水工程施工招标阶段监理的一项重要内容，它必须遵循"严肃、公正、完整、统一"的原则。

1）严肃性

招标文件应当遵循国家有关法律、法规、条例、规定，如为国际组织贷款的项目，还应符合国际惯例和有关国际组织的规定。要保证招标文件的严肃性。因此，要求监理工程师要熟悉有关法律条文。

2）公正性

招标文件应当公正地处理建设单位与承包商的正当利益，工程中的风险应合理分担，如一味地向承包商转嫁风险，以维护建设单位自身的利益，以至于承包商难以接受，最终将危及工程的顺利施工，反而会延误进度，给建设单位带来更大的损失。因此，要求监理工程师要保证公正性，不偏袒任何一方。

3）完整性

招标文件应当完整、准确，并尽可能详细地反映工程项目的实际情况，以便投标单位的投标能建立在可靠的基础上，并能防止履约过程中的争议。

4）统一性

招标文件中各部分内容应力求统一，用词应力求明确、严谨，避免对文件的理解和解释产生分歧而形成纠纷。

（2）招标文件编制的一般规定

1）招标文件规定的各项技术标准应符合国家强制性标准。招标文件中规定的各项技术标准均不得要求或标明某种特定的专利、设计、原产地或生产供应者，不得含有倾向或者排斥投标单位的内容。

2）给水排水工程建设公共招标项目需要划分标段、确定工期的，招标单位应当合理划分标段、确定工期，并在招标文件中载明。对工程技术上紧密相连、不可分割的单位工程不得分割标段。

　　3）招标文件应当明确规定评标时除价格以外的所有评标因素，以及如何将这些因素量化或者据以进行评估。在评标过程中，不得改变招标文件中规定的评标标准、方法和中标条件。

　　4）招标文件应当规定一个适当的投标有效期，以保证招标单位有足够的时间完成评标与中标单位签订合同。投标有效期从投标单位提交投标文件截止日起计算。在原投标有效期结束前，出现特殊情况的，招标单位可以以书面形式要求所有投标单位延长投标有效期。投标单位同意延长的，不得要求或被允许修改其投标文件的实质性内容，但应当相应延长其投标保证金的有效期。投标单位拒绝延长的，其投标失效，但投标单位有权收回其投标保证金。因延长投标有效期造成投标单位损失的，招标单位应予以补偿。

　　5）施工招标项目工期超过 12 个月的，招标文件中可以规定工程造价指数体系、价格调整因素和调整办法。

　　6）招标单位应当确定编制投标文件所需要的合理时间。自招标文件开始发出之日起至投标单位提交投标文件截止之日止，最短不得少于 20 日。

　　7）招标文件可以由建设单位自行编制，也可由建设单位委托具备相关资质的招标代理机构编制。

　　（3）招标文件的内容

　　招标文件一般应包括以下内容：

　　1）投标须知：包括给水排水工程概况；资金来源及到位情况；现场开工条件；招标方式；投标人数量；投标单位资质条件；联合体投标要求（如有时）；招标范围，合同形式，计划开竣工日期（分别说明定额工期和计划工期）；质量标准；招标文件组成；招标文件答疑及补充招标文件；开标的时间和地点；计量依据和计量原则；工程量清单的缺、漏、错项修正办法；对投标文件的要求；投标文件封装要求和标准；废标条件；错误修正；投标担保的方式和额度；投标文件的有效期；评标办法；招标结果和中标通知书；合同文本；其他规定等。

　　2）协议书：应提供合同中协议书的格式。

　　3）合同条款：包括合同通用条款和专用条款两部分，选用示范合同文本的，应根据所选用的文本类别、版本，通过专用条款对合同文本中的通用条款进行补充和修订，招标单位也可以自行拟定合同条款。

　　4）技术条款工程规范和技术说明：包括关于工程施工的一般要求，国家现行的设计和施工验收规范、规程和标准，国家强制性标准，设计要求，任何特别要求，任何国外标准及优先适用原则。

　　5）工程量清单：全部使用国有资金或以国有投资为主的大中型建设工程，应以《建设工程工程量清单计价规范》为依据，包括工程量计算规则及子目工作内容和要求。项目编码应严格按规范执行。

　　6）图纸：包括图纸清单及全套图纸。

　　7）附件：包括招投标书及附件格式、各类保函格式、中标通知书及其附件格式、其他招标活动或签订合同需要的各类文件格式。

　　8）投标文件格式，评标标准和方法。

3. 确定标底

所谓招标工程项目的标底，就是招标单位在招标前根据设计图纸和国家有关规定，编制的工程造价测算，并经上级主管部门或建设银行审定批准后确定的发包造价。标底是建设单位对拟建工程项目测算的预期价格，在社会主义市场经济体制下，标底反映了建设单位对拟建工程项目的期望价格，其作用一是作为建设单位筹集资金的依据，二是作为建设单位选择承包商的参考。所以正确确定标底对于建设单位筹措资金，正确选择承包商，达成合理的合同价都有着十分重要的意义。

标底不等同于设计概（预）算，也不等同于施工图预算，它们之间对比关系见表8-1。

标底与概（预）算的对比　　　　　　　　　　　表 8-1

	标　底	概（预）算
差异	·某些费用，如设备购置费、征地、拆迁、场地处理、勘察设计、职工培训和建设单位管理费等，不一定包括在标底内 ·适当估计市场采购材料差价 ·视具体工程而考虑不同的不可预见费比率 ·视施工企业的所有制和隶属关系差别而考虑不同的施工管理费 ·招标时合同划分、报价时的标价划分与概算中的项目划分常常不一致	·概算是建设项目全部投资的预计数 ·概算中难以考虑市场材料差价
相同	·标底以概算为基础 ·制定标底的依据与编制概预算的依据相同	

由表中可见，标底与概（预）算不能等同，但是标底一般不得突破国家批准的概（预）算或总投资，亦即说，概（预）算对标底具有控制作用。当然，如果由于某些特殊原因，确需突破总投资或概（预）算时，应说明理由报请上级主管部门或投资单位进行必要的调整。

（1）标底所包括的内容

1）工程量表。按工程预算定额规定的分项与分部工程子目，逐项计算而得的工程量；

2）工程项目的分项与分部工程的单价，包括补充单价分析；

3）招标工程的直接费。可套用预算定额单价确定直接费用；

4）按有关规定的费率确定施工管理费、技术装备费、临时设施费、远征费、计划利润、税金等；

5）不可预见费估计；

6）以上汇总后即得招标工程项目的总造价，即标底总价；

7）工程项目所需钢材、木材、石材、水泥等主要材料的用量。

（2）标底编制的方法

监理工程师在编制标底文件时，应当尽可能广泛而且深入地收集与研究有关的资料，如：

1）招标工程项目的设计图纸、说明书以及设计指定的标准图集；

2）当地或行业内现行给水排水工程项目预算定额或单位估价表；

3）现行给水排水工程综合预算定额；

　　4) 当地现行的材料、设备价格等及非标设备的价格估算方法；

　　5) 当地（或本行业）规定的各种取费标准、费率，如管理费、临时设施费、技术装备费、远征费等；

　　6) 其他，如投资贷款利息、物价调整的估计、合理的施工方案、基础处理的不可预见因素等。

　　(3) 编制标底的常用方法

　　1) 以施工图预算为基础确定标底。

　　这种方法的基本原理框图如图 8-2 所示。

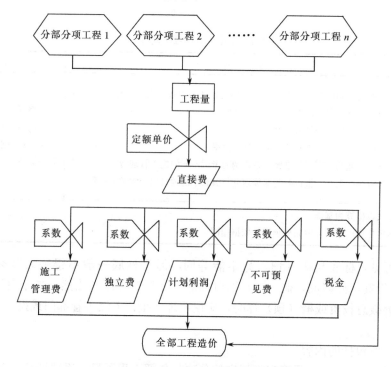

图 8-2　以施工图预算为基础编制标底的基本原理框图

　　但是，对于某些工程，招标往往先于施工图设计，此时，上述方法就不可行了。故亦常采用以工程概算为基础确定标底的方法或以扩大综合定额为基础确定标底的方法进行。

　　2) 以工程概算为基础确定标底。其程序与施工图预算为基础的标底基本相同，其区别是子目的划分以工程概算定额为依据，其单价为概算单价，因子目较预算定额粗一些，故编制工作较为简化，适用于以初步设计进行招标的场合。

　　3) 以扩大综合定额为基础确定标底。这是从工程概算基础上发展起来的，特点是将施工管理费、各项独立费、计划利润和税金都纳入扩大的分部、分项单价内，形成扩大综合单价。在计算出工程量后，乘以扩大综合单价，再经汇总即为标底，从而能更进一步地简化确定标底的工作。

　　当标底编制完成，并经主管部门审定以后，须交公证机关封存，在开标前应严格保密，绝对不能泄露。因为监理工程师熟知标底情况，在市场经济体制下，有些承包商可能会采用不正当手段进行摸底，此时监理工程师应有良好的职业道德与严格的法律意识，执行保密纪律，决不能泄露丝毫商业秘密。

如招标单位自营的工程设计或施工单位也参加投标时，则标底应选择（或由上级主管部门指定）与投标单位无牵连的第三方单位负责编制。

（4）编制标底的一般规定

1）招标单位可根据项目特点决定是否编制标底。编制标底的，标底编制过程和标底必须保密。

2）招标项目编制标底的，应根据批准的初步设计、投资概算，依据有关计价办法，参照有关工程定额，结合市场供求状况，综合考虑投资、工期和质量等方面的因素合理确定。

3）标底由招标单位自行编制或委托中介机构编制。一个工程只能有一个标底。任何单位和个人不得强制招标单位编制或报审标底，或干预其确定标底。

4）招标项目可以不设标底，进行无标底招标。

（5）编制标底的注意事项

1）建设单位可根据招标文件决定是否设有标底，标底可用于招标单位评估招标的成果和方便其控制投资，防止哄抬标价和不正当竞争。根据招标法的规定，设有标底的，标底仅作为评标时的参考。因此，不应用投标报价与标底比较的结果直接进行评分。

2）如需编制标底，应执行当地投标主管部门的规定：

（A）国有投资或以国有投资为主的工程项目的标底编制应依据招标文件的要求，用工程量清单及市场中各类材料、人工等的价格，综合考虑企业正常利润、管理费、税金等因素进行编制。

（B）非国有投资工程项目的标底编制，原则上应根据招标文件、施工图及其他有关设计文件，按当时现行建筑安装工程概（预）算定额和取费办法进行编制，也可采取其他办法，如按单位面积造价编制，但需经招投标主管部门批准。

3）鉴于标底在评标时的参考作用，为保证标底的准确性和公正性，一般情况下，建设单位不宜自行编制标底，而宜委托具有相关工程造价咨询或招标代理资质的单位编制。如监理合同中有约定，则总监理工程师应协助建设单位选择标底编制单位。

4）在开标以前对标底内容应严格保密，不得泄露，否则对泄露责任者要严肃处理，直至负法律责任。

8.2.2 招标投标阶段

1. 给水排水工程项目常用的几种招标方式

（1）公开招标

公开招标又称为无限竞争性招标。招标单位通过大众媒体公开刊登招标公告，使一切有条件的承包商都有同等机会参与投标竞争，从而使建设单位有更大的选择余地，有利于选择到满意的承包商，这种方式一般对参加报名投标的承包商不作特殊规定，但是只有通过资格预审者才能参与投标。

这种方式符合市场经济，自由竞争，打破垄断，机会均等，但是招标组织工作量相当大。

（2）邀请招标

邀请招标又称为有限竞争招标或选择性招标。由招标单位向预先选择好的数量有限的承包商发出邀请函，邀请他们参加小范围的竞争招标，一般不得少于三家，这些承包商一般均是社会上有相当信誉和实力，并承担过类似的工程项目者。

如何运作好邀请招标？关键是正确确定邀请对象。为此，建设单位可根据项目的特点和要求，结合自己的经验或已掌握的信息资料，或请咨询公司提供承包单位的有关情况，然后根据承包商的资质等级、技术水平、承担类似工程的质量、资信等级、企业信誉等条件确定邀请的对象。这时监理工程师一定要帮助建设单位出好主意，把好关口。这种方式的不足之处是由于限制了竞争范围，有可能排除掉一些在技术上、价格上富有竞争力的后起之秀。为了弥补这一不足，可在资格预审的基础上确定邀请投标的对象。即先发出某一项目招标进行投标资格预审的报告，再从参加报名的承包商中进行资格预审，选择出邀请投标的承包者。这一程序已逐渐成为招标中的一种惯用做法。

（3）协商议标

不公开进行招标，而是由建设单位与其委托的监理公司选定它们所熟悉并信任的施工承包企业进行协商，达成协议后签订合同。若协商不成，再邀请第二、第三家承包商进行协商，直到达成协议为止。这种方式建立在乙方信誉的基础上，有利于甲乙双方紧密配合，从而确保进度与质量，且省去招标所需许多费用。

协商议标方式不公开进行，不举行投标单位全体会议，因此承包商之间并不知道谁参加了这次投标，这样可以避免承包商之间互相串通，有利于建设单位取得最低报价。同时，由于中标的只能是一个承包商，采用这种方式，对于那些未中标的承包商的声誉也有利。

但是协商议标方式有损于招标投标的公开、公正、公平的原则。

（4）指定投标单位的招标

这是我国国内招标的一种特殊方式。对于少数特殊工程或位于偏僻地区的工程项目，若承包商都不愿意投标，可由项目主管部门或当地政府指定投标单位。

这种方式，对于给水排水工程建设项目来说，是很可能会遇到的。我国有许多老少边穷地区，贫穷落后，往往与当地的交通落后、水环境资源贫乏有关，那里的给水排水工程项目尤为重要突出。但若仅从市场营销、利润目标的角度出发看，这种给水排水工程项目的招标就很难有承包商来应标。为了帮助老少边穷地区的人民脱贫致富，就有必要由当地政府或主管部门指定承包商投标。

2. 给水排水工程项目招标投标的一般程序

（1）通过大众媒体发布招标通告或投标邀请函

当建设单位的招标申请已经由主管部门批准，招标文件也已准备完毕之后，即可发出招标通告或投标邀请函。招标通告或投标邀请函的主要内容应当有：

1）招标单位名称、工程项目名称、地点及联系人；

2）工程的主要内容及承包方式；

3）进度和质量要求；

4）资金来源；

5）投标单位资格（质）要求；

6）采用的招标方式；

7）投标企业的报名日期，招标文件的发售方式。

发出招标通告或投标邀请函之后，如招标条件发生重大变化或有其他特殊情况，可以宣布停止招标；但必须立即通知各投标单位。

（2）对投标单位进行资格预审

当建设单位的招标公告通过大众媒体公布以后，对该给水排水工程项目有兴趣的承包商就会按照招标通告规定的时间投送投标申请书，要求接受资格预审。

投标申请书的组成一般应当包括如下内容：

1）投标企业名称、地址、负责人姓名、营业执照号码、资质证明材料、企业所有制性质、企业简况、技术装备、技术力量、资金财务状况、历年业绩等。

2）投标保函。

当招标单位收到投标申请书以后，应对投标单位进行资格预审，监理单位此阶段介入的深度是相当重要的。当然进行预审的目的在于了解投标单位的技术和财务实力、管理经验、过去业绩等，为使招标获得比较理想的结果，限制不符合要求条件的单位盲目参加投标，并作为决标的参考。对报名投标的企业，如果经审查其承包资格和条件符合要求，即用书面形式通知其同意参加投标；如不符合规定，则对其作出解释。

在对投标单位进行资格预审时，监理工程师应该公正地行使自己的权力，客观地向建设单位提供预审意见。对于采用"邀请招标"或"议标"的工程，监理工程师可以利用自己所掌握的信息，向建设单位推荐合适的承包人。但监理工程师一定要清楚地了解自己的权力范围，他只能向建设单位推荐承包人，而不能接受承包人，作出最终决定的权力只能属于建设单位自己。

（3）发售招标文件、组织投标单位现场勘察，并公开答疑。

招标文件一般是有偿提供的。但若招标单位采用领取的办法，则要投标单位交纳一定的押金，投标结束后收回招标文件，退回押金。

发售招标文件后，按文件规定的时间（通常是招标文件发售后的一个月内），招标单位应组织全体投标单位的代表调查工程现场，使之了解现场的地理位置、地形、地貌、地质、水文、环境、交通、供电、供水、通信等自然状况和人文情况。现场踏勘应注意以下几个方面问题：

1）根据招标项目的具体情况，可以组织投标单位勘察给水排水工程建设项目现场，向其介绍工程场地和相关环境的有关情况；

2）招标单位不得单独或者分别组织任何一个投标单位进行现场勘察；

3）对招标文件和现场勘察中提出的疑问，招标单位可以以书面形式或召开投标预备会的方式解答，但需同时将解答以书面形式通知所有购买招标文件的潜在投标单位。该解答的内容为招标文件的组成部分。

此外，招标单位还应向投标单位解答各种疑难问题，其目的是使投标单位进一步了解工程的情况，以便编制投标书和磋商承包合同条款。监理工程师自始至终地参与组织现场勘察、答疑等活动。各投标单位一般应在答疑前10天对标书不明确的地方用书面形式提出，招标单位也用书面形式予以答复，并加以口头说明。因为答疑是对标书作进一步的说明，和标书一样具有同等的法律效力。在答疑当天提出的重要问题，其答复意见也应形成会议记录并发给投标单位。

为了保证投标方都能得到平等的对待，答疑会必须在各方都同时参加的情况下召开，公开答复投标各方提出的问题。在答疑会以后，招标方就不再以任何形式与任何一个投标方商谈有关投标事宜，直到决标时为止。同时为了防止投标单位因提问题而泄露投标策略的情况发生，在答疑资料中不应标明各个问题提出的单位和来源。

招标、投标双方对现场调查和答疑工作都应十分重视。答疑书面文件的文字要严谨，含义要准确。在答疑时，如果有些问题属于原招标文件中含糊不清的，监理工程师必须作出书面的补充通知。当然，若是承包人询问的有关问题超出了职业道德的限制或是违反了有关规则，监理工程师可以拒绝回答。

（4）接受投标书。

当投标单位经过了上述一系列研究标书、现场勘察、质询答疑等工作以后，就可以编写投标书。投标书的文件组成一般包括有：

1）投标书及其附件；

2）工程量清单及投标报价表；

3）工程施工组织方案及措施的说明；

4）资质证明材料；

5）投标保函；

6）其他要求提供的文件等。

投标书的编写和投送，一定要注意招标单位招标公告中的"投标须知"，如投标书送达的截止时间、地点、投标书的格式、语言、投标书的签署、印记、密封要求等，防止因为细节上的失误造成废标。

招标单位应设有专门的机构和人员负责接收和管理各投标单位的投标书。在接受标书时，应注意检查投标书的密封、签章等外观情况，并封存在由公证单位封口的密封箱内，以便开标时当众启封开箱。当然，在必要时投标单位也可按规定的时间直接送到开标地点。

8.2.3 决标成交合同阶段

1. 开标

开标是一项相当严肃的工作，应当坚持公开、公平、公正的原则，开标由招标单位主持，监理单位参与，社会法定公证机关在场，所有投标单位与会参加，在规定的日期、时间、地点、如期公开进行。一般是按投标书收到的顺序（或按抽签顺序）当众启封，当众宣布投标者名称和报价、进度及其他主要内容，使所有与会的投标人都了解各家投标人的报价和自己在其中的位次，招标单位逐一宣读投标书，但不解答任何问题。

对于未按要求密封或封口受损，或逾期收到的投标书，原则上不予接受应原封退回。

当场宣布的内容统称为"报价"，实际内容一般包括总标价、总进度、三材数量及其他附带条件或说明。宣布后应在预先准备的表册上逐项登记，并由读标人、登记人和公证人当场签字，作为开标正式记录，由建设单位保存备查。

如投标各项条件均正常，可以当众宣布标底。如各投标单位的标价与标底的差距较大时，则需组织更高层次的专家重新审查标底，经审查后，如果认为原标底确需调整，则按调整后的标底评标；如果认为原标底合理，不需调整，则可召集投标单位当众宣布标底，并宣布投标无效，另行组织投标或从中选出几个较好的单位进行议标。

开标时，由于监理工程师对建设单位的影响很大，他就很有可能成为众矢之的，为此难免会使投标的承包商产生想方设法从监理工程师身上了解自己有无中标可能性的念头。监理工程师应该注意，不经建设单位同意不可透露有关信息，更不得为了个人利益而对承包商作出某种暗示或许诺。

如果因为招标文件本身有错误而造成投标人的投标文件上的错误，监理工程师应当立即给所有投标人发出改错通知，监理工程师在处理改错的问题上，应尽量通过信函的办法与投标人联系，避免与投标人进行直接的面谈，因为这一阶段的各种关系都是十分微妙和敏感的。

2. 评标

评标工作由招标单位组织评标小组或评标委员会负责开展工作，评标小组或评标委员会应邀请有关方面（技术、经济、合同等）的专家组成，评标委员会的成员不代表各自的单位或组织也不应受任何单位或个人的干扰。

评标工作一定要坚持公正性和独立性的原则，防止评标委员会的成员对任何单位带有倾向性，也应防止根据上级主管部门的授意或暗示来评定中标单位。同时，还必须根据投标书的报价、进度、质量保证、设计方案、工艺技术水平和经济效益以及投标单位的社会信誉等情况进行综合考虑，在整个评标过程中，由评标领导小组负责监督并检查评标的公正性、独立性和严肃性。

评标是一个复杂的审议过程，是决标的基础。评标绝非简单地仅仅是投标报价的比较，而是从多方面对投标人进行综合比较。主要内容有：

（1）报价是否合理。

合理性原则，是指投标人并非是报价越低越合理，而是指报价与标底接近，或不越过预先规定的浮动范围。对于这点，国内各专业部门都有不同的规定。

比较报价，既要比较总价，也要分析单价报价。

（2）能否确保工程质量。

主要审查投标人保证质量的条件，投标人提出的工程施工方案在技术上能否保证达到要求的质量标准或质量等级。

（3）能否确保进度。

进度的考虑要全面，进度的制订要科学合理，才能保证工程质量。进度过长会影响投资效益，可是不合理不科学地缩短进度会影响工程质量。要分析投标文件中包含的施工方法，施工设备是否符合工程进度或施工进度要求。

（4）投标企业的信誉，业绩，承包能力等。

（5）商务、法律等合同条件。

因此我们说评标是一项复杂的审议过程，它绝不只是投标人标价之间的简单比较，价格因素在评标中只占有30％的份额，图8-3所示为各评标因素份额的示例。

由图8-3可见，目前有些建设单位选择承包商的标准主要考虑投标价格的高低，而忽视其他条件的这种做法，是不正确的。

3. 决标

决标是在评标的基础上选出标价合理、进度适当、施工方案措施有力、社会信誉好的投标单位作为中标单位，并与其签订工程合同。同时，应通知其他没有中标的单位。

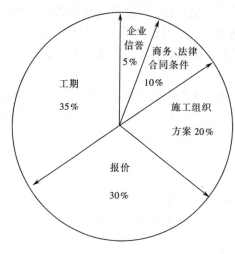

图 8-3 评标因素分值示例图

决标亦是由评标领导小组或评标委员会负责。工程施工的招标，一般在开标后，评标和决标的时间不超过 15 日。对大中型项目也不应超过 30 日。

决标后应立即向中标单位发出中标通知书，并预约合同谈判与签署的时间、地点等事宜。

4. 承、发包合同的谈判与签署。

（1）中标后的谈判

确定中标单位后应在一定时间内签署承包合同。若中标单位借故不承包，或招标单位另行改换中标单位均属违约行为，应按中标总价的一定百分比补偿对方的经济损失。

中标单位确定后，该单位的地位有所改变，他可能利用这一点来争取对他更有利的承包条件。所以，双方应对已达成的协议再予以确认或具体化。重新达成的协议应有书面记录，或对合同文件予以修改或另写备忘录，或合同附件。

（2）承、发包合同的签署

承、发包合同的内容必须明确，文字含义要清楚，对有关工程的主要条款必须作详细规定。承、发包合同一般必须具备以下主要条款：

1）工程名称和地点；

2）工程范围和内容；

3）开、竣工日期及中间交工工程开、竣工日期；

4）工程质量及保修；

5）工程造价；

6）工程价款的支付、结算及交工验收；

7）施工图及预算和技术资料的提供期限；

8）材料和设备的供应进场期限；

9）双方相互协作事项；

10）违约责任等。

招标单位与中标单位的合同，必须经公证机关的公证。

8.3 给水排水工程施工的国际招标

随着我国的改革开放的不断深化，工程项目的国际性招标会越来越多，特别是对于给水排水工程建设项目，这种机会可能会更多一些。一项给水排水工程，可能是城市或农村集镇取水供水工程，也可能是城市或农村集镇污水处理工程。这些工程建设项目，正是世界银行贷款的目标，故申请世界银行贷款获得成功的机会更多些。利用世界银行贷款项目进行国际性招标的程序与国内招标基本类似。监理单位可受建设单位的委托来办理有关具体事项。

世界银行对特定项目的贷款，经与借款国谈判，签署贷款协议并经世界银行董事会批准以后，借款国就可以组织国际招标。在大多数情况下，世界银行要求借款国通过"国际竞争性招标"（International Competitive Bidding，简写为IBC），向世界银行各成员国提供平等的、公开的投标机会。

为了保证项目招标的国际竞争性和公正性，世界银行对项目的招标程序有着非常严格的、标准的规定。如果是建设单位违反了规定，有可能被取消贷款；若是承包商违反了有关规定，则可能被取消投标资格；监理工程师若违反了规定，将受到失去承担世行项目业务资格的惩罚。国际竞争性招标程序完备而严格，如图8-4所示。整个招标过程可分为5个阶段，各阶段又可分为若干具体步骤。

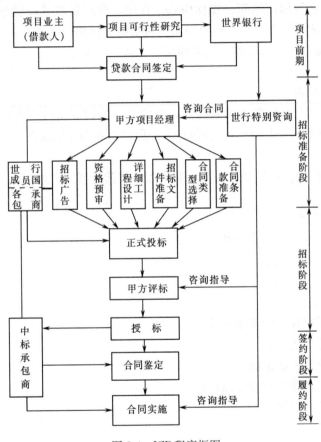

图 8-4 ICB 程序框图

1. 招标准备阶段

本阶段包括公布招标广告、承包商资格预审、详细工程设计、招标文件及合同条款准备。

（1）招标通知和广告

为了让所有世界银行成员国承包商都能有机会平等地参与竞争，世行规定，要通过国际性报纸、技术杂志、联合国"开发论坛"及大使馆刊登广告，并在开标前留有足够时间（大型项目招标要求在招标60日之前发布广告和通知），以便于投标者取得招标文件和作投标准备。

（2）投标者的资格审查

对要求投标的承包商进行资格审查，其目的有三：一是测试承包商对本项目投标的兴趣；二是为不合格承包商节省投标费用和时间；三是保证投标者的质量。审查内容包括：投标者从事同类项目建设的经验及履历、财务状况、承包能力、设备及人员配备水平等。

（3）进行详细工程设计

世界银行贷款项目可行性研究要求达到我国初步设计深度。故在本阶段只需进行详细技术设计，以便为合同文件的准备提供可靠的技术资料依据。

（4）招标文件准备

招标文件包括：投标商须知、投标格式及程序、合同条款（一般条款和特殊条款）、技术规范、工程量表、图纸清单、投标说明（包括截止日期、语言、送达地点、所用货币等）、保证金和担保金、评标标准、优惠幅度、否认责任等。

2. 招标阶段

（1）投标准备时间

为保证投标人有充分的投标准备时间，规定从发售招标文件到投标时间间隔不少于45日，大型项目应不少于90日，以便投标人能做好调查和投标准备。

（2）开标

按照招标公布的时间准时当众开标，要求大声宣读标书并记录在案。

（3）评标

标书评审内容主要包括：

1）检查所有投标文件的完整性；

2）审查报价计算有无错误；

3）技术方案的优劣；

4）财务和优惠条件；

5）是否回答了招标文件提出的要求；

6）所需担保是否落实；

7）预计进度及其保证措施；

8）设备效能、适用性及备件保证；

9）施工方法的可靠性；

10）标价评审。

综合考虑上述因素后进行标价比较，在其他条件相当时一般以总费用最低的标价为最佳标。

在下列条件下建设单位可以拒绝全部投标：全部投标价都大大超过预计费用（标底）；招标没有足够反响；竞争不充分。经世界银行同意后可重新招标或选择其中报价最低的承包商进行谈判议标。

3. 签约阶段

根据评标结果，建设单位可向中标企业发出中标通知并约请前来谈判签约。

4. 合同实施阶段

从建设单位下达开工命令到项目竣工为止，建设单位、承包商双方按合同履约，由建设单位监督承包商履行合同义务并负责提供相应服务。

总之，作为一个监理工程师，应当熟悉了解给水排水工程项目建设的国际性招标、投标的惯例，学会如何在国际性招标、投标中受建设单位的委托，开展好给水排水工程项目监理工作，做到游刃有余。

复 习 思 考 题

1. 给水排水工程施工招标阶段监理工作的主要内容有哪些？
2. 招标文件一般包括哪些内容？
3. 标底编制的依据及常用方法有哪些？
4. 阐述给水排水工程项目招标的一般程序。
5. 如何切入给水排水工程施工的国际招标监理？

第9章 给水排水工程施工阶段监理

9.1 给水排水工程施工概述

9.1.1 给水排水工程施工任务

给水排水工程施工是形成给水排水工程实体的阶段，是给水排水工程建设周期中最基本和最关键的阶段，这个阶段占有建设工程全部投资的绝大部分，此外，施工阶段具有生产条件复杂多变、生产周期不固定等特点，因此，给水排水工程施工的主要任务是：在一定客观条件下，有计划地、合理地对人力、物力和财力进行综合使用，完成给水排水工程建设并实现给水排水工程建设的最佳效益。

给水排水工程施工的主要内容有：各种建筑物和构筑物的建筑施工和水处理设备，给水排水管道安装施工。

（1）给水厂中，主体建筑是生产构筑物和建筑物，包括预沉池、混合池、反应沉淀池、滤池、清水池、二级泵房、加氯间和药剂间等，辅助建筑物包括化验室、修理间、仓库、车库、办公楼、食堂、浴室和职工宿舍等。

（2）污水处理厂中，主体建筑有各种水处理构筑物，如：格栅井、沉砂池、初沉池、生物池、二沉池和消化池等。辅助建筑物包括：泵房、鼓风机房、空压机房、办公室、集中控制室、化验室、变配电间、机修间、仓库、食堂等，此外还有联系各处理构筑物的污水和污泥管道、沟渠等。

（3）城镇输配水管网、排水管网、水量水压调节构筑物及其附属构筑物。

（4）在建筑给水排水工程中主要有供水排水管网、各类泵房和水箱间等，有热水供应的主要有热水管网、锅炉间以及热交换站等。

上述建筑或构筑物的施工既有建筑工程施工也有建筑设备安装工程施工，也就是既有土石方、混凝土、砌砖和装修等施工，也有设备和管道安装等施工。根据给水排水工程施工的特点，施工一般遵守"先土建，后设备"、"先主体，后附属"、"先地下，后地上"的原则。在排水管道工程施工中，一般先把出水口做好，由下游向上游推进，分几个系列的净、配水厂及污水处理厂的施工中，应以确保某个系列先行投产的原则，有计划地向其他系列铺开。

9.1.2 给水排水工程施工方法

给水排水工程施工方法包括建筑工程和设备安装工程中多种施工方法。下面简单介绍一下其中几种主要施工方法及其监理要点。

1. 钢筋混凝土工程

钢筋混凝土结构广泛用于给水排水工程中，给水排水工程中的贮水池、水处理构筑物、泵房以及管道材料等，大都是钢筋混凝土建造的，一般地说，钢筋混凝土工程包括现浇混凝土工程、混凝土构件安装工程和预应力混凝土工程等。而现浇混凝土工程又主要包含混凝土工程、钢筋工程和模板工程等。现主要介绍一下现浇混凝土工程的施工及监理工作。

（1）混凝土工程

混凝土搅拌有人工搅拌和机械搅拌两种方法。工地搅制塑性混凝土，常采用自落式鼓形搅拌机。工厂化搅拌站及拌制干硬性混凝土，常采用强制式搅拌机。如搅拌站与浇筑地点距离较远，为了不使混凝土在运输过程中离析或初凝，可采用搅拌运输车，由搅拌站供应干料，在运输中加水搅拌。混凝土运输方法主要有手推车、内燃翻斗车、自卸车、输送带及泵车运送。给水排水工程中，混凝土浇筑主要是模板浇筑。但对于沉井封底，灌注桩和浇筑连续墙等常采用水下浇筑施工法。在混凝土的搅拌、运输与浇筑过程中，应满足相应规范及技术标准的要求。如混凝土的搅拌应满足搅拌最短时间的要求；混凝土的运输应满足坍落度、运输容器、运输道路及时间控制等方面的要求；混凝土从搅拌机卸出后到浇筑完毕的延续时间应满足要求；混凝土的浇筑厚度应满足在不同捣实方法条件下的浇筑层厚度要求；不同品种混凝土的养护时间要求等。

（2）钢筋工程

钢筋加工采用冷加工，有冷拉、冷拔和冷轧三种方法。钢筋连接有焊接和绑扎两种方法。焊接又分为接触焊和电弧焊两种方法。在钢筋工程的施工过程中应满足相应规范及技术标准的要求。如钢筋的弯钩及弯折规定；钢筋的混凝土保护厚度要求；钢筋绑扎接头的最小搭接长度要求；绑扎网和绑扎骨架的允许偏差；钢筋位置的允许偏差；钢筋的现场绑扎安装、绑扎钢筋网与钢筋骨架的安装以及焊接钢筋网与钢筋骨架安装的操作要点等。

（3）模板工程

模板按所用材料的不同分为：木模、钢模、钢木混合模板、砖模、钢丝网水泥砂浆模及土模。按施工方法不同分为：拼装式、滑升式、移拉式等。在给水排水构筑物中所使用的模板，大部分是拼装式，现场浇筑混凝土管道时用拉模，竖向尺寸大的结构可使用滑升式模板。在模板施工过程中应执行相关规范和技术标准。如应满足预制构件模板安装的允许偏差、整体式结构模板安装的允许偏差以及固定在模板上的预埋件与预留孔洞的允许偏差等。

2. 土石方工程

土石方工程是给水排水工程施工中的主要的分部工程之一，主要包括土石方的开挖、运输、填筑、平整与压实等主要施工过程，以及场地清理、测量放线、施工排水、降水和土壁支护等准备与辅助工作。施工方法主要有人工开挖、机械开挖和石方爆破等。

在给水排水工程中，土方工程一般包括一般土方工程、基坑土方工程、沟槽土方工程等。

3. 砖石砌体工程

在给水排水工程中，除采用钢筋混凝土浇筑外，砖石结构也占有一定数量。如：砖石砌筑的排水沟渠、贮水池及水处理构筑物，泵房及管道工程中的附属构筑物等。

砖石工程包括砌筑工程和抹面工程。砌筑工程有砌砖和砌石两种结构，砌完后，为了防止渗漏，常在结构的单面或双面进行抹面。

4. 管道工程

在给水排水工程中，管道安装是重要组成部分。

给水排水管道按材料划分，有钢管、铸铁管、钢筋混凝土管、塑料管及各种有色金属管道。

给水排水管道安装工艺主要有管道的调直、割断、揻弯、套丝和各种连接，如：焊接、螺纹连接、承插连接等。有时还要对管道进行防锈保温。对室外地下管道，有开槽施工法和不开槽的掘进顶管施工法、挤压土顶管法、管道牵引不开槽铺设和盾构法施工。对水下管道有浮漂拖航铺管、水底拖曳铺管、铺管船铺管和冲沉土层铺管等各种施工方法。

5. 设备安装

给水排水工程施工中有大量的设备安装，主要是各种水处理设备和输配水设备的安装，此外还有电气设备，通信设备以及微机自动控制系统等安装。在建筑给水排水工程中，主要有各种卫生器具、水箱、水泵的安装等。

9.2 给水排水工程施工阶段监理的基本任务和主要工作

9.2.1 施工阶段监理的基本任务

前已述及，给水排水工程施工是给水排水工程全部建设周期中最基本和最关键的阶段，施工阶段决定着全部工程建设的成败。正是由于施工阶段这种在全部工程建设中的地位和作用，施工阶段监理的重要性必须予以高度重视。

第一，施工阶段是形成工程实体的阶段，是将设计图纸变成可供生产和使用的固定资产的阶段，是工程质量的实际形成阶段，工程质量很大程度上取决于施工阶段质量监理工作的质量，施工阶段质量控制是整个工程质量控制的重点控制阶段，因此，施工阶段质量控制无疑是极其重要的。

第二，施工阶段是工程项目花钱最多的阶段，80%～90%的钱花在这个阶段，因此，这个阶段投资控制的工作最为繁重。

第三，工程一旦开工，就应当按计划进度完工，任何拖延进度，都意味着极大的浪费，影响投资效益的发挥。因此，施工阶段的进度控制将成为带动整个工程项目实施的中心环节。

上述三条就是监理工作的"三控制"，施工阶段监理的"三控制"重要性可归纳为：施工质量控制是对形成工程实体的质量进行控制，达到预定的质量标准和质量等级，是整个工程质量控制的重点控制阶段；进度控制是对工程的施工进度进行控制，达到工程要求的进度目标，是整个工程进度控制的关键控制阶段；投资控制是在合同价的基础上，控制施工阶段所增费用，达到对工程实际价的控制，是整个工程投资控制的最有效控制阶段。

施工阶段监理中的合同管理，是对工程施工有关的各类合同，从合同条件的拟订、协商、签署、执行情况的检查和分析等环节进行的组织管理工作，以期通过合同体现"三控制"的任务要求，同时维护双方当事人的正当权益。合同管理是进行监理工作的工具和手段。

施工阶段监理中的信息管理，是对工程施工活动各类信息的传递、储存、分析和利用的组织管理，以期使监理工作高效、有序地进行。信息管理是监理工作的依据和基础。

施工阶段监理中的组织协调，包括内部协调和外部协调。内部协调包括：参与工程施工各单位之间的配合协调，如：技术图纸、材料、设备、劳动力、资金供应等方面的协调。外部协调包括：与政府有关部门之间的协调，如：与规划、国土、城建、人防、环保、城管等部门间的协调；与资源供应有关部门之间的协调，如：供电、运输、电信等单位之间的协调。组织协调是监理工作的基本工作方式和方法。

综上所述，施工阶段监理的"三控制"、"两管理"、"一协调"构成施工阶段监理工作的基本任务，见表 9-1。

施工阶段监理基本任务 表 9-1

监理工作名称	任务及作用
质量控制	对形成工作实体的质量进行控制，达到预定的质量标准和质量等级，是整个项目质量控制的重点控制阶段
进度控制	对工程施工进度进行控制，达到项目要求的进度目标，是整个项目进度控制的关键控制阶段
投资控制	在合同价的基础上，控制施工阶段新增费用，达到对工程实际价的控制是整个项目投资控制的有效控制阶段
合同管理	对工程施工有关的各类合同进行组织管理是达到监理目标的工具和手段
信息管理	对工程施工活动各类信息传递、储存、分析和利用的组织管理，是进行监理工作的依据和基础
组织协调	包括工程施工活动中，内部各种关系之间协调和与外部各种关系之间的协调，是监理工作的基本工作方式和方法

9.2.2 施工阶段监理的主要工作

给水排水工程在招标完成并与中标单位签订承包合同后，便进入了施工阶段。一般来讲，施工阶段又可细分为施工准备阶段和施工阶段。为了实现施工阶段监理的基本任务，监理单位完成以下主要工作：

（1）协助建设单位与承包商编写开工报告；

（2）审查承包商选择的分包单位；

（3）审查承包商提出的施工组织设计，施工技术方案和施工进度计划，提出改进意见；

（4）审查承包商提出的材料和设备清单及其所列的规格和质量；

（5）督促检查承包商严格执行工程承包合同和工程技术标准；

（6）调解建设单位与承包商之间的争议；

（7）检查工程使用的材料、构件和设备的质量，检查安全防护措施；

（8）检查工程进度和施工质量，验收分部、分项工程，签署工程付款凭证；

（9）整理合同文件和技术档案资料；

（10）组织设计单位和施工单位进行工程竣工初步验收，提出竣工验收报告；

（11）审查工程结算。

给水排水工程施工阶段监理任务繁重，工作千头万绪，要想较好完成施工阶段的监理任务必须抓住关键问题，有针对性地进行工作。下面仅对给水排水工程施工监理的基本任务和主要工作中，施工阶段的质量控制，进度控制和投资控制作重点介绍。

9.3　给水排水工程施工阶段的质量控制

9.3.1　给水排水工程施工阶段质量控制的基本概念

质量的定义是：产品、过程或服务满足规定或潜在要求的特征和特性的总和。工程项目质量是指通过工程建设过程所形成的工程项目应满足用户从事生产、生活所需的功能和使用价值，应符合设计要求和合同规定的质量标准。给水排水工程质量和其他工程项目质量一样，有类似的功能和使用价值以及质量标准，一般包括设计质量、设备质量、土建施工质量和设备安装质量等几个方面。

所谓质量控制，按国际标准（ISO）定义是：为满足质量要求所采取的作业技术和活动，对项目工程质量而言，就是为了确保合同所规定的质量标准，所采取的一系列监控措施、手段和方法。

由于形成最终工程实体质量是一个系统的过程，所以施工阶段的质量控制，也是一个由对投入原材料的质量控制开始，直到完成工程质量检验为止的全过程的系统控制过程，如图9-1所示。

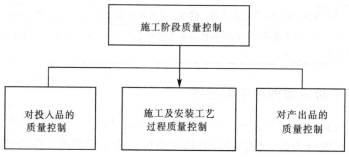

图9-1　施工全过程的质量控制图

另外，工程施工又是一种物质生产活动，所以，施工阶段质量的范围，应包括影响工程质量的五个主要方面，即要对人、材料、机械、方法和环境五个质量因素进行全面控制，如图9-2所示。

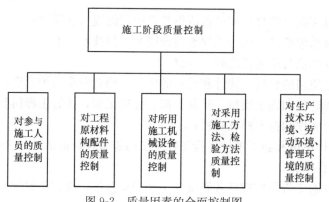

图9-2　质量因素的全面控制图

根据工程实体质量形成的时间阶段的质量控制，又可分为施工准备控制、施工过程控制和施工验收控制三个环节如图 9-3 所示。

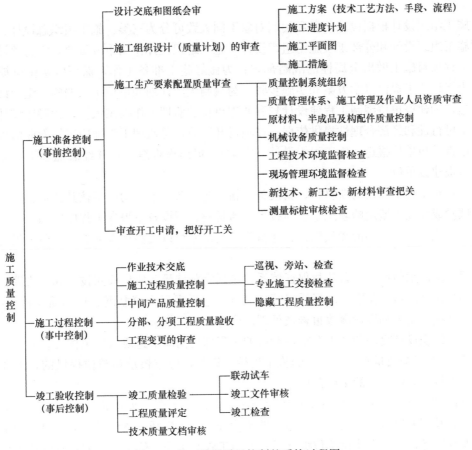

图 9-3　施工阶段质量控制的系统过程图

9.3.2　施工阶段质量控制过程

1. 施工准备控制

施工准备控制指在正式施工前进行的质量控制，其具体工作内容有：

（1）审查分包单位的技术资质。

对于总包单位的技术资质，已在招标阶段进行审查。对于总包单位通过招标选择的分包施工单位，需经专业监理工程师审查并提出审查意见，符合要求后，方能进场施工。主要审查是否具有能完成工程并确保其质量的技术能力及管理水平。

（2）对工程所需原材料、构配件的质量进行检查与控制。

有的工程材料、半成品、构配件应事先提交样品，经认可后才能采购订货。凡进场材料均应有产品合格证或技术说明书。同时，还应按有关规定进行抽检。没有产品合格证和抽检不合格的材料，不得在工程中使用。

（3）对永久性生产设备或装置，应按审批同意的设计图纸组织采购或订货。

这些设备到场后，均应进行检查和验收；主要设备还应开箱查验，并按所附技术说明

141

进行验收。对于从国外引进的机械设备，应在交货合同规定的期限开箱逐一查验。

（4）审查施工单位提交的施工方案和施工组织设计，保证工程质量具有可靠的技术措施。

施工组织设计根据设计阶段和编制对象不同大致可分为三类：施工组织总设计、单位工程施工组织设计和分部工程施工组织设计。施工组织设计作用十分重要，它为建设给水排水工程项目施工做出全局性的战略部署；为做好施工准备工作，保证资源供应提供依据；为组织施工提供科学方案和实施步骤；为编制生产计划和单位工程的施工组织设计提供依据；为建设单位编制工程建设计划和监理单位的监理工作提供依据；为确定设计方案的施工可行性和经济合理性提供依据。在项目开工前，总监理工程师应组织专业监理工作人员审查承包单位报送的施工组织设计（方案），提出审查意见，并经总监理工程师审核签字后报建设单位。

（5）对工程中采用的新材料、新设备、新工艺、新技术，均应审核其技术鉴定书。凡未经试验或无技术鉴定的新工艺、新技术、新材料、新设备不得在工程中应用。

（6）检查施工现场的测量标桩、建筑物的定位放线以及高程水准点，重要工程还应亲自复核。

（7）协助承包单位完善质量保证体系，包括完善计量及质量检测技术和手段等。

（8）协助总包单位完善现场质量管理制度，包括现场会议制度、现场质量检验制度、质量统计报表制度和质量事故报告及处理制度等。

（9）组织设计交底和图纸会审，对有的工程部位尚应下达质量要求标准。

（10）对工程质量有重大影响的施工机械、设备，应审核承包单位提供的技术性能报告，凡不符合质量要求的不能使用。

（11）把好开工关。总监理工程师应组织专业监理工程师审查施工单位报送的工程开工报审表及相关资料。对现场各项施工准备检查后，具备开工条件时，应由总监理工程师签署审查意见，并应报建设单位批准后，发布工程开工令。停工的工程，总监理工程师未发布复工令，工程不得复工。

2. 施工过程控制

施工过程控制指在施工过程中进行的质量控制，其具体工作内容有：

（1）协助承包单位完善工序控制。

把影响工序质量的因素都纳入管理状态，建立质量管理点，及时检查和审核承包单位提交的质量统计分析资料和质量控制图表。

（2）严格工序间交接检查。

主要工序作业（包括隐蔽作业）需按有关验收规定经现场监理人员检查、签署验收。如基础工程中，对开挖的基槽、基坑，在未经鉴定（工程地质鉴定）和量测标高、尺寸的情况下，不得浇筑垫层混凝土；钢筋混凝土工程中，安装模板后，未经检查验收，不得架立钢筋；钢筋架设后，未经检查验收，不得浇筑混凝土等。

（3）重要的工程部位或专业工程还要亲自进行试验或技术复核。如：亲自在工作面测定混凝土的温度或坍落度；亲自试作混凝土试件；亲自取样等。对于重要材料、半成品，可自行组织材料试验工作。

（4）对完成的分项、分部工程，按相应的质量评定标准和办法进行检查、验收。

（5）审核设计变更和图纸修改。

（6）按合同行使质量监督权。在下述情况下，总监理工程师有权下达工程暂停令。

1）施工中出现质量异常情况，经提出后承包单位仍不采取改进措施者；或者采取改进措施不力，未使质量状况发生好转趋势者。

2）隐蔽作业未经现场监理人员查验自行封闭、掩盖者。

3）对已发生的质量事故未进行处理和提出有效的改进措施就继续作业者。

4）擅自变更设计、图纸进行施工者。

5）使用没有技术合格证的工程材料，或者擅自替换、变更工程材料者。

6）未经技术资质审查的人员进入现场施工者。

（7）组织定期或不定期的现场会议，及时分析、通报工程质量状况，并协调有关单位间的业务活动等。

3. 竣工验收控制

竣工验收控制指在完成施工过程形成产品的质量控制，其具体工作内容有：

（1）按规定的质量评定标准和办法，对完成的分项、分部工程、单位工程进行检查验收。

（2）组织联动试车。

（3）审核承包单位提供的质量检验报告及有关技术性文件。

（4）审核承包单位提交的竣工图。

（5）整理有关工程项目质量的技术文件，并编目、建档。

根据上述质量控制系统和内容，监理工程师和承包单位在施工阶段对质量控制的工作流程如图 9-4 所示。

9.3.3 施工阶段质量控制的依据和方法

1. 施工阶段质量控制的依据

施工阶段监理工程师进行质量控制的依据，大体上有以下四类。

（1）工程合同文件

工程施工承包合同文件和委托监理合同文件中分别规定了参与建设各方在质量控制方面的权利和义务，有关各方必须履行在合同中的承诺。对于监理单位，即要履行委托监理合同的条款，又要督促建设单位、监督承包单位、设计单位履行有关质量控制条款。因此，监理工程师要熟悉这些条款，据以进行质量监督和控制。

（2）设计文件

"按图施工"是施工阶段质量控制的一项重要原则。因此，经过批准的设计图纸和技术说明书等设计文件，无疑是质量控制的重要依据。

（3）国家及政府有关部门颁布的有关质量管理方面的法律、法规性文件

《建筑法》《建设工程质量管理条例》等文件都是建设行业质量管理方面所应遵循的基本法规文件。此外，其他各行业如交通、能源、水利、冶金、化工等的政府主管部门和省、直辖市、自治区的有关主管部门，也均根据本行业及地方的特点，制定和颁发了有关的法规性文件。

（4）有关质量检验与控制的专门技术法规性文件

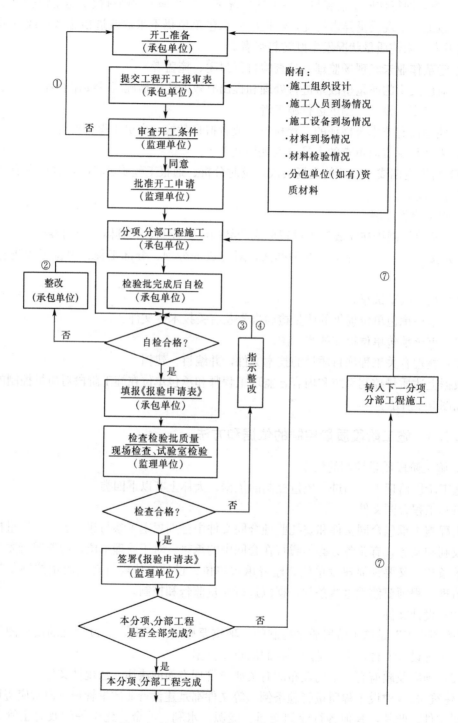

图 9-4 施工阶段质量控制工作流程（上）

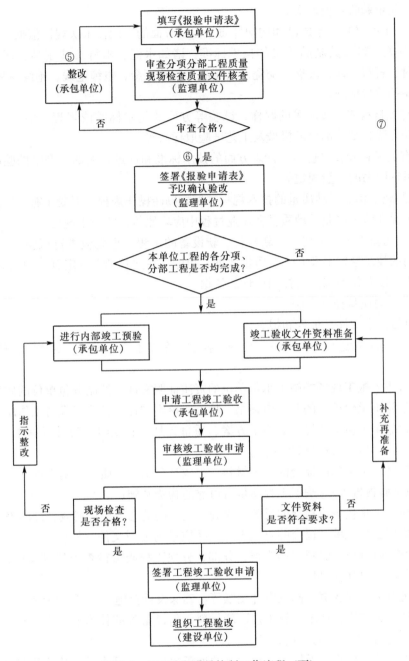

图 9-4 施工阶段质量控制工作流程（下）

这类文件一般是针对不同行业、不同的质量控制对象而制定的技术法规性的文件，包括各种有关的标准、规范、规程或规定。

属于这类专门的技术法规性的依据主要有以下几类：

1）工程项目施工质量验收标准。这类标准主要是由国家或部统一制定的，用以作为检验和验收工程项目质量水平所依据的技术法规性文件。例如，评定建筑工程质量验收的《建筑工程施工质量验收统一标准》《混凝土结构工程质量验收规范》《建筑给水排水及采暖工程施工质量验收规范》等。

2）有关工程材料、半成品和构配件质量控制方面的专门技术法规性依据。

（A）有关材料及其制品质量的技术标准。诸如水泥、木材及其制品、钢材、砖瓦、砌块、石材、石灰、砂、玻璃、陶瓷及其制品；建筑五金、电缆电线、绝缘材料以及其他材料或制品的质量标准。

（B）有关材料或半成品等的取样、试验等方面的技术标准或规程。例如：木材的物理力学试验方法总则，钢材的机械及工艺试验取样法等。

（C）有关材料验收、包装、标志方面的技术标准和规定。例如，型钢的验收、包装、标志及质量证明书的一般规定等。

3）控制施工作业活动质量的技术规程。例如砌砖操作规程、混凝土施工操作规程等。它们是为了保证施工作业活动质量在作业过程中应遵照执行的技术规程。

4）凡采用新工艺、新技术、新材料、新设备的工程，事先应进行试验，并应有权威性技术部门的技术鉴定书及有关的质量数据、指标，在此基础上制定有关的质量标准和施工工艺规程，以此作为判断与控制质量的依据。

2. 施工阶段质量控制方法

（1）审核技术文件、报告和报表

这是对工程质量进行全面监督、检查与控制的重要手段。审核的具体内容包括以下几方面：

1）检查进入施工现场的施工承包单位的资质证明文件，控制分包单位的质量；

2）审批施工承包单位的开工申请书，检查、核实与控制其施工准备工作质量；

3）审批施工承包单位提交的施工方案、质量计划、施工组织设计或施工计划，确保工程施工质量有可靠的技术措施保障；

4）审批施工承包单位提交的有关材料、半成品和构配件质量证明文件（出厂合格证、质量检验或试验报告等），确保工程质量有可靠的物资基础；

5）审核施工承包单位提交的反映工序施工质量的动态统计资料或管理图表。

6）审核施工承包单位提交的有关工序产品质量的证明文件（检验记录及试验报告）、工序交接检查（自检）、隐蔽工程检查、分部、分项工程质量检查报告等文件、资料，以确保和控制施工过程的质量。

7）审批有关工程变更、修改设计图纸等，确保设计及施工图纸的质量。

8）审核有关应用新技术、新工艺、新材料、新设备等的技术鉴定书，审批其应用申请报告，确保新技术应用的质量。

9）审批有关工程质量事故或质量问题的处理报告，确保质量事故或质量问题处理的质量。

10）审核与签署现场有关质量技术签证、文件等。

（2）指令文件与一般管理文书

指令文件是监理工程师运用指令控制权的具体形式。所谓指令文件是表达监理工程师对施工承包单位提出指示或命令的书面文件，属要求强制性执行的文件。监理工程师的各项指令都应是书面的或有文件记载方为有效，并作为技术文件资料存档。

一般管理文书，如监理工程师函、备忘录、会议纪要、发布有关信息等。主要是对承包商工作状态和行为提出建议、希望和劝阻等，不属强制性要求执行，仅供承包商自主决策参考。

（3）现场监督和检查。

1）现场监督检查的内容

（A）开工前的检查。主要是检查开工前准备工作的质量，能否保证正常施工及工程施工质量。

（B）工序施工中的跟踪监督、检查与控制。施工机械设备、材料、施工方法及工艺或操作以及施工环境条件等是否均处于良好的状态，是否符合保证工程量的要求，若发现有问题及时纠偏和加以控制。

（C）对于重要的和对工程质量有重大影响的工序和工程部位，还应在现场进行施工过程的旁站监督与控制，确保使用材料及工艺过程质量。

2）现场监督检查的方式

（A）旁站与巡视

旁站是指项目监理机构对工程的关键部位或关键工序的施工质量进行的监督活动。旁站的部位或工序要根据工程特点，也应根据施工承包单位内部质量管理水平及技术操作水平决定。一般而言，混凝土灌注、预应力张拉过程及压浆、基础工程中的软基处理、复合地基施工（如搅拌桩、悬喷柱、粉喷柱）、路面工程的沥青拌和料摊铺、沉井过程、桩基的打桩过程、防水施工、隧道衬砌施工中超挖部分的回填、边坡喷锚打锚杆等要实施旁站。

巡视是指项目监理机构对施工现场进行的定期或不定期的检查活动。巡视是一种"面"上的活动，它不限于某一部位或过程，而旁站则是"点"的活动，它是针对某一部位或工序。因此，在施工过程中，监理人员必须加强对现场的巡视、旁站监督与检查，及时发现违章操作和不按设计要求、不按施工图纸或施工规范、规程或质量标准施工的现象，对不符合质量要求的要及时进行纠正和严格控制。

（B）平行检验与见证取样

平行检验是指项目监理机构在施工单位自检的同时，按有关规定、建设工程监理合同约定对同一检验项目进行的检测试验活动。

见证取样是指项目监理机构对施工单位进行的涉及结构安全的试块、试件及工程材料现场取样、封样、送检工作的监督活动。

旁站、巡视、平行检测与见证取样是施工监理过程中对工程材料和给水排水工程施工行为实施监理的最基本的形式。它们相互补充、缺一不可。旁站、巡视监理的主要对象是过程，而平行检测与见证取样的对象则是结果，一般用各种数据、指标来表示，包括各种施工活动结束后形成的实体、各种材料和成品半成品，还包括某些特殊施工活动的成果。在给水排水工程施工监理过程中，应根据工程的实际情况，综合运用上述监理形式，达到最佳效果。

（4）规定质量监控工作程序

规定双方必须遵守的质量监控工程程序，按规定的程序进行工作，这也是进行质量监控的必要手段。例如，未提交开工申请单并得到监理工程师的审查、批准不得开工；未经监理工程师签署质量验收单并予以质量确认，不得进行下道工序等。

（5）利用支付手段

这是国际上较通用的一种重要的控制手段，也是建设单位或合同中赋予监理工程师的支付控制权。所谓支付控制权就是：对施工承包单位支付任何工程款项，均需由总监理工程师审核签认支付证明书，没有总监理工程师签署的支付证书，建设单位不得向承包单位进行支付工程款。

9.3.4　给水排水工程施工质量的验收

1. 概述

给水排水工程施工质量的验收是给水排水工程施工阶段质量控制的重要工作，也是最终保证工程质量的重要手段，监理工程师必须根据合同和设计图纸的要求，严格执行国家颁发的有关工程项目质量验收规范，及时组织有关人员进行质量验收。在施工期间，对隐蔽工程组织交工验收，并作相应的文字记录，对已竣工的单位工程或分项工程，也可组织交工验收或交接验收。在完成工程局部验收后，可进行单机调试，单位工程的准备使用等工作，然后逐步进行全厂性的运转调试和试生产。当试生产已趋稳定或达到设计规定的处理能力或出水量时，进行工程的总验收，之后，工程进入投产使用阶段。

2. 工程施工质量的验收

给水排水工程中的污水处理厂和水厂是一个完整的群体工程，是多专业综合性工程。在给水排水工程中即使是一个建筑物或构筑物的建成，也要经过若干工序、若干工种的配合施工。一个工程质量的优劣，能否通过竣工验收，取决于各个施工工序和各工种的操作质量。因此，为便于控制，检查和鉴定每个施工工序和工种的质量，需将一个单位工程划分为若干分部工程。每个分部工程，又划分为若干个分项工程。每个分项工程中包含若干个检验批，检验批质量是施工质量验收最小单位，是分项工程乃至整个建筑工程质量验收的基础。

（1）施工质量验收统一标准、规范体系及编制指导思想

建筑工程施工质量验收统一标准、规范体系由《建筑工程施工质量验收统一标准》GB 50300—2013 和各专业验收规范共同组成，在使用过程中它们必须配套使用。各专业验收规范具体包括：《建筑地基工程施工质量验收标准》GB 50202—2018；《砌体结构工程施工质量验收规范》GB 50203—2011；《混凝土结构工程施工质量验收规范》GB 50204—2015；《建筑给水排水及采暖工程施工质量验收规范》GB 50242—2002；《建筑电气工程施工质量验收规范》GB 50303—2015；《城镇污水处理厂工程质量验收规范》GB 50334—2017 等。

为了进一步做好工程质量验收工作，结合当前建设工程质量管理的方针和政策，增强各规范间的协调性及适用性并考虑与国际惯例接轨，在建筑工程质量验收标准、规范体系的编制中坚持了"验评分离，强化验收，完善手段，过程控制"的指导思想。

（2）施工质量验收的有关术语

下面列出《建筑工程施工质量验收统一标准》GB 50300—2013 几个较重要的质量验收相关术语：

1）验收

建筑工程质量在施工单位自行检验合格的基础上，由工程质量验收责任方组织，工程

建设相关单位参加，对检验批、分项、分部、单位工程及其隐蔽工程的质量进行抽样检验，对技术文件进行审核，并根据设计文件和相关标准以书面形式对工程适量是否达到合格作出确认。

2）检验批

按相同的生产条件或按规定的方式汇总起来供抽样检验用的，由一定数量样本组成的检验体。

3）主控项目

建筑工程中的对安全、卫生、环境保护和主要使用功能起决定性作用的检验项目。

4）一般项目

除主控项目以外的检验项目都是一般项目。

5）抽样方案

根据检验项目的特性所确定的抽样数量和方法。

6）观感质量

通过观察和必要的测试所反映的工程外在质量和功能状态。

7）返修

对施工质量不符合标准规定的部位采取的整修等措施。

8）返工

对施工质量不符合标准规定的部位采取的更换、重新制作、重新施工等措施。

（3）施工质量验收的基本规定

1）施工现场应具有健全的质量管理体系、相应的施工技术标准、施工质量检验制度和综合施工质量水平评定考核制度，并做好施工现场质量管理检查记录。

施工现场质量管理检查记录由施工单位按相应表填写，总监理工程师（建设单位项目负责人）进行检查，并做出检查结论。

2）建筑工程施工质量应按下列要求进行验收：

（A）工程质量验收均应在施工单位自检合格的基础上进行；

（B）参加工程施工质量验收的各方人员应具备相应的资格；

（C）检验批的质量应按主控项目和一般项目验收；

（D）对涉及结构安全、节能、环境保护和主要使用功能的试块、试件及材料，应在进场时或施工中按规定进行见证检验；

（E）隐蔽工程在隐蔽前应由施工单位通知监理单位进行验收，并应形成验收文件，验收合格后方可继续施工；

（F）对涉及结构安全、节能、环境保护和使用功能的重要分部工程，应在验收前按规定进行抽验检验；

（G）工程的观感质量应由验收人员现场检查，并应共同确认。

3）给水排水工程施工质量除应遵守统一标准及相关各专业施工质量验收规范外，还应遵守给水排水工程专业验收规范。给水排水工程专业验收规范有《建筑给水排水及采暖工程施工质量验收规范》GB 50242—2002；《城镇污水处理厂工程质量验收规范》GB 50334—2017等。下面仅介绍规范中部分施工质量验收规定的要求。

（A）室内给水系统安装

（a）一般规定

a）本规定适用于工作压力不大于 1.0MPa 的室内给水和消火栓系统管道安装工程的质量检验与验收。

b）给水管道必须采用与管材相适应的管件。生活给水系统所涉及的材料必须达到饮用水卫生标准。

c）管径小于或等于 100mm 的镀锌钢管应采用螺纹连接，套丝扣时破坏的镀锌层表面及外露螺纹部分应做防腐处理；管径大于 100mm 的镀锌钢管应采用法兰或卡套式专用管件连接，镀锌钢管与法兰的焊接处应二次镀锌。

d）给水塑料管和复合管可以采用橡胶圈接口、粘接接口、热熔连接、专用管件连接及法兰连接等形式。塑料管和复合管与金属管件、阀门等的连接应使用专用管件连接，不得在塑料管上套丝。

e）给水铸铁管管道应采用水泥捻口或橡胶圈接口方式进行连接。

f）铜管连接可采用专用接头或焊接，当管径小于 22mm 时宜采用承插或套管焊接，承口应迎介质流向安装；当管径大于或等于 22mm 时宜采用对口焊接。

g）给水立管和装有 3 个或 3 个以上配水点的支管始端，均应安装可拆卸的连接件。

h）冷、热水管道同时安装应符合下列规定：上、下平行安装时热水管应在冷水管上方；垂直平行安装时热水管应在冷水管左侧。

（b）给水管道及配件安装

主控项目

a）室内给水管道的水压试验必须符合设计要求。当设计未注明时，各种材质的给水管道系统试验压力均为工作压力的 1.5 倍，但不得小于 0.6MPa。

检验方法：金属及复合管给水管道系统在试验压力下观测 10min，压力降不应大于 0.02MPa，然后降到工作压力进行检查，应不渗不漏；塑料管给水系统应在试验压力下稳压 1h，压力降不得超过 0.05MPa，然后在工作压力的 1.15 倍状态下稳压 2h，压力降不得超过 0.03MPa，同时检查各连接处不得渗漏。

b）给水系统交付使用前必须进行通水试验并做好记录。

检验方法：观察和开启阀门、水嘴等放水。

c）生产给水系统管道在交付使用前必须冲洗和消毒，并经有关部门取样检验，符合国家《生活饮用水卫生标准》方可使用。

检验方法：检查有关部门提供的检测报告。

d）室内直埋给水管道（塑料管道和复合管道除外）应做防腐处理。埋地管道防腐层材质和结构应符合设计要求。

检验方法：观察或局部解剖检查。

一般项目

a）给水引入管与排水排出管的水平净距不得小于 1m。室内给水与排水管道平行敷设时，两管间的最小水平净距不得小于 0.5m；交叉铺设时，垂直净距不得小于 0.15m。给水管应铺在排水管上面，若给水管必须铺在排水管的下面时，给水管应加套管，其长度不得小于排水管管径的 3 倍。

检验方法：尺量检查。

b）管道及管件焊接的焊缝表面质量应符合下列要求：焊缝外形尺寸应符合图纸和工艺文件的规定，焊缝高度不得低于母材表面，焊缝与母材应圆滑过渡；焊缝及热影响区表面应无裂纹、未熔合、未焊透、夹渣、弧坑和气孔等缺陷；

检验方法：观察检查。

c）给水水平管道应有2‰～5‰的坡度坡向泄水装置。

检验方法：水平尺和尺量检查。

d）给水管道和阀门安装的允许偏差应符合表9-2的规定。

管道和阀门安装的允许偏差和检验方法　　　　　　　　表9-2

项次	项 目		允许偏差（mm）	检验方法
1	水平管道纵横方向弯曲	钢管　每米　全长25m以上	1　≤25	用水平尺、直尺、拉线和尺量检查
		塑料管复合管　每米　全长25m以上	1.5　≤25	
		铸铁管　每米　全长25m以上	2　≤25	
2	立管垂直度	钢管　每米　5m以上	3　≤8	吊线和尺量检查
		塑料管复合管　每米　5m以上	2　≤8	
		铸铁管　每米　5m以上	3　≤10	
3	成排管段和成排阀门	在同一平面上间距	3	尺量检查

e）管道的支、吊架安装应平整牢固，其间距应符合下列规定：钢管水平安装的支架间距不应大于表9-3的规定；采暖、给水及热水供应系统的塑料管及复合管垂直或水平安装的支架间距应符合表9-4的规定，采用金属制作的管道支架，应在管道与支架间加衬非金属垫或套管；铜管垂直或水平安装的支架间距应符合表9-5的规定。

钢管管道支架最大间距　　　　　　　　表9-3

公称直径（mm）		15	20	25	32	40	50	70	80	100	125	150	200	250	300
支架的最大间距（m）	保温管	2	2.5	2.5	2.5	3	3	4	4	4.5	6	7	7	8	8.5
	不保温管	2.5	3	3.5	4	4.5	5	6	6	6.5	7	8	9.5	11	12

塑料管及复合管管道支架的最大间距　　　　　　　　表9-4

管径（mm）			12	14	16	18	20	25	32	40	50	63	75	90	110
最大间距（m）	立管		0.5	0.6	0.7	0.8	0.9	1.0	1.1	1.3	1.6	1.8	2.0	2.2	2.4
	水平管	冷水管	0.4	0.4	0.5	0.6	0.6	0.7	0.8	0.9	1.0	1.1	1.2	1.35	1.55
		热水管	0.2	0.2	0.25	0.3	0.3	0.35	0.4	0.5	0.6	0.7	0.8		

铜管管道支架的最大间距   表 9-5

公称直径（mm）		15	20	25	32	40	50	65	80	100	125	150	200
支架的最大间距 （m）	垂直管	1.8	2.4	2.4	3.0	3.0	3.0	3.5	3.5	3.5	3.5	4.0	4.0
	水平管	1.2	1.8	1.8	2.4	2.4	2.4	3.0	3.0	3.0	3.0	3.5	3.5

检验方法：观察、尺量及手扳检查。

f）水表应安装在便于检修、不受曝晒、污染和冻结的地方。安装螺翼式水表，表前与阀门应有不小于 8 倍水表接口直径的直线管段。表外壳距墙表面净距为 10～30mm；水表进水口中心标高按设计要求，允许偏差为 ±10mm。

检验方法：观察和尺量检查。

（c）室内消火栓系统安装

主控项目：

室内消火栓系统安装完成后应取屋顶层（或水箱间内）试验消火栓和首层取两处消火栓做试射试验，达到设计要求为合格。

检验方法：实地试射检查。

一般项目：

a）安装消火栓水龙带，水龙带与水枪和快速接头绑扎好后，应根据箱内构造将水龙带挂放在箱内的挂钉、托盘或支架上。

检验方法：观察检查。

b）箱式消火栓的安装应符合下列规定：栓口应朝外，并不应安装在门轴侧；栓口中心距地面为 1.1m，允许偏差 ±20mm；阀门中心距箱侧面为 140mm，距箱后内表面为100mm，允许偏差 ±5mm；消火栓箱体安装的垂直度允许偏差为 3mm。

检验方法：观察和尺量检查。

（d）给水设备安装

主控项目：

a）水泵就位前的基础混凝土强度、坐标、标高、尺寸和螺栓孔位置必须符合设计规定。

检验方法：对照图纸用仪器和尺量检查。

b）水泵试运转的轴承温升必须符合设备说明书的规定。

检验方法：温度计实测检查。

c）敞口水箱的满水试验和密闭水箱（罐）的水压试验必须符合设计与规范的规定。

检验方法：满水试验静置 24h 观察，不渗不漏；水压试验在试验压力下 10min 压力不降，不渗不漏。

一般项目：

a）水箱支架或底座安装，其尺寸及位置应符合设计规定，埋设平整牢固。

检验方法：对照图纸，尺量检查。

b）水箱溢流管和泄放管应设置在排水地点附近但不得与排水管直接连接。

检验方法：观察检查。

c）立式水泵的减振装置不应采用弹簧减振器。

检验方法：观察检查。

d）室内给水设备安装的允许偏差应符合表 9-6 的规定。

室内给水设备安装的允许偏差和检验方法　　　　表 9-6

项次	项　　目		允许偏差 （mm）	检验方法
1	静置 设备	坐标	15	经纬仪或拉线、尺量
		标高	±5	用水准仪、拉线和尺量检查
		垂直度（每米）	5	吊线和尺量检查
2	离心 式水 泵	立式泵体垂直度（每米）	0.1	水平尺和塞尺检查
		卧式泵体水平度（每米）	0.1	水平尺和塞尺检查
	联轴器 同心度	轴向倾斜（每米）	0.8	在联轴器互相垂直的四个位置上用水准仪、百
		径向位移	0.1	分表或测微螺钉和塞尺检查

e）管道及设备保温层的厚度和平整度的允许偏差和检验方法应符合表 9-7 的规定。

管道及设备保温的允许偏差和检验方法　　　　表 9-7

项次	项　　目		允许偏差（mm）	检验方法
1	厚度		$+0.1\delta$ -0.05δ	用钢针刺入
2	表面平整度	卷材	5	用 2m 靠尺和楔形塞尺检查
		涂抹	10	

注：δ 为保温层厚度。

（B）卫生器具安装

（a）一般规定

a）本规定适用于室内污水盆、洗涤盆、洗脸（手）盆、盥洗槽、浴盆、淋浴器、大便器、小便器、小便槽、大便冲洗槽、妇女卫生盆、化验盆、排水栓、地漏、加热器、煮沸消毒器和饮水器等卫生器具安装的质量检验与验收。

b）卫生器具的安装应采用预埋螺栓或膨胀螺栓安装固定。

c）卫生器具安装高度如设计无要求时，应符合表 9-8 的规定。

卫生器具的安装高度　　　　表 9-8

项次	卫生器具名称		卫生器具安装高度（mm）		备　注
			居住和 公共建筑	幼儿园	
1	污水盆 （池）	架空式	800	800	
		落地式	500	500	
2	洗涤盆（池）		800	800	
3	洗脸盆、洗手盆（有塞、无塞）		800	500	自地面至器具上边缘
4	盥洗槽		800	500	
5	浴盆		≤520		

续表

项次	卫生器具名称		卫生器具安装高度（mm）		备　注
			居住和公共建筑	幼儿园	
6	蹲式大便器	高水箱 低水箱	1800 900	1800 900	自台阶面至高水箱底 自台阶面至低水箱底
7	坐式大便器	高水箱	1800	1800	自地面至高水箱底 自地面至低水箱底
	低水箱	外露排水管式 虹吸喷射式	510 470	370	
8	小便器	挂式	600	450	自地面至下边缘
9	小便槽		200	150	自地面至台阶面
10	大便槽冲洗大箱		≥2000		自台阶面至水箱底
11	妇女卫生盆		360		自地面至器具上边缘
12	化验室		800		自地面至器具上边缘

d）卫生器具给水配件的安装高度，如设计无要求时，应符合表 9-9 的规定。

卫生器具给水配件的安装高度　　　　　表 9-9

项次	给水配件名称		配件中心距地面高度（mm）	冷热水龙头距离（mm）
1	架空式污水盆（池）水龙头		1000	—
2	落地式污水盆（池）水龙头		800	—
3	洗涤盆（池）水龙头		1000	150
4	住宅集中给水龙头		1000	—
5	洗手盆水龙头		1000	—
6	洗脸盆	水龙头（上配水）	1000	150
		水龙头（下配水）	800	150
		角阀（下配水）	450	—
7	盥洗槽	水龙头	1000	150
	冷热水管上下并行	其中热水龙头	1100	150
8	浴盆	水龙头（上配水）	670	150
9	淋浴器	截止阀	1150	95
		混合阀	1150	—
		淋浴喷头下沿	2100	—
10	蹲式大便器（台阶面算起）	高水箱角阀及截止阀	2040	—
		低水箱角阀	250	—
		手动式自闭冲洗阀	600	—
		脚踏式自闭冲洗阀	150	—
		拉管式冲洗阀（从地面算起）	1600	—
		带防污助冲器阀门（从地面算起）	900	—

续表

项次	给水配件名称		配件中心距地面高度 （mm）	冷热水龙头距离 （mm）
11	坐式大便器	高水箱角阀及截止阀	2040	—
		低水箱角阀	150	—
12	大便槽冲洗水箱截止阀（从台阶面算起）		≥2400	—
13	立式小便器角阀		1130	—
14	挂式小便器角阀及截止阀		1050	—
15	小便槽多孔冲洗管		1100	—
16	实验室化验水龙头		1000	—
17	妇女卫生盆混合阀		360	—

注：装设在幼儿园内的洗手盆、洗脸盆和盥洗槽水嘴中心离地面安装高度应为700mm，其他卫生器具给水配件安装高度，应按卫生器具实际尺寸相应减少。

（b）卫生器具安装

主控项目：

a）排水栓和地漏的安装应平正、牢固，低于排水表面，周边无渗漏。地漏水封高度不得小于50mm。

检验方法：试水观察检查。

b）卫生器具交工前应做满水和通水试验。

检验方法：满水后各连接件不渗不漏；通水试验给水、排水畅通。

一般项目：

a）卫生器具安装的允许偏差和检验方法应符合表9-10的规定。

卫生器具安装的允许偏差和检验方法　　　　　　　　表 9-10

项次	项目		允许偏差（mm）	检验方法
1	坐标	单独器具	10	拉线、吊线和尺量检查
		成排器具	5	
2	标高	单独器具	±15	
		成排器具	±10	
3	器具水平度		2	用水平尺和尺量检查
4	器具垂直度		3	吊线和尺量检查

b）有饰面的浴盆，应留有通向浴盆排水口的检修门。

检验方法：观察检查。

c）小便槽冲洗管，应采用镀锌钢管或硬质塑料管。冲洗孔应斜向下方安装，冲洗水流同墙面呈45°角。镀锌钢管钻孔后应进行二次镀锌。

检验方法：观察检查。

d）卫生器具的支、托架必须防腐良好，安装平整、牢固，与器具接触紧密、平稳。

检验方法：观察和手扳检查。

（c）卫生器具给水配件安装

主控项目：

卫生器具给水配件应完好无损伤，接口严密，启闭部分灵活。

检验方法：观察及手扳检查。

一般项目：

a）卫生器具给水配件安装标高的允许偏差和检验方法应符合表9-11的规定。

卫生器具给水配件安装标高的允许偏差和检验方法　　　　　　　表9-11

项次	项目	允许偏差（mm）	检验方法
1	大便器高、低水箱角阀及截止阀	±10	尺量检查
2	水嘴	±10	
3	淋浴器喷头下沿	±15	
4	浴盆软管淋浴器挂钩	±20	

b）浴盆软管淋浴器挂钩的高度，如设计无要求，应距地面1.8m。

检验方法：尺量检查。

（d）卫生器具排水管道安装

主控项目：

a）与排水横管连接的各卫生器具的受水口和立管均应采取妥善可靠的固定措施；管道与楼板的接合部位应采取牢固可靠的防渗、防漏措施。

检验方法：观察和手扳检查。

b）连接卫生器具的排水管道接口应紧密不漏，其固定支架、管卡等支撑位置应正确、牢固，与管道的接触应平整。

检验方法：观察及通水检查。

一般项目：

a）卫生器具排水管道安装的允许偏差和检验方法应符合表9-12的规定。

卫生器具排水管道安装的允许偏差及检验方法　　　　　　　表9-12

项次	检查项目		允许偏差（mm）	检验方法
1	横管弯曲度	每1m长	2	用水平尺量检查
		横管长度≤10m，全长	<8	
		横管长度>10m，全长	10	
2	卫生器具的排水管口及横支管的纵横坐标	单独器具	10	用尺量检查
		成排器具	5	
3	卫生器具的接口标高	单独器具	±10	用水平尺和尺量检查
		成排器具	±5	

b）连接卫生器具的排水管道径和最小坡度，如设计无要求时，应符合表9-13的规定。

连接卫生器具的排水管管径和最小坡度 表 9-13

项次	卫生器具名称		排水管管径（mm）	管道的最小坡度（‰）
1	污水盆（池）		50	25
2	单、双格洗涤盆（池）		50	25
3	洗手盆、洗脸盆		32～50	20
4	浴盆		50	20
5	淋浴器		50	20
6	大便器	高、低水箱	100	12
		自闭式冲洗阀	100	12
		拉管式冲洗阀	100	12
7	小便器	手动、自闭式冲洗阀	40～50	20
		自动冲洗水箱	40～50	20
8	化验盆（无塞）		40～50	25
9	净身器		40～50	20
10	饮水器		20～50	10～20
11	家用洗衣机		50（软管为 30）	

检验方法：用水平尺和尺量检查。

（C）室外排水管网安装

（a）一般规定

a）本章适用于民用建筑群（住宅小区）及厂区的室外排水管网安装工程的质量检验与验收。

b）室外排水管道应采用混凝土管、钢筋混凝土管、排水铸铁管或塑料管。其规格及质量必须符合现行国家标准及设计要求。

c）排水管沟及井池的土方工程、沟底的处理、管道穿井壁处的处理、管沟及井池周围的回填要求等，均参照给水管沟及井室的规定执行。

d）各种排水井、池应按设计给定的标准图施工，各种排水井和化粪池均应用混凝土做底板（雨水井除外），厚度不小于 100mm。

（b）排水管道安装

主控项目：

a）排水管道的坡度必须符合设计要求，严禁无坡或倒坡。

检验方法：用水准仪、拉线和尺量检查。

b）管道埋设前必须做灌水试验和通水试验，排水应畅通，无堵塞，管接口无渗漏。

检验方法：按排水检查井分段试验，试验水头应以试验段上游管顶加 1m，时间不少于 30min，逐段观察。

一般项目：

a）管道的坐标和标高应符合设计要求，安装的允许偏差和检验方法应符合表 9-14 的规定。

室外排水管道安装的允许偏差和检验方法 表 9-14

项次	项　目		允许偏差 （mm）	检验方法
1	坐标	埋地	100	拉线
		敷设在沟槽内	50	尺量
2	标高	埋地	±20	用水平仪、拉线和尺量
		敷设在沟槽内	±20	
3	水平管道 纵横向弯曲	每 5m 长	10	拉线尺量
		全长（两井间）	30	

b）排水铸铁管采用水泥捻口时，油麻填塞应密实，接口水泥应密实饱满，其接口面凹入承口边缘且深度不得大于 2mm。

检验方法：观察和尺量检查。

c）排水铸铁管外壁在安装前应除锈，涂两遍石油沥青漆。

检验方法：观察检查。

d）承插接口的排水管道安装时，管道和管件的承口应与水流方向相反。

检验方法：观察检查。

e）混凝土管或钢筋混凝土管采用抹带接口时，应符合下列规定：抹带前应将管口的外壁凿毛，扫净，当管径小于或等于 500mm 时，抹带可一次完成，当管径大于 500mm 时，应分两次抹成，抹带不得有裂纹；钢丝网应在管道就位前放入下方，抹压砂浆时应将钢丝网抹压牢固，钢丝网不得外露；抹带厚度不得小于管壁的厚度，宽度宜为 80～200mm。

检验方法：观察和尺量检查。

（c）排水管沟及井池

主控项目：

a）沟基的处理和井池的底板强度必须符合设计要求。

检验方法：现场观察和尺量检查，检查混凝土强度报告。

b）排水检查井、化粪池的底板及进、出水管的标高，必须符合设计，其允许偏差±15mm。

检验方法：用水准仪及尺量检查。

一般项目：

a）井、池的规格、尺寸和位置应正确，砌筑和抹灰符合要求。

检验方法：观察及尺量检查。

b）井盖选用应正确，标志应明显，标高应符合设计要求。

检验方法：观察、尺量检查。

（D）污水与污泥处理构筑物

（a）一般规定

a）污水处理厂污水与污泥处理构筑物工程质量验收应包括污水处理构（建）筑物、污泥处理构（建）筑物及附属结构工程的质量验收。

b）污水与污泥处理构筑物工程验收时应检查下列文件：

测量记录和沉降观测记录；材料、半成品和构件出厂质量合格证、检验、复验报告；混凝土配合比设计、试配报告；隐蔽工程验收记录；施工记录与监理检验记录；功能性试验记录；其他有关文件。

c）污水与污泥处理构筑物混凝土工程的质量验收除应符合本规范规定外，尚应符合现行国家标准《给水排水构筑物工程施工及验收规范》GB 50141—2098、《混凝土结构工程施工质量验收规范》GB 50204—2015 和《混凝土质量控制标准》GB 50164—2011 的有关规定。

d）污水与污泥处理构筑物砌体工程的质量验收应符合现行国家标准《砌体结构工程施工质量验收规范》GB 50203—2011 和《给水排水构筑物工程施工及验收规范》GB 50141—2008 的有关规定。

e）污水与污泥处理构筑物钢结构工程的质量验收应符合现行国家标准《钢结构工程施工质量验收规范》GB 50205—2001 的有关规定。

f）污水与污泥处理构筑物防腐工程的质量验收应符合现行国家标准《建筑防腐蚀工程施工质量验收规范》GB/T 50224—2018 和《给水排水构筑物工程施工及验收规范》GB 50141—2008 的有关规定。

g）污水与污泥处理建筑物工程的质量验收应符合现行国家标准《建筑工程施工质量验收统一标准》GB 50300—2013、《建筑地面工程施工质量验收规范》GB 50209—2010、《建筑装饰装修工程质量验收规范》GB 50210—2018、《屋面工程质量验收规范》GB 50207—2012 的有关规定。

h）污水与污泥处理构筑物止水带材料材质、性能应符合设计文件的要求和国家现行标准《给水排水构筑物工程施工及验收规范》GB 50141—2008 和《地下工程渗漏治理技术规程》JGJ/T 212—2010 的有关规定。

（b）现浇钢筋混凝土构筑物

主控项目：

a）现浇钢筋混凝土构筑物混凝土的抗压、抗渗、抗冻、抗腐蚀等性能应符合设计文件的要求和现行国家标准《混凝土结构工程施工质量验收规范》GB 50204—2015、《混凝土质量控制标准》GB 50164—2011 和《普通混凝土长期性能和耐久性能试验方法标准》GB/T 50082—2009 的有关规定。

检验方法：检查施工记录、试验报告。

b）现浇钢筋混凝土构筑物钢筋的物理性能、化学成分检验应符合国家现行标准《混凝土结构工程施工质量验收规范》GB 50204—2015、《钢筋混凝土用钢》GB/T 1499.1～1499.3—2010～2018 和《混凝土中钢筋检测技术规程》JGJ/T 152—2008 的有关规定。

检验方法：检查产品合格证，检查施工记录、试验报告。

c）现浇结构混凝土应密实，表面平整，颜色纯正，不得渗漏，具体结构工艺部位应符合下列规定：施工缝的位置应符合设计文件和施工方案规定，混凝土结合处应紧密、平顺；混凝土结构预留孔、洞应规整、表面平滑；预埋件和穿墙管件应与混凝土结合紧密、顺直、安装牢固；变形缝、止水带应贯通，缝宽窄均匀一致，止水带安装应稳固，位置应符合设计文件的要求；现浇混凝土结构表面的对拉螺栓、对拉螺栓孔、变形缝、施工缝等处应修饰牢固、平顺整齐、颜色均匀。

　　检验方法：观察检查，检查施工记录、试验报告。

　　d）结构混凝土表面不得出现有影响使用功能的裂缝。

　　检验方法：观察检查，检查检测报告。

　　e）有保温和防腐要求的构筑物，使用的保温层材质和防腐材料配合比应符合设计文件的要求。

　　检验方法：观察检查，检查材质合格证及配合比报告。

　　f）底板混凝土应连续浇筑，不应设置施工缝。

　　检验方法：观察检查，检查施工记录。

　　g）现浇混凝土施工模板安装与拆除应符合设计要求和现行国家标准《混凝土结构工程施工质量验收规范》GB 50204—2015 的有关规定。

　　检验方法：观察检查，检查施工记录。

　　一般项目：

　　a）现浇混凝土构筑物允许偏差和检验方法应符合表9-15的规定。

现浇混凝土水池允许偏差和检验方法　　　　　表 9-15

序号	项目		允许偏差（mm）	检验方法	检测数量	
					范围	点数
1	轴线偏移	池壁、柱、梁	8	全站仪检查	每座池	横、纵各1点
		底板	10	全站仪检查		横、纵各1点
2	高程	底板	±10	水准仪检查		5点
		池壁板	±10			
		柱、梁、顶板	±10			
3	池体的长、宽或直径	$L \leqslant 20m$	±20	激光水平扫描仪、线坠与钢尺检查		长、宽或直径各2点
		$20m < L \leqslant 50m$	±L/1000			
		$L > 50m$	±50			
4	截面尺寸	池壁、柱、梁、顶板	+10，−5	钢尺检查		5点
		孔洞、槽内净空	±10			
5	表面平整度	一般平面	8	2m直尺检查		
		轮轨顶面	5	水准仪器检查		
6	墙面垂直度	$H \leqslant 5m$	8	线坠与直尺检查		每侧面5点
		$5m < H \leqslant 20m$	1.5H/1000			
7	中心线位置偏移	预埋件、预埋支管	5	钢尺检查		纵横各1点
		预留洞	10	经纬仪检查		
		水槽	5			
8	坡度		0.15%，且不反坡	水准仪检查		5点

　　注：L 池体的长、宽或直径，H 为池壁高度。

　　b）构筑物混凝土保护层厚度应符合设计文件的要求，允许偏差应为0～+8mm。

检验方法：实测实量，检查施工记录。

c）钢筋和预应力钢筋的规格、形状、数量、间距、锚固长度、接头设置应符合设计文件的要求和现行国家标准《混凝土结构工程施工质量验收规范》GB 50204 和《给水排水构筑物工程施工及验收规范》GB 50141—2008 的有关规定。

检验方法：尺量检查，检查施工记录。

d）构筑物内壁防腐涂料基面应洁净、干燥，湿度应小于 85%，涂层不应出现脱皮、漏刷、流坠、皱皮、厚度不均、表面不光滑等现象。

检验方法：观察检查，超声波等仪器探测。

e）板状保温材料板块上下层接缝应错开，接缝处嵌料应密实、平整，保温层厚度的允许偏差应符合表 9-16 的规定。

保温层厚度允许偏差 表 9-16

序号	项目		允许偏差（mm）	检验方法	检验数量	
					范围	点数
1	保温层厚度	板状制品	±5%δ，且≤4	钢针刺入和钢尺检查	每平方米	1 点
		化学材料	+8%δ			
		加气混凝土	+5			
		蛭石	+5			

注：表中 δ 为设计的保温层厚度。

f）现浇整体保温层铺料厚度应均匀、密实、平整。

检验方法：观察检查，检查施工记录。

（c）预制装配式钢筋混凝土构筑物

主控项目：

a）预制混凝土构件的强度、抗冻、抗渗、抗腐蚀等性能应符合设计文件的要求和现行国家标准《混凝土结构工程施工质量验收规范》GB 50204—2015、《混凝土质量控制标准》GB 50164—2011 和《普通混凝土长期性能和耐久性能试验方法标准》GB/T 50082—2009 的有关规定。

检验方法：检查构件出厂质量合格证，检查试验报告。

b）预制混凝土构件外观质量不应有严重缺陷，构件上的预埋件、插筋和预留孔洞的规格和数量应符合设计文件的要求和现行国家标准《混凝土结构工程施工质量验收规范》GB 50204 的有关规定。

检验方法：观察检查，检查施工记录。

c）预制构件不应有影响结构性能、安装和使用功能的尺寸偏差。

检验方法：尺量检查。

d）池壁板安装应垂直、稳固，相邻板湿接缝与杯口应填充密实、满足防水功能要求。

检验方法：观察检查，用垂线和钢尺测量，检查施工记录、试验记录。

e）池壁顶面高程和平整度应满足设备安装及运行的精度要求。

检验方法：实测实量。

一般项目：

a）预制混凝土构件允许偏差应符合表 9-17 的规定。

预制混凝土构件允许偏差　　　　　　　表 9-17

序号	项目			允许偏差（mm）	检验方法	检查数量	
						范围	点数
1	平整度			5	2m 直尺、塞尺检查	每构件	2 点
2	断面尺寸	壁板	长度	0，−8	钢尺检查	每构件	2 点
			宽度	+4，−2			
			厚度	+4，−2			
		梁、柱	长度	0，−10			
			宽度	±5			
			直顺度	$L/750$，且≤20			
		壁板、梁、柱	矢高	±2			
3	预埋件位置	中心		5	钢尺检查	每处	1 点
		螺栓位置		2			
		螺栓外露长度		+10，−5			
4	预留孔中心位置			10			

注：L 为预制梁、柱的长度。

b）钢筋混凝土池底板允许偏差应符合表 9-18 的规定。

钢筋混凝土池底板允许偏差　　　　　　　表 9-18

序号	项目	允许偏差（mm）	检验方法	检查数量	
				范围	点数
1	圆池半径	±20	钢尺检查	每座池	6 点
2	底板轴线偏移	10	全站仪检查	每座池	横、纵各 1 点
3	中心支墩与杯口圆周的圆心位移	8	全站仪、钢尺检查	每座池	1 点
4	预留孔中心	10	钢尺检查	每件	1 点
5	预埋件、预埋管中心位置	5	钢尺检查	每件	1 点
	预埋件、预埋管顶面高程	±5	水准仪检查	每件	1 点

c）现浇混凝土杯口应与底板混凝土衔接密实，杯口内表面应平整。

检验方法：观察检查，检查施工记录。

d）现浇混凝土杯口允许偏差应符合表 9-19 的规定。

现浇混凝土杯口允许偏差　　　　　　　表 9-19

序号	项目	允许偏差（mm）	检验方法	检查数量	
				范围	点数
1	杯口内高程	0，−5	水准仪检查	每 5m	1 点
2	中心位移	8	全站仪或经纬仪检查	每 5m	1 点

e）预制混凝土构件安装应牢固、位置准确，不应出现扭曲、损坏、明显错台等现象。

检验方法：观察检查，实测实量，检查施工记录。

f）预制混凝土构件安装允许偏差应符合表9-20的规定。

预制混凝土构件安装允许偏差　　　　　　　　　表 9-20

序号	项目		允许偏差（mm）	检验方法	检查数量	
					范围	点数
1	壁板、梁、柱中心轴线		5	全站仪、钢尺检查	每块板、梁、柱	1点
2	壁板、柱高程		±5	水准仪检查	每块板、柱	1点
3	壁板及柱垂直度	$H \leqslant 5m$	5	线坠和钢尺检查	每块板、柱	1点
		$H > 5m$	8			
4	悬臂梁	轴线偏移	8	经纬仪检查	每块梁	1点
		高程	0，—5	水准仪检查		
5	壁板与定位中线半径		±7	钢尺检查	每块板	1点
6	壁板安装的间隙		±10	钢尺检查	每块板	1点

注：H 为壁板及柱的全高。

g）预制壁板的混凝土湿接缝不应有裂缝。

检验方法：观察检查，检查施工记录。

h）喷涂混凝土的强度和厚度应符合设计文件的要求，不得有砂浆流淌、流坠、空鼓现象。

检验方法：观察检查，检查试验报告。

（d）土建与设备连接部位

主控项目：

a）设备基础部位混凝土的性能指标应符合设计、设备技术文件的要求和现行国家标准《机械设备安装工程施工及验收通用规范》GB 50231—2009 的有关规定。

检验方法：检查施工记录、试验报告。

b）基础有预压和沉降观测要求时，设备基础预压和沉降观测应符合设计文件的要求。

检验方法：检查预压试验记录、沉降观测记录。

c）设备安装的预埋件和预留孔的数量、规格应符合设计文件的要求和现行国家标准《机械设备安装工程施工及验收通用规范》GB 50231—2009 的有关规定。

检验方法：观察检查，检查施工记录。

d）土建与设备连接部位的混凝土应密实、平整。

检验方法：观察检查，实测实量。

一般项目

a）土建与设备连接部位的允许偏差和检验方法应符合表9-21的规定。

土建与设备连接部位的允许偏差和检验方法 表 9-21

序号	项目		允许误差（mm）	检验方法	检查数量	
					范围	点数
1	预埋件	高程	±3	水准仪检查	每件、孔	1 点
		平面中心位置	5	全站仪或钢尺检查		
2	预留孔	中心位置	10	全站仪或钢尺检查	每孔	1 点
3	预埋地脚螺栓	外露高度	+10，−5	钢尺检查	每个	1 点
		平面中心距	±2			
4	预埋螺栓预留孔	平面中心位置	10	全站仪或钢尺检查	每孔	1 点
		孔深度	不小于设计值，且≤20			
5	预埋活动地脚螺栓锚板	平面中心位置	5	全站仪或钢尺检查	每块	1 点
		高程	+20，0	水准仪检查		
6	连接部位	平整度	2	2m 靠尺检查	每处	1 点

（e）附属结构

主控项目：

a）计量槽、配水井、排水口、扶梯、防护栏、平台、集水槽、堰板等附属结构混凝土强度、抗渗、抗冻等性能应符合设计文件的要求。

检验方法：检查施工记录、试验报告。

b）混凝土堰应平整、垂直，位置、高程应符合设计文件的要求，堰顶全周长上的水平度允许偏差应为 1mm。

检验方法：观察检查，实测实量，检查施工记录。

c）扶梯、防护栏、平台安装应牢固可靠、线形直顺、涂漆均匀、表面无污染。

检验方法：观察检查，检查施工记录。

一般项目：

a）计量槽允许偏差和检验方法应符合表 9-22 的规定。

计量槽允许偏差和检验方法 表 9-22

序号	项目		允许偏差（mm）	检验方法	检验频率	
					范围	点数
1	表面平整度		5	2m 靠尺检查	每座	4 点
2	槽低高程		±5	水准仪检查		4 点
3	断面尺寸	槽长	±10	钢尺检查		2 点
		槽内宽	±5		每米	1 点
		槽内高				
4	预埋件位置		5		每件	1 点

b）圆形集水槽安装应与水池同心，允许偏差应为 5mm。

检验方法：实测实量。

c）扶梯、平台、防护栏安装的允许偏差和检验方法应符合表 9-23 的规定。

扶梯、平台、防护栏安装的允许偏差和检验方法表   表 9-23

序号	项目		允许偏差（mm）	检查方法	检查频率	
					范围	点数
1	扶梯	长、宽	±5	钢尺检查	每座	2 点
		踏步间距	±3	钢尺检查	每座	2 点
2	平台	长、宽	±5	钢尺检查	每座	2 点
		两对角线长	±5	钢尺检查		
		局部凸凹度	3	1m 直尺检查		
3	防护栏	直顺度	5	钢尺检查	每 10m	1 点
		垂直度	3	线坠及直尺检查	每 10m	1 点

d）排水口质量验收应符合下列规定：

ⓐ翼墙变形缝的位置应准确、直顺、上下贯通，宽度允许偏差应为 0～−5mm。

检验方法：观察检查，实测实量。

ⓑ翼墙后背填土应分层夯实，压实度应符合设计文件的要求。

检验方法：实测实量，检查施工记录、试验记录。

ⓒ护坡、护底砌筑的表面应平整，灰缝应砂浆饱满、嵌缝密实，不得有松动、裂缝、空鼓。

检验方法：观察检查，检查施工记录。

（4）建筑工程质量验收划分

建筑工程质量验收划分为单位（子单位）工程、分部（子分部）工程、分项工程和检验批。

1）单位工程的划分。单位工程的划分应按下列原则确定：

（A）具备独立施工条件并能形成独立使用功能的建筑物及构筑物为一个单位工程。如一个学校中的一栋教学楼、某城市的广播电视塔等。

（B）规模较大的单位工程，可将其能形成独立使用功能的部分划分为一个子单位工程。子单位工程的划分一般可根据工程的建筑设计分区、使用功能的显著差异、结构缝的设置等实际情况，在施工前由建设、监理、施工单位自行商定，并据此收集施工技术资料和验收。

2）分部工程的划分。分部工程的划分应按下列原则确定：

（A）分部工程的划分应按专业性质、工程部位确定。如建筑工程划分为地基与基础、主体结构、建筑装饰装修、屋面、建筑给水排水及供暖、建筑电气、智能建筑、通风与空调、建筑节能、电梯等 10 个分部工程。

（B）当分部工程较大或较复杂时，可按施工程序、专业系统及类别将分部工程划分为若干子分部工程。如建筑给水排水及供暖分部工程就包含了室内给水系统、室内排水系统、室内热水系统、卫生器具等子分部工程。

3）分项工程的划分。分项工程应按主要工种、材料、施工工艺、设备类别等进行划分。

建筑工程分部（子分部）工程、分项工程的具体划分见《建筑工程施工质量验收统一标准》GB 50300—2013。建筑给水排水及供暖分部工程划分见表9-24。污水处理厂安装工程单位（子单位）、分部（子分部）、分项工程和检验批划分见表9-25。

建筑给水排水及供暖分部工程划分表　　　　　　　　　表9-24

分部工程	子分部工程	分项工程
建筑给水排水及供暖	室内给水系统	给水管道及配件安装，给水设备安装，室内消火栓系统安装，消防喷淋系统安装，防腐，绝热，管道冲洗、消毒，试验与调试
	室内排水系统	排水管道及配件安装，雨水管道及配件安装，防腐，试验与调试
	室内热水系统	管道及配件安装，辅助设备安装，防腐，绝热，试验与调试
	卫生器具	卫生器具安装，卫生器具给水配件安装，卫生器具排水管道安装，试验与调试
	室内供暖系统	管道及配件安装，辅助设备安装，散热器安装，低温热水地板辐射供暖系统安装，电加热供暖系统安装，燃气红外辐射供暖系统安装，热风供暖系统安装，热计量及调控装置安装，试验与调试，防腐，绝热
	室外给水管网	给水管道安装，室外消火栓系统安装，试验与调试
	室外排水管网	排水管道安装，排水管沟与井池，试验与调试
	室外供热管网	管道及配件安装，系统水压试验，土建结构，防腐，绝热，试验与调试
	建筑饮用水供应系统	管道及配件安装，水处理设备及控制设施安装，防腐，绝热，试验与调试
	建筑中水系统及雨水利用系统	建筑中水系统、雨水利用系统管道及配件安装，水处理设备及控制设施安装，防腐，绝热，试验与调试
	游泳池及公共浴池水系统	管道及配件系统安装，水处理设备及控制设施安装，防腐，绝热，试验与调试
	水景喷泉系统	管道系统及配件安装，防腐，绝热，试验与调试
	热源及辅助设备	锅炉安装，辅助设备及管道安装，安全附件安装，换热站安装，防腐，绝热，试验与调试
	监测与控制仪表	检测仪器及仪表安装，试验与调试

污水处理厂安装工程单位（子单位）、分部（子分部）、分项工程和检验批划分　表9-25

单位（子单位）工程	分部（子分部）工程	分项工程	检验批
格栅间设备、泵房设备、沉砂池设备、沉淀池设备、生物处理池设备、过滤池设备、消毒池设备、鼓风机房设备、加药间设备、再生水车间设备、臭氧制备车间设备、计量间设备、污泥浓缩池设备、污泥消化池设备、污泥控制室设备、沼气压缩机房设备、沼气发电机房设备、沼气锅炉房设备、脱水机房设备、污泥处理厂房设备、除臭池设备、污泥料仓、沼气柜设备、污泥储罐、消毒罐等	机械设备安装工程	格栅设备，螺旋输送设备，泵类设备，除砂设备，曝气设备，搅拌设备，刮（吸）泥机设备，曝气生物滤池，斜板与斜管，过滤设备，微、超滤膜设备，反渗透膜设备，加药设备，鼓风、压缩设备，臭氧系统设备，消毒设备，浓缩脱水设备，除臭设备，滗水器设备，闸、阀门设备，堰板，集水槽，储罐设备，巴氏计量槽，起重设备，污泥泵，钢制消化池，消化池搅拌设备，热交换器，沼气脱硫设备，沼气柜，沼气火炬，沼气锅炉，沼气发电机，沼气鼓风机，混料机，布料机，皮带机，筛分机，翻抛机，污泥贮仓，污泥干化处理设备，悬斗输送机，干泥料仓，消烟、除尘设备，污泥焚烧设备，设备防腐，设备绝热等	设备安装部分不设检验批

单位（子单位）工程	分部（子分部）工程	分项工程	检验批
格栅间设备、泵房设备、沉砂池设备、沉淀池设备、生物处理池设备、过滤池设备、消毒池设备、鼓风机房设备、加药间设备、再生水车间设备、臭氧制备车间设备、计量间设备、污泥浓缩池设备、污泥消化池设备、污泥控制室设备、沼气压缩机房设备、沼气发电机房设备、沼气锅炉房设备、脱水机房设备、污泥处理厂房设备、除臭池设备、污泥料仓、沼气柜设备、污泥储罐、消毒罐等	电气设备安装工程	隔离开关、负荷开关、高压熔断器、电容器和无功功率补偿装置、电力变压器安装电动机、开关柜、控制盘（柜、箱）、不间断电源、电缆桥架、电缆线路、电缆终端头、电缆接头制作、电气配管、电气配线、电气照明、接地装置、防雷设施及等电位联结、滑触线和移动式软电缆、起重机电气设备等	设备安装部分不设检验批
	自动控制、仪表安装工程	仪表盘（箱、操作台），温度仪表，压力仪表，节流装置，流量及差压仪表，物位仪表，分析仪表，调节阀，执行机构和电磁阀，仪表供电设备及供气、供液系统，仪表用电气线路敷设，防爆和接地，仪表用管路敷设、脱脂和防护，信号、连锁及保护装置，仪表调校、监控设备等	
管线安装工程	土方工程	地基处理、沟槽开挖、沟槽支撑、沟槽回填、基坑开挖、基坑支护、基坑回填	检验批可按施工长度或井段划分
	主体工程	管道基础、管道铺设、管道浇筑、管渠砌筑、管道接口连接、管道防腐层、钢管阴极保护等	
	附属工程	井室（现浇混凝土结构、砖砌结构、预制拼装结构）、雨水口及支连管、支墩	

注：1. 管线指各种工艺管线，包括污水、再生水、污泥、燃气、空气、加药、沼气、热力管线等。

2. 设备调试和功能性试验为污水处理厂工程质量验收的重要组成部分，是验收的手段之一，在单位、分部、分项工程划分中不体现。

4）检验批的划分。分项工程可由一个或若干个检验批组成，检验批可根据施工及质量控制和专业验收需要按工程量、楼层、施工段、变形缝等进行划分。分项工程划分为检验批进行验收有助于及时纠正施工中出现的质量问题，确保工程质量，也符合施工实际需要。

多层及高层建筑的分项工程可按楼层或施工段来划分检验批，单层建筑的分项工程可按变形缝等划分检验批；地基基础的分项工程一般划分为一个检验批，有地下层的基础工程可按不同地下层划分检验批；屋面工程的分项工程可按不同楼层屋面划分为不同的检验批；其他分部工程中的分项工程，一般按楼层划分检验批；对于工程量较少的分项工程可划分为一个检验批。安装工程一般按一个设计系统或设备组别划分为一个检验批。室外工程一般划分为一个检验批。散水、台阶、明沟等含在地面检验批中。

（5）建筑工程施工质量验收

1）检验批的质量验收

（A）检验批合格质量应符合下列规定：

（a）主控项目的质量经抽样检验均应合格。

（b）一般项目的质量经抽样检验合格。当采用计数抽样时，合格点率应符合有关专业验收规范的规定，且不得存在严重缺陷。对于计数抽样的一般项目，正常检验一次、二次抽样可按《建筑工程施工质量验收统一标准》GB 50300—2013 相关规定执行。

（c）具有完整的施工操作依据、质量验收记录。

从上面的规定可以看出，检验批的质量验收包括了质量资料的检查和主控项目、一般项目的检验两方面的内容。

（B）检验批按规定验收

（a）资料检查。质量控制资料反映了检验批从原材料到验收的各施工工序的施工操作依据、检查情况以及保证质量所必需的管理制度等。对其完整性的检查实际是对过程控制的确认，这是检验批合格的前提。所要检查的资料主要包括：

a）图纸会审、设计变更、洽商记录；

b）建筑材料、成品、半成品、建筑构配件、器具和设备的质量保证书及进场检验（试验）报告；

c）工程测量、放线记录；

d）按专业质量验收规范规定的抽样检验报告；

e）隐蔽工程检查记录；

f）施工过程记录和施工过程检查记录；

g）新材料、新工艺的施工记录；

h）质量管理资料和施工单位操作依据等。

（b）主控项目和一般项目的检验。为确保工程质量，使检验批的质量符合安全和使用功能的基本要求，各专业质量验收规范对各检验批的主控项目和一般项目的子项合格质量都给予明确规定。

检验批的合格质量主要取决于对主控项目和一般项目的检验结果。主控项目是对检验批的基本质量起决定性影响的检验项目，因此必须完全符合有关专业工程验收规范的规定，这意味着主控项目不允许有不符合要求的检验结果，即这种项目的检查具有否决权。而其一般项目则可按专业规范的要求处理。

（c）检验批的抽样方案。合理的抽样方案的制订对检验批的质量验收有十分重要的影响。在制订检验批的抽样方案时，应考虑合理分配生产方风险（或错判概率 α）或使用方风险（或漏判概率 β）。主控项目：对应于合格质量水平的 α 和 β 不宜超过 5%；一般项目：对应于合格质量水平的 α 不宜超过 5%，β 不宜超过 10%。检验批的质量检验，应根据检验项目的特点在下列抽样方案中进行选择：

a）计量、计数或计量—计数等抽样方案。

b）一次、二次或多次抽样方案。

c）根据生产连续性和生产控制稳定性等情况，采用调整型抽样方案。

d）对重要的检验项目当可采用简易快速的检验方法时，可选用全数检验方案。

e）经实践检验有效的抽样方案。

（d）检验批的质量验收记录。检验批的质量验收记录由施工项目专业质量检查员填写，专业监理工程师组织施工单位项目专业质量检查员等进行验收，并按有关表格记录。

2）分项工程质量验收

（A）分项工程质量验收合格应符合下列规定：

（a）分项工程所含的检验批均应符合合格质量规定。

（b）分项工程所含的检验批的质量验收记录应完整。

分项工程的验收在检验批的基础上进行。一般情况下，两者具有相同或相近的性质，只是批量的大小不同而已。因此，将有关的检验批汇集构成分项工程。分项工程合格质量的条件比较简单，只要构成验收分项工程的各检验批的验收资料文件完整，并且已验收合格，则分项工程验收合格。

（B）分项工程质量验收记录

分项工程的质量应由专业监理工程师组织施工单位项目专业技术负责人等进行验收，并按有关表格记录。

3）分部（子分部）工程质量验收

（A）分部（子分部）工程质量验收合格应符合下列规定：

（a）分部（子分部）工程所含分项工程质量均应验收合格。

（b）质量控制资料应完整。

（c）有关安全、节能、环境保护和主要使用功能的抽样检验结果应符合相应规定。

（d）观感质量验收应符合要求。

分部工程的验收在其所含分项工程验收基础上进行。首先，分部工程的各分项工程必须已验收且相应的质量控制资料文件必须完整，这是验收的基本条件。此外，由于各分项工程的性质不尽相同，因此作为分部工程不能简单地组合而加以验收，尚须增加以下两类检查。

涉及安全和使用功能的地基基础、主体结构、有关安全及重要使用功能的安装分部工程，应进行有关见证取样送样抽样检测。如建筑物垂直度、标高、全高测量记录，建筑物沉降观测测量记录，给水管道通水试验记录，暖气管道、散热器压力试验记录等。关于观感质量验收，这类检查往往难以定量，只能以观察、触摸或简单量测的方式进行，并由各个人的主观印象判断，检查结果并不给出"合格"或"不合格"的结论，而是综合给出质量评价。评价的结论为"好"、"一般"和"差"三种。对于"差"的检查点应通过返修处理等进行补救。

（B）分部（子分部）工程质量验收记录

分部（子分部）工程质量应由总监理工程师组织施工单位项目负责人和有关勘察、设计单位项目负责人等进行验收，并按有关表格记录。

4）单位（子单位）工程质量验收

（A）单位（子单位）工程质量验收合格应符合下列规定：

（a）单位（子单位）工程所含分部（子分部）工程的质量均应验收合格。

（b）质量控制资料应完整。

（c）单位（子单位）所含分部工程中有关安全、节能、环境保护和主要使用功能的检验资料应完整。

（d）主要功能项目的抽查结果应符合相关专业质量验收规范的规定。

（e）观感质量验收应符合要求。

单位工程验收也称质量竣工验收，是建筑工程投入使用前的最后一次验收，也是最重要的一次验收。验收合格的条件有5个：除构成单位工程的各分部工程应该合格，并且有关的资料文件应完整以外，还应进行以下三方面的检查。

涉及安全和使用功能的分部工程应进行检验资料的复查。不仅要全面检查其完整性（不得有漏项、缺项），而且对分部工程验收时补充进行的见证抽样检验报告也要复核。这种强化验收的手段体现了对安全和主要使用功能的重视。

此外，对主要使用功能还须进行抽查。使用功能的检查是对建筑工程和设备安装工程最终质量的综合检查，也是用户最为关心的内容。因此，在分项、分部工程验收合格的基础上，竣工验收时再作全面检查。抽查项目是在检查资料文件的基础上由参加验收的各方人员商定，并用计量、计数的抽样方法确定检查部位。检查要求按有关专业工程施工质量验收标准的要求进行。

最后，还须由参加验收的各方人员共同进行观感质量检查。检查的方法、内容、结论等应在分部工程的相应部分中阐述，最后共同确定是否通过验收。

（B）单位（子单位）工程质量验收记录

验收记录由施工单位填写，验收结论由监理（建设）单位填写。综合验收结论由参加验收的各方共同商定，建设单位填写，应对工程质量是否符合设计和规范要求及总体质量水平作出评价。

5）工程施工质量不符合要求时的处理。一般情况下，不合格现象在最基层的验收单位—检验批的验收时就应发现并及时处理，否则将影响后续检验批和相关的分项工程、分部工程的验收。但在非正常情况下，当建筑工程质量不符合要求时，应按下述规定进行处理：

（A）经返工重做或更换器具、设备的检验批，应重新进行验收。

（B）经有资质的检测单位检测鉴定能够达到设计要求的检验批，应予以验收。

（C）经有资质的检测单位检测鉴定达不到设计要求，但经原设计单位核算认可能够满足结构安全和使用功能的检验批，可予以验收。

（D）经返修或加固处理的分项工程、分部工程，虽然改变外形尺寸单仍能满足安全使用功能要求时，可按技术处理方案和协商文件进行验收。

（E）通过返修或加固仍不能满足安全使用或重要使用要求的分部工程、单位（子单位）工程，严禁验收。即分部工程、单位（子单位）工程存在严重缺陷，经返修或加固仍不能满足安全使用要求的，严禁验收。

（6）建筑工程施工质量验收的程序和组织

1）检验批及分项工程的验收程序与组织。检验批及分项工程应由专业监理工程师组织施工单位项目专业质量检查员、专业工长、专业技术负责人等进行验收。验收前，施工单位先填写好"检验批和分项工程的验收记录"（有关监理记录和结论不填），并由项目专业质量检验员和项目专业技术负责人分别在检验批和分项工程质量检验记录中的相应栏目里签字，然后由专业监理工程师组织，严格按规定程序进行验收。

2）分部工程的验收程序与组织。分部工程应由总监理工程师组织施工单位项目负责人和项目技术负责人等进行验收。由于地基基础、主体结构技术性能要求严格，技术性强，关系到整个工程的安全，因此规定与地基基础、主体结构分部工程相关的勘察、设计单位工程负责人和施工单位质量、技术部门负责人也应参加相关分部工程的验收。

3）单位（子单位）工程的验收程序与组织

（A）竣工预验收的程序与组织

当单位工程达到竣工验收条件后，施工单位应在自查、自评工作完成后，填写工程竣工报验单，并将全部竣工资料报送项目监理机构，申请竣工验收。总监理工程师应组织各专业监理工程师对竣工资料及工程的质量情况进行全面检查，对检查出的问题，应督促施工单位及时整改。对需要进行功能试验的项目（包括单机试车和无负荷试车），监理工程师应督促施工单位及时进行试验，并对重要项目进行监督、检查，必要时请建设单位和设计单位参加；监理工程师应认真审查试验报告单并督促施工单位搞好成品保护和现场清理。

经项目监理机构对竣工资料及实物全面检查、验收合格后，由总监理工程师签署工程竣工报验单，并向建设单位提出质量评估报告。

（B）正式验收

建设单位收到工程竣工报告后，应由建设单位项目负责人组织施工单位（含分包单位）、设计单位、监理单位等单位项目负责人进行单位（子单位）工程验收。单位工程由分包单位施工时，分包单位对其所承包的工程项目应按规定的程序检查评定，总包单位应派人参加。分包工程完成后，应将工程有关资料交总包单位。建设工程验收合格的，方可使用。

建设工程竣工验收应具备下列条件：

（a）完成建设工程设计和合同约定的各项内容；

（b）有完整的技术档案和施工管理资料；

（c）有工程使用的主要建筑材料、建筑构配件和设备的进场试验报告；

（d）有勘察、设计、施工、工程监理等单位分别签署的质量合格文件；

（e）有施工单位签署的工程保修书。

在一个单位工程中，对满足生产要求或具备使用条件、施工单位已预验、监理工程师已初验通过的子单位工程，建设单位可组织进行验收。有几个施工单位负责施工的单位工程，当其中的施工单位所负责的子单位工程已按设计完成，并经自行检验，也可组织正式验收，办理交工手续。在整个单位工程进行全部验收时，已验收的子单位工程验收资料应作为单位工程验收的附件。

在竣工验收时，对某些剩余工程和缺陷工程，在不影响交付的前提下经建设单位、设计单位、施工单位和监理单位协商，施工单位应在竣工验收后限定时间内完成。

参加验收各方对工程质量验收意见不一致时，可请当地建设行政主管部门或工程质量监督机构协调处理。

4）单位工程竣工验收备案。单位工程质量验收合格后，建设单位应在规定时间内将工程竣工验收报告和有关文件报建设行政管理部门备案。

建设工程竣工备案制度是加强政府监督管理，防止不合格工程流向社会的一个重要手段。建设单位应根据《建设工程质量管理条例》和住房和城乡建设部有关规定到县级或县级以上人民政府建设行政主管部门或其他有关部门备案，否则，不允许使用。

最后应该特别说明的是，在给水排水工程中，有些工程的建设，如：污水处理厂和水厂的建设，由于涉及建筑物和构筑物较多，往往由几个建筑施工单位负责施工，当其中某一个或几个施工单位所负责的部分已按设计完成施工任务，也可组织正式验收，办理交工手续，交工时并请总承包施工单位参加，以免相互耽误进度。例如：水厂的进水口工程，其中钢筋混凝土沉箱和水下顶管是基础公司承担施工的，泵房土建是建筑公司承担的，建筑公司是总承包单位，基础公司是分包单位，基础公司负责的施工完毕后，即可办理竣工验收交接手续，并请总承包单位建筑公司参加。水厂的住宅、宿舍、办公楼等建筑，可分幢进行正式验收。即对已建成并具备居住和办公条件的可先期进行正式验收，以便及早交付使用，提高投资效益。

9.4　给水排水工程施工阶段的进度控制

9.4.1　施工进度控制概述

1. 施工进度控制及与质量、投资控制的关系

给水排水工程项目周期中，施工进度控制是整个项目进度控制的关键阶段，施工进度控制的基本任务，就是在保证项目总进度要求的条件下，编制或审核各种类型的施工进度计划，监督施工单位按进度计划施工，以保证项目按期竣工。

施工进度控制与施工质量控制和投资控制是对立和统一的关系，一般地说，进度加快或进度缩短就需要增加施工人员和物资，也就是增加投资。但进度加快，工程提前投入使用就能提高投资效益；另一方面进度加快有可能影响施工质量，相反，严格控制施工质量，就有可能影响施工进度。因此，施工期间，监理工程师必须全面、系统、科学地考虑和处理进度、质量和投资三大目标的关系，求得进度、质量和投资三大控制的最佳效果。

2. 影响施工进度主要因素

施工阶段是形成工程实体的阶段，施工一旦开始，各个单位都要介入，如建设单位，设计单位、施工单位、材料设备供应单位、银行等金融单位，上级政府主管部门和当地政府与群众，乃至公安、消防、环保、交通以及新闻媒介都要介入，各种矛盾都暴露出来，加上工程量大、进度长、工序多，影响施工进度的因素纷繁复杂，如技术原因、组织协调原因、气候原因、政治原因、资金原因、人力原因、物资原因等。正是由于这些影响因素，最终使得工程不能按期完成，归纳起来，影响施工进度的因素有：

（1）资金不到位

因资金不到位而造成停工的事件在建筑行业时有发生，甚至会出现难以收拾的"半拉子"工程，建设单位必须按期筹集足够的资金，按合同拨给施工单位预付款和进度付款，才能保证工程按期完工。

（2）物资材料不能按期供应

在施工中，如果各种设备和材料不能按期供应或出现质量问题不能使用，都会直接影响施工进度。

（3）有关技术问题悬而未决

施工中出现一些有关施工技术问题尚没解决，不能冒险行事，必须进行必要的试验研究后，才能继续施工，另外，施工单位不能全面领会设计图纸和技术要求，错误施工或盲目施工，必然会造成返工、停工等现象，严重影响施工进度。

（4）设计变更的影响

建设单位或设计部门在施工中，突然要求改变部分工程的功能或变更设计图纸，打乱了原来的施工进度计划，致使施工速度降低或停工。

（5）施工单位自身管理水平的影响

施工现场的情况千变万化，如果承包单位的施工方案不当，计划不周，管理不善，解决问题不及时，都会影响建设工程的施工进度。

（6）其他原因的影响

现场施工条件，如在施工过程中遇到气候、水文、地址及周围环境等方面不利因素，会影响施工进度。另外，各种风险因素，如政治、经济、技术等方面的各种可预见或不可预见的因素，也会影响施工进度。其他还有施工有关单位、部门之间不协调，出现互相"扯皮"现象，或因劳动力或施工机械调配不当出现有物无人或有人无物而停工现象，或者阴雨连绵，或人身伤亡或工人闹事等原因，致使工程不能按期完成。

3．施工进度控制的原理与方法

（1）施工进度动态控制原理

给水排水工程施工进度控制是根据施工任务，确定施工目标后，制订施工计划，通过对施工计划的执行情况的检查，督促和调整来控制工程进度。在施工进度计划的执行过程中，监理工程师经常地了解、收集现场施工进度信息，并不断地将实际进度与计划进度进行比较，从中发现实际进度是提前、拖后还是与计划相符。一旦发现进度偏差，首先分析偏差的原因，并分析对后续工作的影响，在此基础上提出修改措施，以保证工程最终按预计目标实现。图 9-5 所示为施工进度计划控制原理图，一般称之为动态控制原理。

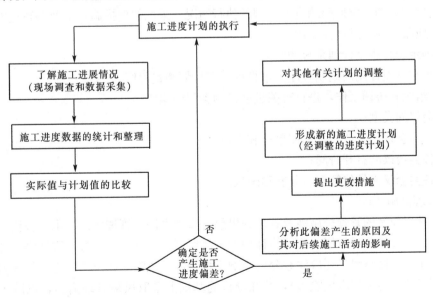

图 9-5　施工进度计划控制原理图

（2）施工进度控制方法

1）收集施工信息，了解现场施工进度情况。监理工程师可通过定期或经常收集由施工单位提供的有关报表资料和常驻施工现场，具体观察检查工程进度实际执行情况来了解施工进度情况。其中报表资料一般有施工单位每日施工进度表和作业状况表，施工单位必须真实、准确地填写这些进度表，监理工程师才能真正了解到工程进展的实际情况。现场检查是直接获得工程进展情况的重要手段，监理工程师一定要深入施工现场，亲自检查施工现状，才能真正了解工程进展情况。

2）比较分析进度情况，确定施工调整方案。根据了解到的施工现场实际施工进度情况与施工进度计划进行比较分析，并进行相应的调整，监理人员需要分析出产生进度偏差的原因，并分析偏差对后续施工产生的影响后，才能作出合理的调整方案。

3）施工进度计划的调整。监理工程师在进行施工进度计划调整时，首先应该调整的是直接引起偏差的施工活动或紧后的施工活动，以使这种偏差的影响尽可能小和尽可能快地消失。否则，会对后续施工产生较大的影响，甚至引发索赔事件。第二，采取加人、加班、加设备和采用新技术或先进施工机械等方法，加快进度，弥补损失。第三，综合考虑全部施工过程，调整分项工程或单位工程施工顺序，充分利用时间和空间，尽量采用平行流水、主体交叉施工，最终达到按期完工的目的。

9.4.2 施工进度控制的措施

施工进度控制的措施，主要有组织措施、管理措施、经济措施和技术措施四项措施。

1. 组织措施

施工进度控制的组织措施是目标能否实现的决定性因素，为实现项目的进度目标，应充分重视健全项目管理的组织体系。在项目组织结构中应有专门的工作部门和符合进度控制岗位资格的专人负责进度控制工作。进度控制的主要工作环节包括进度目标的分析和论证、编制进度计划、定期跟踪进度计划的执行情况、采取纠偏措施，以及调整进度计划。

（1）应编制项目进度控制的工作流程。

1）确定项目进度计划系统的组成；

2）各类进度计划的编制程序、审批程序和计划调整程序。

（2）组织和协调工作，进行有关进度控制会议的组织。

1）会议的类型；

2）各类会议的主持人及参加单位和人员；

3）各类会议的召开时间；

4）各类会议文件的整理、分发和确认。

2. 管理措施

施工进度控制的管理措施涉及管理的思想、管理方法、管理手段、承发包模式、合同管理和风险管理等。尽量用工程网络计划的方法编制进度计划，通过工程网络的计算可发现关键工作和关键路线。还应注意分析影响工程进度的风险（如组织风险、管理风险、合同风险、资源风险和技术风险等），并在分析的基础上采取风险管理措施，以减少进度失控的风险量。另外，还应对进度计划的实施进行监督。如项目监理机构应依据项目总进度计划，对承包单位实际进度进行跟踪督查；按月检查月实际进度，与月进度计划进度进行比较、分析和评价，发现偏离时，应签发《监理通知》，要求承包单位及时采取措施，实现计划进度目标。最后，监理机构应依据工程计划进度和工程进展情况，对工程进度计划进行相应的调整。

进度控制在管理方面应加强以下几个方面:

(1) 进度计划系统的观念,编制各种计划应相互联系,形成系统;

(2) 监理动态控制的观念,重视及时地进行计划的动态调整;

(3) 监理进度计划多方案比较和选优的观念,合理的进度计划应体现资源的合理利用;

(4) 合理安排工作面,有利于合理地缩短建设周期。

3. 经济措施

施工进度控制的经济措施涉及资金需求计划、资金供应条件和经济激励措施等。

为确保进度目标的实现,应编制与进度计划相适应的资源需求计划(资源进度计划),包括资金需求计划和其他资源(人力和物力资源)需求计划,用来反映工程实施的各时段所需要的资源。通过资源需求的分析,可发现所编制的进度计划实现的可能性,若资源条件不具备,应调整进度计划。

资金供应条件包括可能的资金总供应量、资金来源(自由资金和外来资金)以及资金供应的时间。

在工程预算中应考虑加快工程进度所需的资金,其中包括为实现进度目标将要采取的经济激励措施所需要的费用。

4. 技术措施

施工进度控制的技术措施涉及对现实进度目标有利的技术和施工技术的选用。

设计方案会对工程进度产生影响,在设计方案评审和选用时,应对设计技术与工程进度的关系做分析比较,在工程进度受阻时,应分析是否存在设计技术的影响因素,为实现进度目标有无设计变更的可能性。

技术路线、施工方案评审和选用时,应进行工程进度的影响分析,是否存在施工技术的影响因素,为实现进度目标有无改变施工技术、施工方法和施工机械的可能性。

9.4.3 施工进度控制的实施

施工进度控制的实施,主要分事前控制、事中控制和事后控制三个阶段。

1. 施工进度的事前控制

进度的事前控制,主要是指施工开始前,控制进度的准备工作,或称进度预控。主要工作有:

(1) 编制或审核工程实施总进度计划

施工总进度计划是施工进度的总控制,主要内容包括:

1) 施工进度安排是否与项目合同中规定的进度要求一致。

2) 施工顺序的安排是否符合施工程序和满足分期投产的要求。

3) 施工组织总体设计是否合理和可行。

4) 进度安排与资金供应、材料、物资供应及劳动力使用等是否协调。

(2) 编制或审核施工单位提交的施工进度计划和施工方案,主要内容有:

1) 施工单位施工进度计划是否符合施工总进度计划的目标要求。

2) 施工方案是否合理可行。

3) 施工进度与施工方案是否协调和合理。

（3）制订材料、物资和设备采购和供应计划。确定材料、物资和设备的需用量和供应时间。

（4）按期完成现场障碍物的拆除，及时向施工单位提供现场。并为施工单位创造必要的条件，如：临时供水、电、施工道路和电话等。

（5）按合同规定及时向施工单位提交设计图纸等设计文件。

（6）按合同规定及时向施工单位支付预付备料款。

2. 施工进度的事中控制

施工进度的事中控制是指工程施工过程中进行的进度控制，是施工进度计划能否付诸实现的关键过程，监理人员一旦发现实际进度与计划进度发生偏差，应及时进行动态控制和调整。具体工作有：

（1）建立现场办公室，组织人员记录监理日志，逐日写实记载工程进度情况。

（2）检查工程进度，审核施工单位半月或月报进度报告，审核要点是：

1）计划进度与实际进度的差异。

2）形象进度，实物工程量与工作量指标完成情况是否一致。

（3）按合同要求，在质监验收人员的配合下及时进行工程计量验收。

（4）完成有关进度、计量方面的签证。

进度、计量方面的签证是支付工程进度款、计算索赔、延长进度的重要依据。专业监理工程师和现场检查员需在有关原始凭证上签署，最后由项目总监理工程师核签后方可生效。

（5）进行工程进度的动态管理。

实际进度与计划进度发生差异时，应分析产生的原因，提出调整方案和措施，相应调整施工进度计划及设计、材料、设备、资金供应计划。并进行必要的工时目标调整。

（6）签署支付工程进度款的进度、计量方面的认证意见。

（7）组织现场协调会，就地解决施工中的重大问题。

（8）定期向总监和建设单位报告有关工程进度情况。

3. 施工进度的事后控制

施工进度的事后控制是指完成整个施工任务后进行的控制工作。主要有：

（1）及时组织验收工作。

（2）处理工程遗留问题。

（3）整理工程进度资料，并归类、编目和建档。

（4）根据实际施工进度，及时调整验收阶段进度计划及监理工作计划，以保证下一阶段工作的顺利开展。

9.5　给水排水工程施工阶段的投资控制

9.5.1　施工阶段投资控制概述

我国给水排水工程建设特别是城市污水处理厂、水厂和城市给水排水管网的建设与一般工程建设相比，具有投资大、进度长的特点，资金来源主要是国家投资，随着我国改革开放的不断深入，地方政府集资和利用外资也是重要的资金来源。给水排水工程建设投资控制的重要任务就是控制实际建设投资额不超过计划投资额，并确保资金使用合理，使资金和资源得到最有效的利用，以期提高投资效益。

施工阶段，监理工程师担负着繁重的投资控制任务，这主要是因为工程建设投资的绝大部分都是用于施工阶段。施工阶段投资控制的基本任务是，在工程合同价的基础上，控制施工过程中可能发生的新增工程费用，以及正确处理索赔事宜，并达到对工程实际投资的有效控制。施工阶段投资控制的主要依据是合同文件和各种技术规范，包括材料的技术标准和施工验收规范等。施工阶段投资控制的主要方法是以工程计划控制额作为工程项目投资控制的目标值，把工程项目建设施工过程中的实际支出额与工程项目投资控制目标值进行比较，从中找出实际支出额与投资控制目标值之间的偏差，并采取切实有效的措施进行调整，最终达到对工程实际价的控制，具体控制过程如图 9-6 所示。

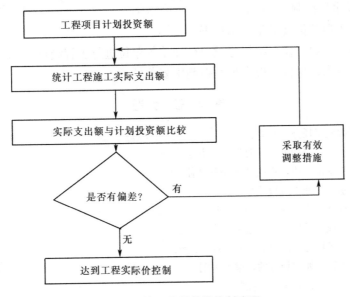

图 9-6　施工阶段投资控制流程

9.5.2　施工阶段投资控制实施

1. 施工阶段投资的事前控制

事前控制主要是开工前对施工投资的控制的准备工作或预控制。预控制重点是进行工程风险预测，并采取相应的防范性对策，尽量减少索赔。事前控制主要工作有：

（1）严格履行合同及时向施工单位提交设计图纸等技术资料，按期向施工单位供给合同规定的物资材料和设备，防止违反合同和发生索赔事件。

（2）按合同规定的条件，如期提交施工现场，使施工单位能按期开工，以免延误进度，造成索赔条件。

（3）深入了解和研究工程情况和各类合同，分析合同价构成因素，明确投资控制重点，并制订严密的防范措施，确保资金按合同规定及时到位，保障工程顺利进行。

2. 施工阶段投资的事中控制

（1）施工中及时处理好有关物资、材料及设备的供应问题，防止由此而产生的延误进度和索赔事件的发生。

（2）施工中，涉及工程变更和修改等问题要慎重处理，应进行全面、合理的技术经济分析，以免造成浪费。

（3）对已完成的工程，按合同规定及时进行计量验方，计量应实事求是，力求准确，不要造成资金的浪费。

（4）严格执行合同，及时足额向施工单位支付进度款。

（5）严格经费签证。凡涉及费用支出的签证，如用工签证、材料调价签证等，必须经项目总监理工程师核签后方可有效。

（6）经常进行工程费用超支分析，并提出控制费用超支的方案和措施。

（7）及时收集市场价格信息，合理调整采购资金。

（8）定期向总监和建设单位报告工程投资动态情况。

3．施工阶段事后控制

（1）审核施工单位提交的工程结算书。

（2）结合竣工验收工作，组织建设单位和施工单位进行工程结算。

（3）如果涉及索赔事件，应在事后控制中妥善处理。

复 习 思 考 题

1. 给水排水工程施工任务是什么？

2. 给水排水工程施工包括哪些主要的施工方法？

3. 给水排水工程施工阶段监理的基本任务是什么？

4. 简述给水排水工程施工阶段质量控制过程。

5. 给水排水工程施工阶段质量控制的依据和方法是什么？

6. 给水排水工程施工质量验收的基本规定是什么？

7. 试说明单位（子单位）工程的验收程序与组织。

8. 分项、分部工程是如何划分的，举例说明。

9. 什么叫给水排水工程施工进度控制？

10. 简述给水排水工程施工进度动态控制原理。

11. 给水排水工程施工进度的事中控制有哪些内容？

12. 给水排水工程施工阶段投资控制的任务是什么？

13. 简述给水排水工程施工阶段投资控制的方法和过程。

14. 简述给水排水工程施工阶段投资事中控制的具体内容。

第10章 给水排水工程建设监理实例

10.1 某污水处理厂建设监理规划实例

10.1.1 工程项目概况

1. 概述

(1) 工程名称：××市××污水处理厂

(2) 工程建设规模：一期工程处理污水 20 万 m^3/d，二期工程处理污水 10 万 m^3/d，建设总规模 30 万 m^3/d。

(3) 建设地点：××市××路西侧 300m，××路南侧 200m

(4) 工程投资：项目总投资为 32166 万元

(5) 主要建筑结构类型：构筑物（钢筋混凝土）、建筑物（砖混框架）

(6) 建筑工程设计单位：××市政工程设计研究院

(7) 施工单位：××市建筑安装工程有限公司

2. 工程内容

该工程为××市重点工程，主要处理该市区的工业废水和生活污水，污水处理工艺采用改良连续环形生物池活性污泥法二级生化处理工艺，污泥脱水采用离心式浓缩脱水机方案，并设置污泥厌氧消化处理。厂区内主要生产性构筑物有细格栅渠、曝气沉砂池、鼓风机房、二沉池、接触池等；其余为综合楼、宿舍、食堂及库房等附属建筑，包括不同性质、特点和规模的构（建）筑物共计 30 处、55 座（幢）。

10.1.2 监理工作范围

主要包括污水处理厂厂区所有生产性构筑物、生活用建筑物的施工以及污水处理厂工艺设备、全厂电气、自控等设备的安装、调试及试运作阶段的监理。

10.1.3 监理工作内容

对本工程的质量、投资和工程进度进行严格控制，对工程建设合同、信息进行有效管理，并组织协调好有关单位之间的关系。具体主要有以下内容：

(1) 审查施工单位选择的分包单位、试验单位的资质并认可；

(2) 审查施工单位提交的施工组织设计、施工技术方案、施工质量保证措施、施工进度计划、安全文明施工措施，提出改进意见；

(3) 核查网络计划，并组织协调实施；

(4) 审查施工单位开工申请报告；

（5）审查施工单位质保体系和质保手册并监督实施；

（6）检查现场施工人员中特殊工种持证上岗情况；

（7）检查施工现场原材料及构件的采购、入库、保管、领用等管理制度及其执行情况；

（8）参加主要设备的现场开箱检查，对设备保管提出监理意见；

（9）参与分项工程、分部工程、关键程序和隐蔽工程的质量检查和验收；

（10）遇到威胁安全的重大问题时，有权下达"暂停施工"的通知，并报业主（建设单位、项目法人）；

（11）审查施工单位工程结算书；

（12）监督施工合同的履行，维护业主和施工单位的正当权益；

（13）当发现工程设计不符合国家颁布的建设工程质量标准时，应书面报告业主并提出建议；

（14）协助业主办理规划、报建、质量监督等与工程相关的所有手续；

（15）协助业主办理结算和维修阶段发生的有关事项；

（16）编制整理监理工作的各种文件、通知、记录、检测资料、图纸等，合同完成或终止时移交给业主。

监理工作的主要内容体现在"三控制、两管理、一协调"：

1. 质量控制

（1）事前控制

1）掌握和熟悉质量控制的技术依据

（A）国家及地方标准、技术规范、设计图纸及设计说明书；

（B）质量评定标准及施工验收规范。

2）组织设计交底和图纸会审

了解设计意图，预先发现施工图的不足和失误，纠正图纸中的错、漏、碰现象，提出完善和整改的具体建议和意见。

3）审查承包单位提交的施工组织设计或方案

工程质量的控制应以预控为重点，对施工全过程从人、机械、材料、方法、环境等因素进行全面控制。承包单位应将施工组织设计或主要分部（分项）的施工方案提前报送监理单位；审查监督承包单位的质量保证体系是否落实到位；对具体专业施工、关键工序施工要有详细的技术措施保证工程质量，承包单位待方案批准后方可组织施工。

4）工程所需原材料、半成品的质量控制

（A）专业监理工程师应接受承包单位在采购主要施工装修材料、设备建筑构配件订货前，提出的样品（或看样）和有关订货厂家及单价等资料的申报，在确认符合控制要求后书面通报业主，在征得建设单位同意后方可由项目总监签署《建筑材料报审表》和《主要设备选型报审表》；

（B）由建设单位提供材料及设备时，专业监理工程师应协助业主进行设备选型、订货，专业监理工程师必须审核材质化验单、复核单，并在现场对材料进行质量观感检查（凡进口设备、材料等，必须具备海关商检证明）。

5）核查承包单位的质量保证和质量管理体系

核查承包单位的机构设置、人员配备、职责与分工的落实情况；督促各级专职质量检查人员的配备；查验各级管理人员及专业操作人员的资格证和持证上岗情况；检查承包单位质量管理制度是否健全，协助承包单位完善管理制度。

6）查验承包单位的测量放线

检查施工的平面和高程控制；检查施工轴线控制桩位置；查验轴线位置、高程控制标志，核查垂直度控制；签认承包单位的《施工测量放线报验单》。

7）施工机械的质量控制

（A）审查承包商为工程配备的施工机械是否满足技术和数量要求。对工程质量有重大影响的施工机械、设备，应审核承包商提供的技术性能的报告，凡不符合质量要求的，不得在工程中采用。

（B）施工中使用的衡器、量具、计量装置等设备必须有技术监督部门检测证明。

（C）认真检查塔吊质量安全。

8）设备基础交接检验

工程设备安装前，协助业主组织土建工程和设备安装承包单位，对设备安装现场的设备基础、预埋件、预留孔等进行中间交接验收，复核其坐标位置、标高、尺寸、数量、材质、混凝土强度等是否符合设计要求和施工规范的规定。主要内容有：

（A）所有基础表面的模板、地脚螺栓固定架及露出基础外的钢筋等，必须拆除；地脚螺栓孔内模板、碎料及杂物、积水等，应全部清除干净；

（B）根据设计图纸要求，检查所有预埋件的数量和位置的正确性；

（C）设备基础断面尺寸、位置、标高、平整度和质量，必须符合图纸和规范要求，其偏差不超过规定的允许偏差范围；

（D）设备基础经检查后，对不符合要求的质量问题，应立即进行处理，直至检验合格为止。

9）设备交接检验

（A）外观检查。对其包装、外观、制造质量、附件质量与数量，按要求核对；

（B）审核出厂质量证明及资料。设备进场应具有产品合格证，各种资料（产品说明书、安装说明书、装箱单）齐全；

（C）设备开箱检验记录签证；

（D）进口设备均应有商检局签署的使用合格证，并应按有关规定进行严格的检验；

（E）按规范或有关规定对部分设备在现场做压力试验、严密性试验或局部拆卸检验。

10）施工环境、管理环境改善的措施

（A）主动与质监站联系，汇报在本项目开展质检工作的具体办法、措施，争取质监站的支持与帮助；

（B）审核承包单位关于材料、制品试件取样及试验的方法和方案，审查分包单位和试验室的资质；

（C）审核承包单位制订的成品保护措施、方案；

（D）完善质量报表、质量事故的报告制度等。

（2）事中控制

1）监理工程师应对施工现场采取巡检、平行检查、旁站等多种形式实施检查与控制；

（A）应在巡视过程中发现和及时纠正施工与安装过程中存在的问题；

（B）应对施工过程中的重点部位和关键控制点进行旁站；

（C）对所发现的问题应立即口头通知施工单位纠正，再由监理工程师签发《监理通知单》，责令承包单位整改。整改结果书面回复监理工程师，经监理复查合格后方可继续施工。

2）在施工过程中，对重要的或影响全局的技术工作，必须加强复核，避免发生重大差错，影响工程质量和使用安全。

监理单位除按质量标准规定的复查、检查外，对下列项目应特别进行预检、复核：

（A）复查定位放线、水准点和标高是否符合设计要求和施工规范的规定，保证建筑物（构筑物）施工测量放线平面位置正确无误。检测施工平面控制网和标高控制网，经实地校测验线合格签证后，方允许其正式使用，施工过程中监督施工方对其经常进行校验和保护工作；

（B）土方工程施工过程中应经常复查平面位置、水平标高、边坡坡度、挖方基地土质、填方基地处理、场地排水或降水等是否符合设计要求和施工规范规定，回填土料必须符合设计要求和施工规范的规定且必须分层夯压密实，并按要求环刀取样；

（C）检查施工中所使用的材料和设备是否符合经批准的质量标准；

（D）基础工程：检查轴线、标高、有无积水、杂物清理等，在验槽完毕后混凝土基础浇筑前要检查基础的插筋、埋件、预留孔洞位置，浇筑混凝土过程须分层连续浇筑完毕。浇筑终凝后监督承包方覆盖浇水养护；

（E）钢筋混凝土工程：检查模板的尺寸、标高、支撑和模板系统强度、刚度及其稳定性、预埋件、预留孔等；检查钢筋的品种、型号、规格、数量、安装位置、连接加工质量、锚固、保护层厚度等；检查混凝土配比、混凝土外加剂、养护条件等；

（F）设备安装：检查基础处理、基础预埋件、预留洞、管口方位、轴线、垂直度、水平度、主要配合尺寸间隙等；跟踪监督、控制安装工艺过程，针对监理项目的具体情况，列出关键工序"监控要点"，并采取旁站、测量、试验等手段予以控制；检查承包人的安装工艺是否符合技术规范的规定，是否按开工前监理批准的施工方案进行施工；

（G）管道安装：检查标高、位置、坡度、连接方式、防腐要求等；

（H）预制构件安装：检查构件位置、型号、支撑长度、标高等；

（I）电气工程：检查变电和配电位置、高低压进出口方向、电缆沟位置、标高、送电方向、接地保护、防雷装置等；

（J）对已完工程的质量按规范要求的项目和抽样频率进行各项检验；

（K）认真审查设计变更；

（L）做好质量、技术签证，行使好质量否决权，为工程进度款的支付签署质量认证意见；

（M）建立质量监理日记；

（N）组织现场质量协调会；

（O）定期向业主报告有关工程质量动态情况。

预检或核定合格，监理单位签署意见后方可进行下道工序施工。

3）旁站监督：系驻地监理人员经常采用的一种主要现场检查方式。即在施工过程中对关键部位、关键工序的施工质量实施全过程现场跟班的监督活动。注意并及时发现质量事故的苗头和影响质量因素的不利的发展变化；潜在的质量隐患和出现的问题等，以利于及时进行控制。对于隐蔽工程的施工，进行旁站监理更为重要。具体旁站监理措施：

（A）依据施工图列出重点部位、关键工序及施工技术要求、质量标准设置旁站控制点；

（B）旁站监理由专业监理工程师、监理员完成，对工程施工进行不间断质量控制；

（C）旁站监理的质量与监理工程师的业绩、经济收入挂钩，奖优罚劣；

（D）建立旁站监理制度，合理配置旁站资源，以保证旁站监理有序进行；

（E）建立《旁站监理记录》，要求参与旁站监理的人员跟班填写，总监理工程师不定期检查，以督促旁站监理工作的完成；

（F）对旁站监理部位进行标识，责任到人，便于追溯；

（G）总监理工程师不定期对旁站监理工作进行检查，及时进行总结讲评。

若旁站监理人员发现承包单位有违反工程建设强制性标准行为的，有权制止并责令其立即整改。

4）隐蔽工程的检查验收

（A）隐蔽工程施工完毕，承包单位按照有关技术规程、规范、施工图纸先进行自检，自检合格后，填写《工程报验申请表》，并随同《隐蔽工程检查记录》及有关材料证明、试验报告、复试报告等报送项目监理部；

（B）监理工程师和业主代表对《隐蔽工程检查记录》的内容和施工质量进行检测、核查；

（C）对隐蔽工程检查不合格工程，应由监理工程师签发《不合格工程项目通知单》，要求承包单位整改，整改自检合格后再报监理工程师复查；

（D）经现场检查如符合质量要求，监理工程师在《工程报验申请表》及《隐蔽工程检查记录》上签字确认，准予承包单位隐蔽覆盖，并进行下一道工序施工。

5）检验批和分项工程的检查验收

（A）承包单位在一个检验批或一个分项工程完成并自检合格后，填写《工程报验申请表》，报项目监理部；

（B）监理工程师对报验的资料进行审查，并到施工现场进行抽检、核查；

（C）对符合要求的检验批或分项工程由监理工程师签认并确定为合格工程；

（D）对不符合要求的检验批或分项工程由监理工程师签发《监理工程师通知单》，由承包单位整改。经整改的工程承包单位填报《监理工程师通知回复单》，报项目监理部，由监理工程师进行复查签认，直至符合要求时确定为合格工程。

6）分部工程的验收

（A）承包单位在分部工程完成后，应根据监理工程师签认的检验批和分项工程质量检查评定结果，监理单位验收结论，进行分部工程的质量汇总评定，填写分部工程验收记录并附《工程报验申请表》，报项目监理部签认；

（B）地基和基础、主体结构工程完成后，承包单位进行自检评定，并填报《工程报验申请表》，报项目监理部。由项目总监组织业主、设计、地质、施工和监理五大主体单位共同核查施工单位的施工技术资料，并进行现场质量验收，由各方协商意见，在《结构（地基与基础、主体）工程验收报告表》签字认可并报当地质量监督机构备案。结构工程验收前应由业主填写《结构工程验收联系单》和监理单位编写的结构工程验收方案，并报送当地质检机构，请派人员监督验收工作。结构工程验收的资料核查，施工现场工程各部位的测量和观感检查都要在质检机构的监督下进行。

（3）事后控制

1）行使质量监督权，必要时下达停工指令

为了保证工程质量，出现下述情况之一者，监理工程师有权指令承包商立即停工整改。

（A）未经检验即进行下一道工序作业者；

（B）工程质量下降经指出后，未采取有效改正措施，或采取了一定措施，而效果不好，继续作业者；

（C）擅自采用未经认可或批准的材料和设备；

（D）擅自变更设计图纸的要求；

（E）擅自将工程转包；

（F）擅自让未经同意的分包单位进场作业者；

（G）没有可靠的质保措施贸然施工，已出现质量下降征兆者。

2）参加工程质量事故处理

参加质量事故原因、责任的分析，质量事故处理措施的商定；批准处理工程质量事故的技术措施或方案；检查处理后的效果。

3）做好分部分项工程验收

4）做好单位工程竣工验收

（A）检查交验条件。各专业监理工程师按设计图纸、施工规范、验收标准和施工承包合同所明确的要求对各专业工程的质量情况和使用功能进行全面检查。对出现影响竣工验收的问题（质量、未完项目等）签发《监理通知》，要求承包单位进行整改；

（B）功能试验是否完成。对水、电、空调通风系统和智能化系统需要进行功能试验（调试）报告，并对重要项目与承包单位共同试验（调试），必要时应请业主、设计单位、设备及仪表供货厂家代表共同参加。

上述检查完成并符合要求后，监理单位与承包单位、专业人员共同对工程进行初验。初验通过后，由承包单位提出单位工程验收申请，报有关各方并要求承包单位提交全部竣工资料和竣工图纸。

5）组织试车运转

监督承包商对单机设备调整试车和联动调整试车，记录数据。

6）审核竣工图及其他技术文件资料

对承包单位提交的竣工资料，监理工程师要逐一认真审查和验证，重点是资料齐全清楚、手续完善，分项、分部工程划分合理。对竣工图的审查重点是施工过程中所发生的设计变更和工地洽商是否已包括到竣工图中，竣工图是否完整等。

7）竣工验收及质量评估

监理工程师在审查、核验施工单位所提交的竣工资料和竣工图纸并认可后，同时整理监理资料。根据两套资料对工程质量进行分析、评估，最终给出监理单位对该工程的质量评估意见，并向业主提交《工程质量评估报告》，供质量监督部门进行竣工验收时核查。监理工程师将及时、认真地参与业主组织的竣工验收工作，全面、公正、准确地提供验收依据和发表验收意见。

8）整理工程技术资料并编订建档

9）做好缺陷责任期工作

指示并检查验收承包商的修补缺陷工作。

2. 进度控制

（1）事前控制

1）依据施工合同约定审批承包单位提交的施工总进度计划，对网络计划的关键线路进行认真的审查、分析；

2）根据工程条件和施工队伍条件，分析进度计划的合理性、可行性；

3）审核承包单位提交的施工总平面图；

4）制订由业主供应的材料、设备的采、供计划；

5）按期完成现场障碍物的拆除，及时向施工单位提供现场；

6）组织临时供水、供电、接通施工道路、电话线路，及时为承包单位创造必要的施工条件；

7）向承包单位移交作为临设使用的待拆房屋；

8）按合同规定及时向承包单位提交设计图纸等设计文件；

9）按合同规定及时向承包单位支付预付备料款；

10）对进度目标进行风险分析，制订防范对策。

（2）事中控制

1）建立反映工程进度状况的监理日志；

2）进行工程进度的检查：

3）审批施工计划及施工修改计划；

4）审核承包单位每半月或每月提交的工程进度报告：

5）按合同要求，及时进行工程计量验收；

6）做好有关进度、计量方面的签证；

7）进行工程进度跟踪监督检查动态管理，将实际进度与计划进度进行比较、分析、评价，发现偏离，采取措施进行纠正；

8）为工程进度款的支付签署进度、计量方面认证意见；

9）组织现场协调会；

10）定期向建设单位报告有关工作进度情况，现场监理部每月报告一次。

（3）事后控制

1）针对某环节拖期，制订保证总工期不突破的对策措施，主要有技术措施、组织措施、经济措施、合同措施；

2）制订总工期突破后的补救措施；

3）调整相应的施工计划、材料、设备、资金供应计划等，在新的条件下组织新的协调和平衡；

4）当确认承包单位具有充分理由要求延长工期时，经与建设单位协商后可确定和批准延长工期的期限。

3. 投资控制

（1）事前控制

1）熟悉设计图纸、设计要求，分析合同价构成因素，明确工程费用最易突破的部分和环节，从而明确投资控制的重点。

2）预测工程风险及可能发生索赔的诱因，制订防范性对策，减少向业主索赔事件的发生。

3）按合同规定的条件，提醒业主监督承包商如期提交施工现场，使承包商能如期开工、正常施工、连续施工，避免业主违约造成索赔条件发生。

4）提醒业主按合同要求，及时提供设计图纸等技术资料，避免业主违约造成索赔条件发生。

（2）事中控制

1）慎重审查工程变更、设计修改。

2）严格进行工程计量，严格控制各类经费签证，如停窝工签证、用工和使用机械签证、材料代用和材料调价等的签证。

3）按合同规定，及时对已完工程进行计量并及时向业主提供支付工程进度款的依据。

4）及时掌握国家调价的范围和幅度。

5）检查、监督承包商执行合同情况，使其全面履行。

6）定期向业主报告工程投资动态情况；定期、不定期地进行工程费用超支分析，并及时向业主提出控制工程费用突破的方案和措施。

（3）事后控制

1）审核承包商提交的工程结算书。

2）公正地处理业主和承包商提出的索赔。

4. 合同管理

（1）工程变更管理

1）工程变更无论由谁提出和批准，均须按设计变更洽商的基本程序进行处理；

2）工程变更记录，必须经监理单位签认后，承包单位方可执行；

3）工程变更记录的内容必须符合有关规定、规程和技术指标；

4）工程变更的内容及时反映在施工图纸上；

5）分包工程的工程变更通过总承包单位办理；

6）工程变更的费用由承包单位填写《工程变更费用报审表》报项目监理部，由监理工程师审核后，总监理工程师签认；

7）工程变更的工程完成并经监理工程师验收合格后，按正常的支付程序办理变更工程费用的支付手续。

（2）费用索赔的处理

1）项目监理部对合同规定的原因造成的费用索赔事件给予受理；

2）项目监理部在费用索赔事件发生后，承包单位按合同约定在规定期限内提交费用索赔意向和费用索赔事件的详细资料及《费用索赔申请表》的情况下，受理承包单位提出

的费用索赔申请;

3）监理工程师对费用索赔申请报告进行审查与评估;

4）监理工程师根据审查与评估结果，与业主协商，确认索赔金额，签发《费用索赔审批表》;

5）索赔费用批准以后，承包单位按正常的交付程序办理费用索赔支付。

（3）争端与仲裁

1）争端

监理工程师在收到争议通知后，按合同规定的期限，完成对争议事件的全面调查与取证。同时对争议作出决定并将其书面通知业主和承包单位。

监理工程师发出书面通知后，如果业主或承包单位未在合同规定的期限内要求仲裁，其决定为最终决定。

合同只要未被放弃或终止，监理工程师应要求承包单位继续精心施工。

2）仲裁

当合同一方提出仲裁要求时，监理工程师应在合同规定的期限内，对争议说法进行友好解释，同时监督双方继续遵守合同，执行监理工程师的决定。在合同规定的仲裁机构进行仲裁调查时，监理工程师以公正的态度提供证据和佐证，监理工程师应在仲裁后向合同双方人执行裁决。

（4）工程延期

1）监理工程师必须在确认下述条件满足后，受理工程延期:

（A）由于非承包单位的责任，工程没有按原定进度完工;

（B）延期情况发生后，承包单位在合同规定期限内向监理工程师提交工程延期意向;

（C）承包单位承诺继续按合同规定向监理工程师提交有关延期的详细资料，并根据监理工程师需求随时提供有关证明;

延期事件终止后，承包单位在合同决定的期限内，向监理工程师提交正式的延期申请报告。

2）审查承包单位的延期申请

当监理工程师收到承包单位正式延期申请后，应从以下几方面进行审查:

（A）延期申请的格式是否满足监理工程师的要求;

（B）延期申请应列明延期的细目及编号，阐明延期发生、发展的原因及申请依据的合同条款，附有延期测算方法及测算细节和延期涉及的有关证明、文件、资料、图纸等。

3）延期的评估

监理工程师要从以下几个方面进行评定:

（A）承包单位提交的申请资料必须真实、齐全、满足评审要求;

（B）申请延期的理由必须正确与充分;

（C）申请延期天数的计算原则与方法恰当。

监理工程师应根据现场记录和有关资料，进行修订并就修订的结果与业主和承包单位进行协商。

4）确定延期

监理工程师通过上述手续，对照合同条件的有关规定办理确定是否延期的结论，在征得业主同意后签发有关手续。

5）违约

违约处理的原则：在监理过程中发现违约事件可能发生时，应及时提醒有关各方，防止或减少违约事件的发生；对已发生的违约事件要以事实为根据，以合同约定为准绳，公平处理；处理违约事件应在认真听取各方意见，与双方充分协商的基础上确定解决方案。

5. 信息管理

（1）实时记录

及时记录施工过程的有关数据，保存好文件图纸，特别是实际施工变更情况的图纸，注意积累资料，为正确处理可能发生的索赔提供依据，参与处理索赔事宜。实时记录资料主要有以下四方面：

1）每日填写监理日记，如实记录施工情况；

2）定期召开工地例会，及时写出会议纪要；

3）针对专项问题召开的会议写出专项纪要；

4）对调查处理性的问题整理出专题资料。

收集有关投资信息，进行动态分析比较，提供给建设单位，为他们的决策提供依据。

（2）计算机辅助管理系统

建立计算机辅助管理系统，利用计算机进行辅助管理，对各类施工与监理信息有选择地进行输入、整理、储存与分析，提供评估、筹划与决策依据，为提高监理工作的质量与效率服务。

（3）监理档案

做好各项监理资料的日常管理工作，逐步形成完整的监理档案，并按有关规定作好监理资料的归档工作。

6. 组织协调

工程项目实施存在业主、承包单位、监理工程师三方，但为实现工程项目总目标任务是大家共同的目的，然而在具体工作中三方从各自的管理和要求角度着眼多少会出现矛盾，因此对监理工程师来讲，在投资控制、进度控制、质量控制等方面会出现大量的协调工作。监理工程师协调的目的就是各方认真履行合同中所规定的责任与义务，保证工作顺利进行。

监理工程师在协调中的工作主要有以下几个方面：

使工程项目实施中业主、承包单位、监理工程师的工作配合协调，当好业主的参谋，与承包单位建立良好的工作关系，协调业主与承包单位之间的分歧。

协助业主处理有关问题，并督促总承包单位协调其各分包单位的关系。

10.1.4　监理工作目标

监理部将采用科学的管理方法和技术经济手段，对项目进行动态管理，使该工程建设的各项目标（质量目标、进度目标、造价目标、管理协调工作）得到有效控制和实现。

1. 质量目标

按承包合同要求，通过监理工程师在施工过程中的事前、事中、事后的严格控制，使本工程达到或超过预定质量控制标准。

2. 进度目标

协调设计、施工和材料设备供应单位和计划，使工程实际进度控制在计划进度范围之内，严格按承包合同协议书约定的总进度进行。

3. 造价目标

公正、科学、及时核算工程实物量，实事求是按规定审核工程签证，把工程造价控制在施工承包合同约定的造价范围之内。

10.1.5 监理工作依据

1. 政策、法律、法规

国家有关工程建设政策、法律、法规等；现行国家及行业颁布的建设工程施工及验收规范；建设工程质量验收标准等，现行地方有关规定和标准；政府有关规定及批文，省、市有关工程建设的规定、批示和批复。

2. 合同依据

(1) 本建设工程的《建设工程委托监理合同》；

(2) 本建设工程的承包合同；

(3) 业主与承包单位、材料、设备供货单位依法签订的工程施工合同和有关购货合同。

3. 设计文件及其他文件

(1) 完整的工程项目施工图纸及技术说明（包括设计交底，会审记录）；

(2) 施工单位编制的经其技术负责人批准并经业主、监理单位审查同意的施工组织设计（含施工技术核定单）；

(3) 业主和监理单位以书面形式确认的其他决议、备忘录等；

(4) 监理单位与施工单位在工程实施过程中有关会议记录、函电及其他有效的文字记录，现场项目监理部监理工程师发出的有关通知书和指令等；

(5) 各项设备的技术文件和安装说明。

10.1.6 项目监理机构的组织形式

为履行委托监理合同，公司在项目现场设立××市××污水处理工程项目监理部。项目监理部由总监理工程师、总监理工程师代表、副总监理工程师、专业监理工程师、监理员等组成。总监理工程师全面负责该工程施工监理业务及行政管理工作，以完成本监理承接的监理业务。针对本工程特点，借鉴以往工程建设监理的经验，确定项目监理组织采用直线制组织形式。该组织形式优点是职责分明、决策迅速、集中领导，有利于提高办事效率，并能够充分发挥各专业监理工程师的积极性。现场监理组织机构如图 10-1（注：以后将根据工程进展情况，按工作需要予以适当的调整和补充）。

10.1.7 项目监理机构的人员配备计划

项目监理机构实行总监理工程师负责，全面负责委托监理合同的履行工作，各专业监理工程师及监理部的其他人员具体实施监理工作，以监理规划和监理细则为中心，共同实现项目建设的监理目标。

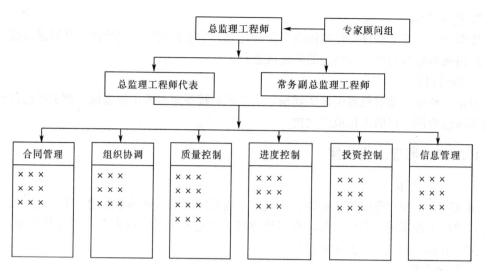

图 10-1 项目监理机构组织形式

配备计划如下：

总监理工程师：×××　给水排水专业高级工程师　国家级注册监理工程师

总监理工程师代表：×××　给水排水专业高级工程师

　　　　　　　　　国家级注册监理工程师

常务副总监理工程师：×××　土建专业高级工程师

　　　　　　　　　　××省注册监理工程师

电气：×××　电气专业高级工程师　××省注册监理工程师

预算：×××　经济专业工程师

土建：×××　土建专业工程师

　　　×××土建专业工程师

测量：×××　测量专业工程师

给水排水：×××　给水排水专业工程师

信息：×××　助理工程师

安全：×××　助理工程师

10.1.8 项目监理机构的人员岗位责任

1. 总监理工程师岗位职责

（1）确定项目监理机构人员的分工和岗位职责；

（2）主持编写项目监理规划、审批项目监理实施细则，并负责管理项目监理机构的日常工作；

（3）审查分包单位的资质，并提出审查意见；

（4）检查和监督监理人员的工作，根据工程项目的进展情况可进行人员调配，对不称职的人员应调换其工作；

（5）主持监理工作会议，签发项目监理机构的文件和指令；

（6）审定承包单位提交的开工报告、施工组织设计、技术方案、进度计划；

（7）审核签署承包单位的申请、支付证书和竣工结算；

（8）审查和处理工程变更；

（9）主持或参与工程质量事故的调查；

（10）调解建设单位和承包单位的合同争议、处理索赔、审批工程延期；

（11）组织编写并签发监理月报、监理工作阶段报告、专题报告和项目监理工作总结；

（12）审核签认分部工程和单位工程的质量检验评定资料，审查承包单位的竣工申请，组织监理人员对待验收的工程项目进行质量检查，参与工程项目的竣工验收；

（13）主持整理工程项目的监理资料。

2. 总监理工程师代表岗位职责

（1）负责总监理工程师指定或交办的监理工作；

（2）按总监理工程师的授权，行使总监理工程师的部分职责和权力。

3. 专业监理工程师岗位职责

（1）负责编制本专业的监理实施细则；

（2）负责本专业监理工作的具体实施；

（3）组织、指导、检查和监督本专业监理员的工作，当人员需要调整时向总监理工程师提出意见；

（4）审查承包单位提交的涉及本专业的计划、方案、申请、变更，并向总监理工程师提出报告；

（5）负责本专业分项工程验收及隐蔽工程验收；

（6）定期向总监理工程师提交本专业监理工作实施情况报告，对重大问题及时向总监理工程师汇报和请示；

（7）根据本专业监理工作实施情况做好监理日记；

（8）负责本专业监理资料的收集、汇总及整理，参与编写监理月报；

（9）核查进场材料、设备、构配件的原始凭证、检测报告等质量证明文件及其质量情况，根据实际情况认为有必要时对进场材料、设备、构配件进行平行检验，合格时予以确认；

（10）负责本专业的工程计量工作，审核工程计量的数据和原始凭证。

4. 监理员岗位职责

（1）在专业监理工程师的指导下开展现场监理工作；

（2）检查承包单位投入工程项目的人力、材料、主要设备及其使用、运行状况并做好检查记录；

（3）复核或从施工现场直接获取工程计量的有关数据并签署原始凭证；

（4）按设计图及有关标准，对承包单位的工艺过程或施工工序进行检查和记录，对加工制作及工序施工质量检查结果进行记录；

（5）担任旁站工作，发现问题及时指出并向专业监理工程师报告；

（6）做好监理日记和有关的监理记录；

（7）完成监理工程师交办的其他事情。

5. 管理人员职责（资料员、信息员、档案管理员）

（1）按总监安排记好项目监理日志，了解工程进展；

（2）及时处理收到的文件、资料，发现问题及时与各专业监理工程师联系，确保资料的完善准确、有效，负责监理文件的打印、分发、复制、传递信息，按公司信息管理文件要求传递信息。

（3）定期到施工现场巡视，采集现场各种监理信息，负责收集整理会议纪要，总监签字后发出；

（4）对已核实的月工程量、实物量进行登记，打印月度监理台账；

（5）对监理工程师返回的文件资料，按统一编目系统进行分类整理归类；

（6）负责资料的借阅、保管、回收工作；

（7）负责办公用品、劳保用品的保管和领用；

（8）协助总监理工程师做好后勤工作。

10.1.9　监理工作程序

1. 总的工作程序（图 10-2）

2. 质量控制程序

（1）工程材料、构配件和设备质量控制程序（图 10-3）

（2）分包单位资格审查程序（图 10-4）

（3）设备安装调试质量监理基本程序（图 10-5）

（4）分部、分项工程签认程序（图 10-6）

（5）单位工程验收程序（图 10-7）

3. 工程进度控制的基本程序（图 10-8）

4. 工程投资控制的基本程序

（1）月工程计算和支付程序（图 10-9）

（2）工程款竣工结算程序（图 10-10）

5. 合同管理的基本程序

（1）工程延期管理程序（图 10-11）

（2）设计变更、洽商管理的基本程序（图 10-12）

（3）费用索赔管理的基本程序（图 10-13）

（4）合同争议调解的基本程序（图 10-14）

（5）违约处理程序（图 10-15）

10.1.10　监理工作方法及措施

1. 监理工作方法

（1）审核有关技术文件、报告或报表

审查进入施工现场的分包单位的技术资质证明文件，控制分包单位的施工质量。

审批施工承包单位的开工申请书，检查、核实与控制其施工准备工作质量。

审批承包商单位提交的施工方案、施工组织设计，确保工程施工质量有可靠技术措施。

审批施工承包单位提交的有关材料、半成品和构配件的质量证明文件（出厂合格证、质量检验或试验报告等），确保工程质量有可靠的物资基础。

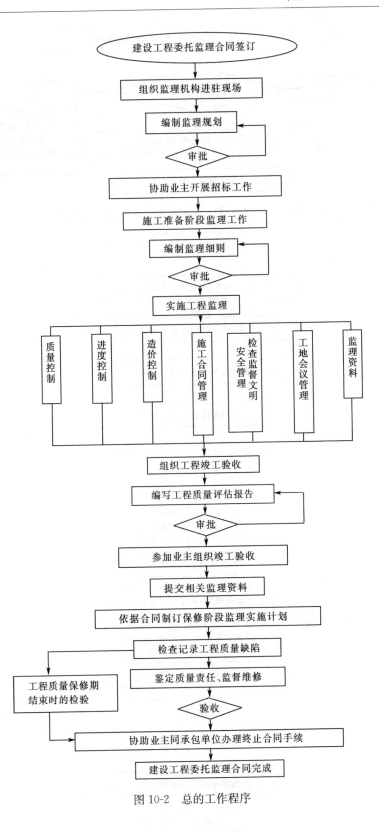

图 10-2 总的工作程序

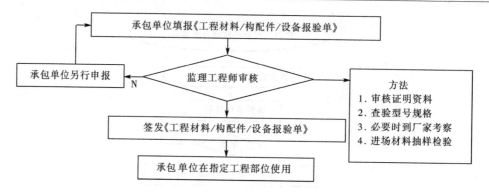

图 10-3　工程材料、构配件和设备质量控制程序

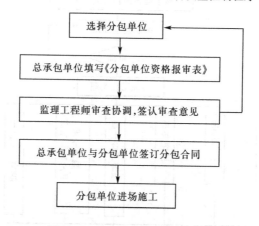

图 10-4　分包单位资格审查程序

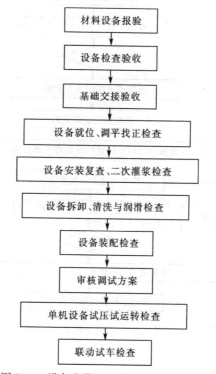

图 10-5　设备安装调试质量监理基本程序

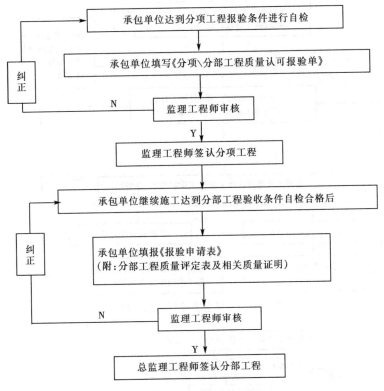

图 10-6 分部、分项工程签认程序

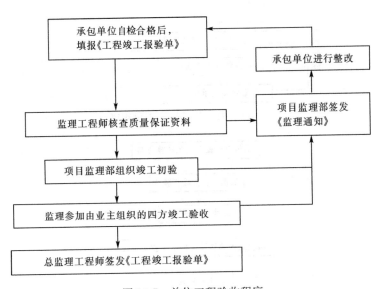

图 10-7 单位工程验收程序

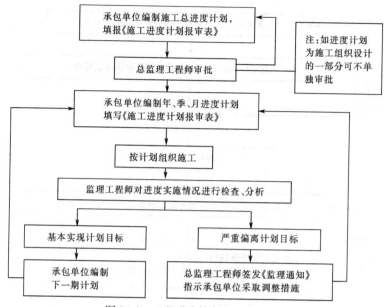

承包单位编制施工总进度计划，
填报《施工进度计划报审表》
总监理工程师审批
注：如进度计划为施工组织设计的一部分可不单独审批
承包单位编制年、季、月进度计划
填写《施工进度计划报审表》
按计划组织施工
监理工程师对进度实施情况进行检查、分析
基本实现计划目标
严重偏离计划目标
承包单位编制下一期计划
总监理工程师签发《监理通知》
指示承包单位采取调整措施

图 10-8　工程进度控制的基本程序

监理工程师对分部、分项工程已确认
承包单位填写《月完成工程量报审表》
双方协商
监理工程师审批
设计变更费用、合同变更费用、索赔费用等
承包单位按审批的工程量填写
《月付款报审表》、《月支付汇总表》
监理工程师审批
三方协商修改
总监理工程师签发《工程款支付证书》
业主负责人审批
业主向承包单位支付

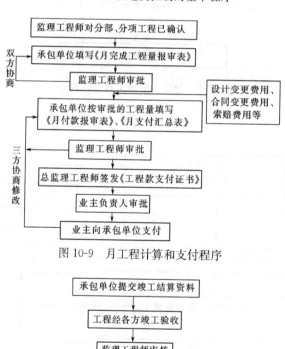

图 10-9　月工程计算和支付程序

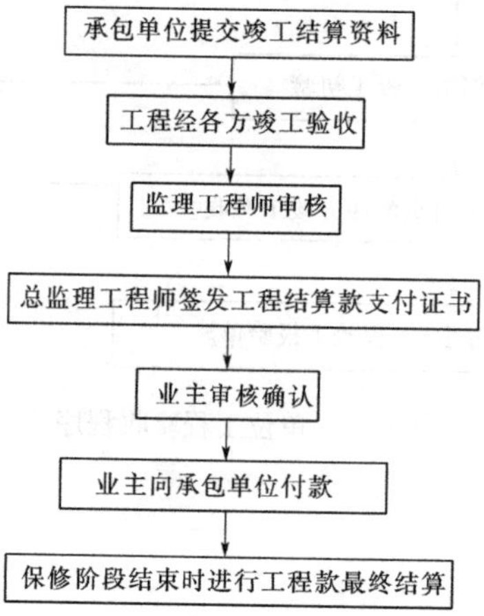

承包单位提交竣工结算资料
工程经各方竣工验收
监理工程师审核
总监理工程师签发工程结算款支付证书
业主审核确认
业主向承包单位付款
保修阶段结束时进行工程款最终结算

图 10-10　工程款竣工结算程序

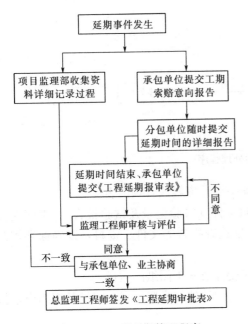

图 10-11 工程延期管理程序

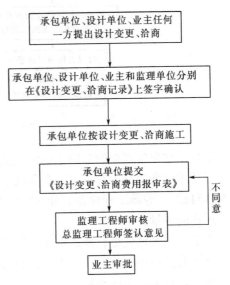

图 10-12 设计变更、洽商管理的基本程序

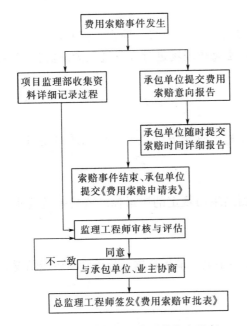

图 10-13 费用索赔管理的基本程序

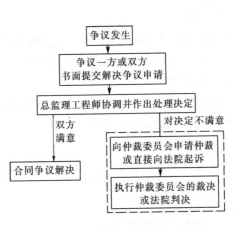

图 10-14 合同争议调解的基本程序

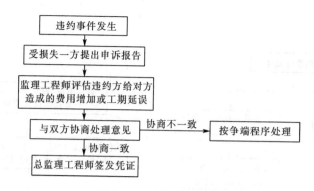

图 10-15　违约处理程序

审核承包单位提交的反映工序施工质量的动态统计资料或管理图表。

审核承包商提交的有关工序产品质量的证明文件（检验记录及试验报告）、工序交接检查（自检）、隐蔽工程检查、分部分项工程质量检查报告等文件、资料，以确保和控制施工过程的质量。

审批有关设计变更、修改设计图纸等，确保设计及施工图纸的质量。

审核有关应用新技术、新工艺、新材料，新结构等的技术鉴定书，审批其应用申请报告，确保新技术应用的质量。

审批有关工程质量缺陷或质量事故的处理报告，确保质量缺陷或事故处理的质量。

审核与签署现场有关质量技术签证、文件等。

（2）现场监督和检查

在施工现场进行质量监督和检查，及时发现问题并就地解决是对施工质量控制的有效方法。

1）检查内容有：开工前的检查；工序施工中的跟踪监督、检查与控制；对于重要的和对工程质量有重大影响的工序和工程部位，还应在现场进行施工过程旁站监督与控制，确保使用材料及工艺过程质量。

2）检查的方法

（A）目测法

凭借感官进行检查，也可以叫做感觉性检验。这类方法主要是根据质量要求，采用看、摸、敲、照等手法对检查对象进行检查。

（B）量测法

利用量测工具或计量仪表，通过实际量测结果与规定的质量标准或规范的要求相对照，从而判断质量是否符合要求。

（C）试验法

通过进行现场试验或试验室试验等理化试验手段，取得数据，分析判断质量情况。包括：理化试验及无损测试或检验。

3）旁站监督

（A）编制旁站监理计划

（B）在监理内部进行旁站监理计划交底

（C）向施工单位进行旁站监理计划交底

（D）按旁站监理计划实施旁站

（E）做好旁站监理记录

（F）检查评估旁站监理效果，将经验总结、整改意见等信息反馈到下一阶段旁站监理工作中去，达到改进完善旁站监理工作的目的。

（3）指令文件

监理工程师对施工承包单位提出指示和要求，指出施工中存在的问题，提请承包商注意或改正，以及向施工单位提出要求或指示其做什么或不做什么等。

（4）规定的质量监控工作程序

双方规定必须遵守的质量监控工作程序，并按规定的程序进行工作。

（5）利用支付控制手段

合同条件的管理主要是采用经济手段和法律手段。因此，质量监理是以计量支付控制权为保障手段的。对承包单位支付任何工程款项，均需由监理工程师开具支付证书，没有监理工程师签署的支付证书，业主不得向承包方进行支付工程款。工程款支付的条件之一就是工程质量要达到规定的要求和标准。如果承包商的工程质量达不到要求的标准，而又不能按监理工程师的指示承担处理质量缺陷的责任、予以处理使之达到要求的标准，监理工程师有权采取拒绝开具支付证书的手段，停止对承包商支付部分或全部工程款，由此造成的损失由承包商负责。

（6）投资控制的方法

1）依据施工设计图纸概预算，合同的工程量建立台账；

2）审核承包单位编制的工程项目各阶段及年、季、月度资金使用计划；

3）通过风险分析，找出工程投资最容易突破的部分，最易发生费用索赔的原因及部位，并制订防范性对策；

4）经常检查工程计量和工程款支付情况，对实际发生值与计划控制值进行分析比较；

5）严格执行工程计划和工程款的支付程序和时限要求；

6）通过《监理通知》与建设单位、承包单位沟通信息，提出工程投资控制的建议；

7）严格规范的进行工程计量；

（A）工程计划原则上每月计量一次，计量周期为上月 26 日至本月 25 日；

（B）承包单位每月 26 日前，根据工程实际进度及监理工程师签认的分项工程，填写《（X）月完成工程量报审表》，报项目监理部审核；

（C）监理工程师对承包单位的申报进行核实（必要时与承包单位协商），所计量的工程量经总监理工程师同意，由监理工程师签认；

（D）对某些特定的分项、分部工程的计量方法由项目监理部、业主和承包单位协商约定；

（E）对一些不可预见的工程量，监理工程师会同建设单位、承包单位如实进行计量。

8）加强工程的支付控制：

（A）根据承包单位填写的《工程款支付申请表》，由项目总监理工程师审核签发《工程款支付证书》，并按合同规定，及时抵扣工程预付款；

（B）监理工程师依据合同按月审核工程款（包括工程进度款、设计变更及洽商款、索赔款等），并由总监理工程师签发《工程款支付证书》，报业主。

9）及时完成竣工结算

（A）工程竣工，经业主、监理单位、承包单位验收合格后，承包单位在规定的时间内向监理项目部提交竣工结算资料；

（B）监理工程师及时进行审核，并与承包单位、业主协商提出审核意见；

（C）总监理工程师根据各方协商的结论，签发竣工结算《工程款支付证书》；

（D）业主收到总监理工程师签发的结算支付证书后，应及时按合同约定与承包单位办理竣工结算有关事宜。

2. 监理措施

（1）投资控制

1）组织措施

（A）建立健全监理组织机构，完善职责分工及有关制度；

（B）编制本阶段造价控制工作计划和详细的工作流程图，落实造价控制的责任；

（C）建立工程计量和支付制度，设计变更和签认监理工作制度，工程计量和支付、设计变更和签证均由专业监理工程师负责技术审核，造价监理工程师负责单价和取费的审核，最后由总监理工程师审核签字的三级责任制；

（D）若业主同意，建立签证工程必须经业主和监理双方人员签字方为有效的制度。

2）技术措施

（A）审核施工组织设计和施工方案，合理开支施工措施费，按合同进度组织施工，避免不必要的赶工费；

（B）熟悉设计图纸和设计要求，针对量大、质量和价款波动大的材料的涨价预测，采取对策，减少施工单位提出索赔的可能；

（C）对设计变更进行技术、经济比较，严格控制设计变更。

3）经济措施

（A）编制资金使用计划，确定、分解投资控制目标；

（B）严格进行工程计量；

（C）复核工程付款账单，签发付款证书；

（D）在施工过程中进行投资跟踪控制，定期地进行投资实际值与计划目标值比较，发现偏差，发现产生的原因，采取纠偏措施；

（E）对工程施工过程中的投资支出做好分析和预测，经常或定期向业主提交项目投资控制及其存在的问题的报告。

4）合同措施及其他配合措施

（A）协助业主签订一个好的合同，合同中涉及投资的条款，字斟句酌，不出现不利于业主的条款，并参与合同修改、补充工作；

（B）按合同条款支付工程款，防止过早、过量的现金支付，全面履约，减少对方提出索赔的条件和机会，正确地处理索赔等；

（C）做好工程施工记录，保存各种文件图纸，特别是注意实际施工变更情况的图纸，注意积累资料，为正确处理可能发生的索赔提供依据，参与处理索赔事宜；

（D）收集有关投资信息，进行动态分析比较，提供给业主，为他们的决策提供依据。

（2）质量控制

1）组织措施

建立健全监理组织，完善职责分工及有关质量监督制度，落实质量控制的责任。

2）技术措施

严格事前、事中和事后的质量控制措施。

3）经济措施及合同措施

严格质量检查和验收，不符合合同规定质量要求的不支付工程款。

（3）进度控制

1）组织措施

落实进度控制的责任，建立进度控制的协调制度。

2）技术措施

要求承包商建立施工作业计划体系，增加平行作业的施工面，采用高效能的施工机械设备，采用施工新工艺、新技术、缩短工艺过程之间和工序之间的技术间歇时间。

3）经济措施

建议业主对由于承包商的原因拖延进度者进行必要的经济处罚，建议业主对进度提前者实行奖励。

4）合同措施

按合同要求及时协调有关各方的进度，以确保项目进度的要求。

（4）安全控制的措施

1）组织措施

（A）现场监理部由具有安全监理经验的专业监理工程师主持日常安全监理工作，配有专职安全、文明施工监理员协助工作；

（B）督促和检查施工企业落实安全生产的组织保证体系，建立安全专职机构；

（C）督促施工企业建立健全安全生产责任制和群治制度；

（D）督促并协调施工企业建立和完善安全保证体系，并促使该体系正常运作；

（E）建立并坚持每周安全例会制度；

（F）对不称职的安全管理人员，建议调离岗位，促使企业选用称职的安全管理人员。

2）技术措施

（A）对新的生产工艺、新技术的应用，帮助施工企业制定安全措施；

（B）审查施工组织设计及施工方案中的安全技术措施，措施必须可靠、可行、先进；

（C）帮助施工企业熟悉、掌握安全技术规程和标准，提高安全生产的技术水平。

3）检查和教育措施

（A）严格审查承包商提交的施工现场平面图，安全通道、消防设施、电缆架设必须符合安全操作规程中的要求。在施工过程中组织施工监理人员进行每周例检和不定期抽查，对用电安全、施工区域与非施工区域护栏设置、机械设备、消防重点检查；

（B）不定期地组织安全大检查；

（C）在现场旁站监理时，要注意检查施工人员的操作、作业的环境和条件是否符合安全生产的要求；

（D）监理对特殊工种操作人员必须严格审查上岗操作证，在工程实施过程中经常进行对号例查，严防违章操作；

（E）督促施工企业建立健全劳动安全生产教育培训制度，使其务必进行三项教育：一是新工人的"三级"教育，二是特殊工种的专业安全技术教育，三是新工艺和换岗人员的新岗位的安全教育。监督施工企业做到未经安全生产技术培训的人员不得上岗；

（F）帮助施工企业普及安全教育，学习安全知识，增强安全意识。

4）施工现场安全事故监控重点

（A）在施工现场，为消除事故隐患，监理工程师应重点监控如下方面：施工用电、塔吊、施工机械及安全处理不善；

（B）在施工现场时常有"三害"发生，触电、物体打击、机械伤害；

（C）物体打击的防护措施

施工现场在施工过程中，经常会有很多物体从上面落下来，打到了下面或旁站的作业人员即产生了物体打击事故。凡在施工现场作业的人都有受到打击的可能，特别是在一个垂直平面下的上下交驻作业，最易发生打击事故。在施工作业中，务必把安全网与安全帽落实到位，认真查验，对不戴安全帽的行为坚决禁止。

（D）机械伤害和起重伤害的防护措施

主要是指施工现场使用的木工机械如电平刨、圆盘锯等，钢筋加工机械如拉直机、弯曲机等，电焊机、搅拌机、各种气瓶及手持电动工具等在使用中，因缺少保护和保险装置对操作者造成的伤害。这类事故的预防主要对起重设备进行检查，防止设备意外事故，防止设备老化引起的各类机械事故。

（E）触电事故的防护措施

电是施工现场中各种作业的主要动力来源，各种机械、工具等主要依靠电来驱动，即使不使用机械设备，也还要使用各种照明。事故发生主要是设备、机械、工具等漏电，电线老化破皮，违章使用电器用具，对在施工现场周围的外电线路不采取防护措施等。预防措施：编制临时用电施工组织设计；要用保护零线、PE 线；架空线路与电缆线路的架设要符合安全要求。

5）隐患及事故处理措施

（A）发现事故隐患及违章指挥、冒险作业，要立即令其停止，必要时发出隐患通知单，等其整改后即时复查，督促解决；

（B）督促施工企业严格贯彻执行"伤亡事故调查处理制度"，使其对调查伤亡事故要做到"三不放过"，即事故原因分析不清不放过，事故责任和群众没有受到教育不放过，没有防范措施不放过。对事故责任者要严肃处理。

10.1.11　监理工作制度

1. 设计交底及图纸会审制度

（1）为使工程参与方了解工程特点和设计意图，以及对关键部位质量控制的要求，减少图纸差错，监理工程师在收到施工设计文件、图纸，在工程开工前必须召开专门会议，进行设计交底和图纸会审，广泛听取意见，避免图纸中的差错、遗漏。

（2）设计交底和图纸会审由监理单位和业主共同组织，施工单位、监理单位、业主的有关人员参加，设计单位按照施工设计图纸进行全面技术交底（设计意图、施工要求、质量标准、技术措施）。

（3）设计交底前十五天，监理单位、施工单位和业主应组织有关人员仔细、认真熟悉图纸，了解工程特点以及关键部位质量要求，并将图纸中影响施工、使用及质量的问题和图纸差错等汇总，在设计交底时提交设计单位，协商研究并提出解决意见。

（4）图纸会审的内容包括：

1）是否无证设计或越级设计，图纸是否经设计单位正式签署；

2）地质勘探资料是否齐全；

3）设计图纸与说明是否齐全，有无分期供图的时间表；

4）设计地震设防烈度是否符合当地要求；

5）总平面图与施工图的几何尺寸、平面位置、标高等是否一致；

6）防火、消防设计是否符合规范要求；

7）建筑、结构与各专业图纸本身是否有差错及矛盾，建筑图与结构图的平面尺寸及标高是否一致，所有图纸表示方法是否清楚、是否符合制图标准，预留、预埋件是否表示清楚，钢筋的构造要求在图中是否表示清楚；

8）施工图中所列各种标准图集施工单位是否具备；

9）材料来源有无保证，能否代换；图中所要求的条件能否满足；新材料、新技术的应用有无问题；

10）图中是否存在不能施工、不便于施工的技术问题，或容易导致质量、安全、工程费用增加等问题；

11）工艺管道、电气线路、设备装置、运输道路与建筑物之间或相互间有无矛盾，布置是否合理；

12）施工安全、环境卫生有无保证。

（5）设计交底和图纸会审应有文字记录，交底后由监理单位组织施工单位、业主和设计单位分专业整理出图纸会审纪要，会审纪要应附分专业的会审问题附表，会审纪要经各方签字并加盖设计单位章后作为施工依据。

（6）图纸会审纪要作为交工资料的一部分存档。

2. 施工组织设计（施工方案）审核制度

（1）施工组织设计（施工方案）的审核是事前控制的重要内容，应坚持开工前的审核工作。

（2）审核的范围是：总体施工组织设计，单位工程施工组织设计，关键分部、分项工程施工方案，或采用新工艺、新技术的施工方案等。监理单位应将报送的范围事先通知承包单位。

（3）承包单位应按照监理单位的要求，在规定的时间内组织人员认真进行编写。报审的施工组织设计、施工方案必须是在施工单位自审手续齐全的基础上（即有编制人、承包单位负责人、承包单位技术负责人的签名和单位公章）至少在开工前两周报监理单位审核。

（4）总监理工程师应组织专业监理工程师认真审核并提出意见。

审核重点为：

1）施工组织设计、方案中的技术保证及工艺措施是否科学、完善、可行，采用的规范、检验标准是否与设计要求一致、准确，能否满足质量要求；

2）特殊专业操作人员是否有上岗证，其中载明的项目、范围是否与本工程一致；

3）现场组织机构能否满足施工要求，技术员、安全员、质检员、预算员、资料员、项目经理是否有上岗证；

4）施工机具、检验仪器设备、劳动力安排是否能满足本工程要求；

5）施工总平面布置是否合理，是否需要调整；

6）施工进度计划中的起始节点、进度与总进度是否吻合，如何调整；

7）施工用水、电、燃气解决方案是否合理，有无计量装置；

8）安全防护措施情况等。

（5）监理单位审核意见应于承包单位报送后两周内书面返回承包单位，如需进一步修改，则承包单位必须在监理单位要求的时间内重新报送审核。

（6）施工组织设计、施工方案中涉及增加工程措施费和合同外其他费用以及延长合同进度的内容必须征得业主同意，已审批的施工组织设计、施工方案除监理单位存档外，应送业主备案。

（7）经监理单位审批后的施工组织设计、施工方案，承包单位应认真执行，一般不得随意改动。确需改变时，承包单位应申明理由，报监理单位审查同意并报业主备案。因承包单位擅自改动所发生的质量、安全、进度、费用等，由施工单位负责。

（8）总体施工组织设计的签字审批权在总监理工程师（或会同业主代表），分部、分项工程施工组织设计或施工方案的签字审批权在监理机构专业监理工程师（或会同总监和业主）。

3. 施工测量放线成果、沉降观测检验制度

（1）测量放线开始前检查

1）监理工程师应检查承包商的专职测量人员的岗位证书、测量设备检定证书是否超出有效期。未经检定的测量设备不得用于工程测量；

2）监理工程师应检查承包商的测量方案、红线桩的校核成果、水准点的引测成果等能否满足工程需要，审批《施工测量放线报验单》。

（2）测量放线过程中的检查

1）监理工程师应采取旁站、抽验等方式对承包商的测量放线过程进行监控；

2）承包商在施工现场设置平面坐标控制网（或控制导线）、高程控制网后，应填写《施工测量放线报验单》报项目监理部查验，监理工程师应对承包商上报的资料和现场放线成果进行核验，审批《施工测量放线报验单》。

（3）测量放线后的检查

监理工程师应检查承包商对红线桩、水准点、工程控制桩的保护措施是否得力，督促承包商对上述设施按规定建立永久性保护措施，保证工程的顺利实施。

（4）在建（构）筑物施工时，监理工程师应检查承包商的测量施工方案，随时跟踪平面误差、高程误差、垂直度误差是否满足规范要求，并定期做好记录，整理归档。

（5）沉降观测

1）监理工程师应审查承包商的沉降观测措施是否满足工程需要；

2）在建（构）筑物主体施工到 ± 0.000 后，检查承包商准备的沉降观测设施是否齐全，是否按规定数量、位置设置观测点；

3）检查承包商是否按规定时间进行沉降观测，观测资料是否真实可靠；

4）当建（构）筑物主体出现不均匀沉降时，及时下发停工令，按事故处理程序督促承包商处理。

4. 第一次工地会议程序

（1）会前准备

1）第一次工地会议是明确监理权力、确立监理工作程序、建立监理工作制度的重要会议，对整个工程项目的监理过程和效果起着至关重要的作用。项目总监应充分认识其重要性、严肃性，在会议召开前做好充分准备；

2）会议召开前，项目总监应与业主充分沟通，争取业主对《建设工程委托监理合同》中规定的监理单位权力的理解和支持，对会议议题等达成共识；

3）项目总监明确会议内容记录人员，准备会议记录簿。

（2）会议参加人员

1）项目业主：业主负责人、授权驻现场代表和有关职能人员；

2）监理单位：项目总监和项目监理部全体监理人员；

3）承包商：总承包单位项目经理和有关职能人员，分包单位主要负责人。

（3）第一次工地会议由业主主持

（4）会议程序

1）业主负责人宣布项目总监，按《建设工程委托监理合同》的约定向项目总监授权；

2）业主负责人宣布业主驻现场代表、总承包单位项目经理；

3）项目总监介绍项目监理部组织机构、有关人员的专业和职务分工；

4）总承包单位项目经理介绍项目经理部组织机构、有关人员的专业和职务分工；

5）总承包单位项目经理汇报施工现场施工准备工作的情况；

6）项目总监进行监理交底，内容包括：

（A）国家及工程所在地建设行政主管部门发布的有关建设工程监理的法律法规和有关规定；

（B）阐明有关合同规定的业主、监理单位、承包单位的权利和义务；

（C）《建设工程委托监理合同》中规定的监理工作内容；

（D）介绍监理控制工作的基本程序和方法；

（E）有关报表的报审要求。

7）确定项目进程中业主、监理单位、总承包单位三方相互协调的机制，参加监理例会、专题会议的人员、时间及安排；

8）业主、监理单位、总承包单位需说明的其他问题。

（5）会后安排

1）会议记录人员整理会议纪要，报项目总监审批；

2）项目总监根据自己的会议记录审查会议纪要；

3）请业主、总承包单位在会议记录上签字盖章；

4）项目总监签发《第一次工地会议纪要》。

5. 工程开工申请制度

（1）为保证工程连续、均衡施工，确保投资、质量、进度目标的实现，实行开工申请制度。

（2）开工申请制度是指承包单位在充分作好施工准备工作的基础上，书面向监理单位提交开工申请报告，由监理单位逐项落实开工条件，并书面批准开工才可动工兴建的一项现场管理制度。

（3）需要申报申请开工的范围是：

1）单位工程的土建项目；

2）单位工程的安装项目；

3）分包单位独立承担的分部（分项）工程。

（4）开工申请表的内容为：单位工程、分部、分项工程的名称，设计单位、承包单位名称，工程概（预）算，主要工程量，建筑面积，安装工程的设备台数、管道长度、自控仪表台（件）、电气台（套）、防腐面积等，施工准备工作情况（图纸资料、进场人员、施工机具、交底情况、材料准备、设备到货等），开、竣工日期等，并应有承包单位行政、技术负责人签章（详见附表）。

（5）承包单位应在开工前至少一周内向监理单位送达开工申请；监理单位在接到开工申请后应及时组织人员落实开工条件，并予审批。监理审查的主要内容有：

1）拟开工工程图纸及后续供图能否保证连续施工，是否已经进行了设计交底及图纸会审；

2）承包单位有无施工组织设计（或施工方案），是否已经审批，承包单位内部技术交底情况如何；

3）承包单位现场组织结构能否适应现场管理需要，进场人员数量及工种配备、施工机具型号、台数、状况能否满足工程进度、质量要求，持证上岗人员有无上岗证；

4）工程设备到货是否能够保证连续施工，是否经过开箱检验，材料供应情况及质量状况、保管措施是否健全；

5）气候情况及水文地质情况对施工有无影响，应采取的措施是否齐全；

6）周围协调配合条件是否具备；

7）计划开、竣工日期对总进度有无影响，是否需要作调整；

8）现场安全防护措施是否健全等。

（6）监理单位在落实开工条件时应充分征求业主意见，并提请业主好资金准备和需业主做好的工作。

（7）如果开工条件不具备，监理单位应要求承包单位尽快完善，业主应尽早提供由其承担的条件，然后由总监理工程师签发开工令。

（8）单位工程（或分部分项工程）开工日期以总监理工程师批准的开工日期为准。

6. 材料、构配件、半成品采购报验制度

（1）工程材料（构配件、半成品）是构成工程的主要因素，应对其采购、检验、保管、使用等环节严格管理。

（2）主要工程材料（构配件、半成品）的采购，应由承包单位的采购部门向监理单位提交采购清单，注明品名、规格、型号、主要质量指标和采购数量，交监理单位审查。

（3）订货前，承包单位还应提供样品（或看样）和有关供货厂家资质证明、单价等向监理单位申报，经监理单位会同业主研究同意后方可订货。

（4）对用于工程的主要材料（构配件、半成品）进场时必须具备正式的出厂合格证和材质化验单。对于没有合格证或有疑问的材料，监理单位应要求承包单位采购部门补做检验并经监理单位认可。如经补检不合格，除责令其立即封存外，其发生的采购费用由施工单位采购部门承担；检验合格，检验费用由业主承担。

（5）对由于运输或安装等原因出现质量问题的构配件、半成品及封存不合格的工程材料，经监理单位、设计单位、业主研究后，可降低等级（在标准允许的情况下）在工程中使用，并书面通知承包单位；否则，应尽早运出工程现场。

（6）进入现场的工程材料（构配件、半成品）应按有关规定分类存放、保管或保养，对过期产品（有使用期限的）或变质产品不得用于工程。

（7）凡采用新材料、新型制品时，材料供应单位应出具技术鉴定文件，由监理单位、业主、设计单位确认并同意后，方可订货并使用在工程上。

（8）业主采购供应的工程材料（构配件、半成品），原则上也应遵守本制度。否则，承包单位可以拒领不合格的材料（构配件、半成品），监理单位不承担由此产生的一切责任。

7. 工程设备采购报验制度

（1）此处所指工程设备是指用于永久工程的机械设备及其辅机、附件等。

（2）工程设备订货前，采购部门应向监理单位提交所采购设备的规格、型号、名称、数量、主要技术性能指标及订货厂家资质证明和价格等资料。监理单位应对照设计文件认真核对，并与业主、设计单位研究确定后才可订货。必要时，监理单位可提请业主共同对生产厂家进行实地考察，其费用由业主承担。

（3）采用招标方式订货的设备，监理单位可参与设备采购的招标工作，编制招标文件，提出对设备的技术要求及交货期限的要求。但无论采用何种方式订货，监理单位都不得代表业主或采购部门签章。

（4）监理单位对工程设备采购合同应及时编号，统一管理，防止漏订或误订，控制设备到货期，满足进度需求。

（5）如有必要，征得业主同意，在设备制造期间，监理单位有权对根据合同提供的工程设备的材料、制造工艺、检验等到供货厂家现场监制（依合同要求），其费用由业主或承包单位采购部门承担，制造厂应提供一切配合。

（6）工程设备的检验要求是：

1）对整机装的新购机械设备，监理单位应参与运输质量及供货情况的检查。对有包装的设备，应检查包装是否受损；对无包装的设备，则可直接进行外观检查及附件、备件的清点。对进口设备，应提请进出口商检局检验，并由其出具检验证书（该检验证书可作为向卖方提出索赔的依据）。若发现设备有较大的损伤，或其规格型号、性能指标与合同不符，及缺件、缺技术说明书、合格证等，应由承包单位采购部门作好详细记录或照相，并尽快与运输部门或供货厂家交涉处理；

2）对解体装运的自组装设备，在对总体、部件及随机附件、备件进行外观检查后，应按合同规定由供货厂家工地组装或指导工地组装，并按项目逐项进行检测实验，实验合格后，才能签署验收；

3）旧设备（指国际、国内二手设备）应达到"完好机械"标准，其验收工作应在调出地进行，经检查、测试不合格者不得发运。如业主委托，监理单位可参与调出地检查、测试工作，费用由业主承担；

4）现场组焊或有条件的业主自制设备，组焊（或制作）前应向监理单位报送施工方案。监理单位应按有关的规范、标准认真审核，对自制设备不得降低标准。制作单位应按审批后的方案进行制作和组焊，并经严格检验后，监理单位方可签认。

（7）随机原始材料（合格证、检验证明、技术资料等）、自制设备的设计计算资料、图纸、测试记录、验收鉴定结论等，监理单位应督促承包单位采购（制作）部门全部清点，移交承包单位整理归档。

（8）经检查，有缺陷或不符合合同规定的设备，监理单位应拒签验收单，并立即通知采购部门与供货单位取得联系进行处理，并尽快向业主报告。

（9）工程设备安装前，监理单位应组织采购供应部门、承包单位进行设备、随机资料的清点移交。出库后应办理移交手续。

（10）设备出库到现场的运输按合同及有关规定办理。

8. 隐蔽工程、分部分项工程质量验收制度

（1）隐蔽工程检查验收，是指被其他工序施工所掩盖、隐蔽的分部、分项工程，在掩盖或隐蔽前所进行的检查验收。

（2）隐蔽检查验收，除业主特别授权外，一般应由监理单位质量控制工程师和业主共同检查签认。

（3）隐蔽工程具备掩盖、隐蔽条件或达到协议条款约定的中间验收部位，施工单位自检合格后应于隐蔽前至少 48 小时内书面通知监理单位，通知内容包括：隐蔽部位和内容、自检记录、验收时间和地点、联系人等，同时，由施工单位准备验收记录。

（4）监理单位接到验收通知后，应尽快通知业主代表，同时做好验收准备，在规定的时间内到现场检查验收。

（5）验收合格，监理单位与业主代表在验收记录上签字后，方可进行隐蔽和继续施工；验收不合格，施工单位应在限定的时间内整改，并重新通知监理单位验收，不得自行隐蔽。

（6）接到验收通知后，监理单位或业主代表未在规定的时间内到达现场，或监理单位、业主确认不需要验收，或虽已验收但并未对隐蔽工程质量提出异议，而验收后 24 小时内又未签认，则施工单位可自行隐蔽或继续施工。

（7）无论监理单位或业主代表是否参加验收，当其提出对已隐蔽工程重新检验的要求时，施工单位应按要求进行剥露，并在检验后重新覆盖或修复。检验合格，业主承担由此发生的经济支出，赔偿施工单位损失并相应顺延进度；检验不合格，施工单位承担发生的费用。

（8）施工过程质量控制实行工序控制办法，上道工序不合格不得进行下道工序施工。监理人员应确定并通知承包商工序的质量控制点，按国家、地方及行业标准检查验收。

（9）检验批和分项、分部工程验收，按国家、地方、行业的统一评定标准执行。检验批、分项工程的验收，应根据工程合同规定的质量等级要求，确定检查点数，计算检验项目合格、优良的百分比，以确定其质量等级；分部工程的验收，应根据各分项工程质量验收结论，参照分部工程质量标准，得出其质量等级，决定是否验收。

（10）土建工程完工转交安装工程施工前，或其他中间过程，监理单位应会同业主组织中间验收。承包单位和监理单位、业主共同确认合格后，应在中间验收凭证上签章，才可继续施工。

（11）隐蔽工程、检验批和分部、分项工程验收过程中，应严格按照国家、地方、行业标准及时整理、签认交工技术资料，监理单位应在验收后及时查验技术资料整理情况。

9. 设计变更及技术核定制度

（1）在施工过程中，发现图纸差错或与实际情况不符，或施工条件、材料的规格品种、质量等不能完全符合设计要求以及对工程的合理化建议等原因，需要进行施工图修改时，必须严格执行本制度。

（2）提出设计变更，应由施工单位或提出人填写技术核定单，提交监理单位，技术核定单应做到计算正确、书写清楚、绘图清晰，变更内容应写明图号、轴线位置、原设计内容、变更后的内容和要求等。

（3）监理单位接到技术核定单后，应尽快与业主技术负责人取得联系，由业主（或业主委托监理单位）送原设计单位（或其工地代表）审查，并提出相应的变更图纸和说明。

（4）监理单位接到变更通知后，应及时审核其技术和经济上的合理性及工程量增减对造价和进度的影响，经与业主充分协商后，向施工单位发出通知，施工单位应据此施工和结算。

（5）由合理化建议引起的设计变更所节约的投资或缩短进度增加的效益，业主应按有关合同规定办理。

（6）重大变更必须经监理单位（或业主）组织专家论证，并经业主、设计单位、施工单位三方同意，由设计单位负责修改，如变更超出原设计标准和规模时，须经原初步设计单位批准，以取得追加投资。

（7）所有设计变更资料，包括设计变更通知书、修改后的图纸等，均需有文字记录，纳入工程档案，作为交工资料的一部分。

（8）监理工作人员不得擅自进行设计变更。

（9）材料代用必须书面报请监理单位同意，以大代小，以优代劣主要考虑对费用的影响，如果以小代大，以劣代优则需经强度、刚度及稳定性计算，并附计算书方可审批。

（10）监理单位发现施工单位擅自改变设计时，有权通知停工，由此引起的一切后果由施工单位承担。

10. 工程交接验收制度

（1）工程完工后，施工单位申请工程验收前，应先进行项目自检、施工单位工程处（或项目经理部）复检及公司预检，确认符合合同规定和设计要求，达到竣工标准后，填写《工程竣工报验单》，报监理项目部。

（2）监理单位接到验收申请后，应按照工程合同要求、验收规范和标准仔细审查。若认为已具备验收条件，监理单位可对工程进行初验，在初验中发现质量问题，应及时以书面通知或备忘录的形式通知施工单位整改和完善。

（3）监理单位初验合格，应报告业主，由业主组织，勘察、设计、施工、监理等五大主体单位在规定的时间内进行正式验收。

（4）业主应当在工程竣工验收5日前，向××市质量监督部门备案室领取《竣工验收备案表》，并书面通知××市质量监督部门。

（5）业主组织工程竣工验收程序：

1）业主、勘察、设计、施工、监理单位分别汇报工程合同履约情况和在工程建设各个环节执行法律、法规和工程建设强制性标准的情况；

2）审阅业主、勘察、设计、施工、监理单位的工程档案资料；

3）实地查验工程质量；

4）对工程勘察、设计、施工、设备安装质量和各管理环节等方面作出全面评价，形成验收组人员签署的工程竣工验收意见；

5）参与工程竣工验收的业主、勘察、设计、施工、监理等各方不能形成一致意见时，应当协商提出解决的方法，待意见一致后，重新组织工程竣工验收。

（6）工程竣工验收合格后 15 日内，业主应到市质监部门备案室办理竣工验收备案。

（7）办理工程交接手续。

11. 工地例会及专题会议程序及会议纪要签发制度

（1）工地例会应定期召开。专题会议是为解决某些专题性问题而随时召开的会议。工地例会和专题会议由总监理工程师或其委托的监理工程师主持召开。

（2）工地例会由总监主持，业主、施工单位的项目经理、技术负责人、设计单位代表、有关监理人员参加，必要时，还可邀请其他有关单位参加。

（3）工地例会召开前一天，应由总监召集有关监理人员和业主代表全面了解情况，提出会议中需解决的问题，并初步统一意见，以便在会上口径一致，节约时间。

（4）工地例会的主要议题是：

1）施工单位分别汇报上次会议纪要执行情况、工程进展情况、存在问题及下步施工安排；

2）研究并决定解决问题的方法；

3）总监总结通报前段三大控制情况，协调、部署下步工作，提出工作要求。

（5）建立良好的会风，与会者不得迟到、早退，会议中间不得随意出入，不得闲扯与会议无关的事项。

（6）会议由监理单位指定专人担任记录，并有专用的会议记录本。会议记录应注明日期、参加单位、参加人员、主持人、主要议题及主要发言，记录应准确、干净，不得随意涂写。

（7）会议应及时整理会议纪要，经与会各方认可，分送与会各方和有关单位。会议纪要应写明：

1）会议时间及地点；

2）主持人、与会者姓名、职务及他们代表的单位；

3）议决事项及有待进一步研究的问题；

4）议决事项由何人在何时执行，如何配合及检查。

（8）会议纪要应由有关单位签字或盖章后，总监（或与业主代表共同）签发，一般应在会议第二天发出。

12. 计划管理制度

（1）计划管理的目的是为了保证工程项目按照国家计划和业主要求顺利实施，编制的原则应是在充分调查研究的基础上，做到科学、合理、便于执行。

（2）计划编制包括工程项目总体控制网络计划（进度平衡计划）、工程项目一览表、投资计划年度分配、施工单位承包工程划分表等。

（3）工程项目总体控制网络计划应在充分调查研究的基础上，熟悉设计文件并与业主充分交换意见后编制。总体控制网络计划要做好进度平衡，表明各种设计交付日期、设备供应期、施工进度、试车时间、生产准备等与工程有关的各项工作。其编制应符合有关规范规定。工程项目总体控制网络计划应在监理委托合同签字生效后一个月内编制完成，并提交业主审核。

（4）根据设计文件编制工程项目一览表及投资计划年度分配表，应根据工程进度安排作好资金平衡，并提请业主及时筹措建设资金。

（5）施工单位承包工程划分表应根据施工合同编制。

（6）监理单位应认真审核施工单位提交的施工进度计划及月进度计划表，使之与总体进度网络计划相一致，否则应采取措施。认真审核施工单位提交的月统计表，做好进度分析。

（7）要做好实际进度动态分析，查找进度提前或滞后的原因，采取措施努力使实际进度接近计划值。这些措施包括技术措施、经济措施、组织措施等。

（8）总体控制进度网络计划应根据执行情况不断修正，至少每半年进行一次。修订前应充分作好分析工作，使之更加切实可行。

13. 监理文件管理制度

（1）建立完善的文档编码系统，由计算机自动完成编码。

（2）建立监理项目文件柜，供监理人员迅速查阅、检索各类文档。

（3）建立严格的收、发文制度，并利用计算机辅助管理，同时现场备有收、发文本有签字手续，收文由经办人和责任人签字，发文由发往单位有关人员签字。收、发文应登记详细资料，写明文件处理要求。

（4）对各种外来文件实施收文处理登记制度，收文后明确处理要求（需传阅、回函、审批或签证）、处理时限和责任人，并由计算机跟踪管理，处理完毕后，登记处理结束日期及处理结果，确保各类施工信息及时完善地得以处理。

（5）建立文件存档、借阅、注销管理制度，确保监理资料完整性、真实性。

（6）监理函件（包括监理工程师审批表、监理工程师通知书、监理工程师联系单等）由计算机辅助生成和管理。

（7）监理文件（包括监理规划、监理实施细则、监理月报等）采用规范格式填写，并由计算机辅助生成，便于业主、监理等及时准确掌握监理动态。

（8）严格做好资料归档工作。

14. 监理日记制度

（1）监理日记主要记录巡视情况，与业主、承包商洽商情况。公司统一印制的《监理日记》是详细记录工程现场情况和日常监理工作的重要资料。

（2）监理日记的管理

监理日记是项目监理部完整的工程跟踪资料，综合反映了项目监理部的工作状况，是"三控、两管、一协调"工作的重要依据，是项目监理档案的重要组成部分，是公司对项目监理部进行考核的重要内容。因此：

1）监理日记应置于现场监理办公室的显要位置，项目监理部的每位成员均可查阅、监督和提出修改补充意见；

2）监理日记的填写应实事求是、真实可信，严禁伪造和填写虚假情况，客观反映监理工作情况，不夸大、不缩小；

3）监理日记应反映工程建设过程中监理人员参与"三控、两管、一协调"工作的所有情况，对参与人、时间、地点、原因、经过、结果等都应如实记录；

4）监理日记应字迹工整、语句通顺、文字简练、逻辑合理；

5）监理日记作为公司内部管理文件，未经项目总监批准，严禁项目监理部以外人员传阅、复印；

（3）监理日记的填写，于每天下午下班前具体填写，当日日记当日完成，不得后补；夜间值班记录于第二天上班后以 24：00 时为界记录。

（4）监理日记的内容

1）天气情况：晴、阴、多云、阵雨、小到大雨、暴雨、降雪、大雾、气温、风力等，按天气情况内容填写，以便日后的工程质量分析和监理人员提出科学合理的监理建议；

2）施工状况：当日施工部位、内容、施工班组（工种、人数）、施工机械（种类、数量）使用情况；

3）各方要求：当日收到的业主要求、设计变更、承包商请示等；应写明要求人，收到时间、地点、在场人员和要求内容（如为口头要求，应请要求人提出书面报告或由监理人员整理成文字请要求人签章）；

4）监理工作：对各方要求处理情况，各专业主要监理工作、发现问题和对问题的处理措施、监理建议和处理结果，当日发出的监理指令、监理报表、会议纪要等；

5）其他：政府颁发的有关法规、文件的收到、执行时间，各方原因引起的停水、停工、停电等损失情况，业主合同外工程、零星用工，不可抗拒因素的发生过程、影响程度，项目监理部完成的附加工作、额外工作，项目监理部应记录的其他情况。

（5）项目完成后，监理日记记录人应将监理日记加以整理，装订成册，项目监理部全体人员签字后报项目总监审阅，归入监理档案。

15. 监理月报制度

（1）为加强公司对各工地监理工作质量的检查和管理，总监理工程师应及时组织编制每月的监理月报，并于下月的 5 日前由项目总监理工程师签发后报送建设单位和公司总工程师。

（2）监理月报的编制周期为上月 26 日到本月 25 日，在下月的 5 日前发出。

（3）监理月报应真实反映工程进展情况和监理工作情况，做到数据准确、重点突出、语言简练，并附必要的图表和照片。

（4）监理月报的内容应重点突出本月监理过程中解决的问题、提出的建议以及发出的有关通知和工程中存在的问题。其主要内容有本月工程概况、本月工程形象进度、工程进度、工程质量、工程计量与工程款支付、合同其他事项的处理情况，本月监理工作小结。

（5）监理月报为监理档案资料的组成部分。

10.1.12 监理设施

1. 办公、交通、通信、生活设施

业主应提供满足监理工作需要的如下设施：办公用房、办公桌、椅子、电话等；其他设施由公司自行解决。

2. 用于本工程施工监理的常规检测设备见表 10-1。

常规检测设备 表 10-1

序号	仪器设备名称	单位	数量	备注
1	电脑	台	2	
2	打印机	台	1	
3	水准仪	台	1	
4	经纬仪	台	1	
5	回弹仪	台	1	
6	接地摇表	个	1	
7	环刀	台	1	
8	综合测量尺	把	1	
9	照相机	台	1	
10	录像机	台	1	

10.2 某污水处理厂建设监理实施细则实例（要点）

10.2.1 工程内容及编制依据

1. 工程概况

（1）工程项目特征

×××污水处理厂

工程规模：2万吨/日。

总投资：×××万元。

（2）工程项目建设实施相关单位

勘察单位：×××勘察院有限公司

监理单位：×××工程管理有限公司

设计单位：×××设计研究院有限公司

建设单位：×××污水处理有限责任公司

施工单位：×××建工（集团）有限责任公司

2. 监理依据

（1）《中华人民共和国合同法》；

（2）《中华人民共和国建筑法》；

（3）《建设工程监理规范》GB/T 50319—2013；

（4）《××省建设工程监理管理规定》；

（5）《××省建设工程质量管理条例》；

（6）工程设计文件、施工图纸、会审纪要、设计变更通知；

（7）施工承包合同、招投标文件、甲乙双方往来的函件及建设单位与第三方签订的与本工程有关的合同；

（8）现行的国家规范、施工质量验收规范、质量验评统一标准、建材质量标准；

（9）所在省、市、地方工程标准汇编。

10.2.2　管道安装施工监理实施细则

1. 编制依据

（1）《给水排水管道工程施工及验收规范》GB 50268—2008；

（2）《城镇道路工程施工与质量验收规范》CJJ 1—2008；

（3）《城镇污水处理厂工程质量验收规范》GB 50334—2017。

2. 质量控制目标

（1）钢管安装施工应符合设计及有关规范的要求。

（2）钢管道内外防腐施工应符合设计及有关规范的要求。

（3）铸铁管施工应符合设计及有关规范的要求。

（4）非金属管安装施工应符合设计及有关规范的要求。

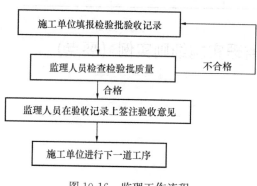

图 10-16　监理工作流程

3. 监理工作流程（图 10-16）

4. 质量控制要点

（1）钢管安装

1）检查进场钢管质量，管道安装前，监理人员应对管节进行逐根测量、编号。下管前应先检查管节的内外防腐层，合格后方可下管。

2）焊接采用焊条的化学成分、机械强度应与母材相同且匹配，兼顾工作条件和工艺性；焊条质量应符合现行国家标准。

3）管节焊接时应检查对口纵、环向焊缝的位置。不同壁厚的管节对口时，管壁厚相差不宜大于 3mm。不同管径的管节相连时，两管径相差大于小管径的 15％时，可用渐缩管连接。

4）钢管采用螺纹连接时，检查管节的丝扣。管道法兰连接应符合规范规定。法兰接口埋入土中时，应采取防腐措施。

（2）钢管道内外防腐

1）检查水泥砂浆内防腐层的材料质量，材料质量应符合规范规定。检查水泥砂浆内防腐层施工质量。

2）检查环氧煤沥青外防腐层施工质量。管节表面应符合规范的规定，涂料配制应按产品说明书的规定操作。

（3）球墨铸铁管安装

1) 检查球墨铸铁管及管件的外观质量，其质量应符合规定。管及管件下沟槽前，监理人员应督促施工单位清除承口内部的油污、飞刺、铸沙及凹凸不平的铸瘤。

2) 沿直线安装管道时，宜选用管径公差组合最小的管节组对连接，接口的环向间隙应均匀。管道沿曲线安装时，接口的允许转角不得大于规范的规定。

3) 安装机械柔性接口时，监理人员应检查使插口与承口法兰压盖的轴线是否相重合；螺栓安装方向应一致，并均匀、对称地紧固。

（4）非金属管安装

1) 管节安装前监理人员应进行外观检查，发现裂缝、保护层脱落、空鼓、接口掉角等缺陷，使用前施工单位应修补并经鉴定合格后，方可使用。

2) 预（自）应力混凝土管不得截断使用。当预（自）应力混凝土管道采用金属管件连接时，管件应进行防腐处理。

3) 检查钢丝网水泥砂浆及水泥砂浆抹带接口，检查非金属管道接口安装质量，其质量应符合相关规定。

5. 施工质量通病及预防措施见表10-2。

管道安装施工通病及预防措施　　　　　　表 10-2

施工质量通病	监理预防措施
管道位移、沉降、管口渗漏	1. 在管道铺设前，须复核轴线位置、线形以及标高是否符合设计标高，发现有差错，应立即返工。 2. 稳管用垫块应按设计预制，安放时位置要准确，使用三角形垫块应涂抹一层砂浆，以加强管道的稳定性。 3. 管道铺设应从下游排向上游，承口向上，采用边线控制排管时所设边线应拉紧，采用中心线控制排管时应在中间铁撑柱上划线。 4. 刚性接口施工时，若发现裂缝、下口脱落等情况，应凿除后重新按程序操作。柔性接口施工时，每安一节管后，应立即检查是否符合要求，若发现有扭曲、脱槽现象，应予纠正
圆形管道与铸铁管道出现交叉	1. 预制圆形管道与其上方钢管道或铸铁管道交叉且同时施工，当钢管道或铸铁管道的内径不大于400mm时，宜砌筑砖墩支承。 2. 砖墩应采用黏土砖和水泥砂浆，砖的强度等级不应低于MU7.5；砂浆不应低于M7.5；砖墩基础的压力不应超过地基的允许承载力。 3. 当覆土高度不大于2m时，砖墩间距宜为2～3m；对铸铁管道，每一管节不应少于2个砖墩
矩形管道（渠）与铸铁管道出现交叉	1. 圆形或矩形排水管道（渠）与其下方的钢管道或铸铁管道交叉且同时施工时，对下方的管道宜加设套管或管廊。 2. 加设的套管或管廊的净宽，不应小于管道结构的外缘宽度加300mm；长度不宜小于上方排水管道基础宽度加管道交叉高差的3倍，且不宜小于基础宽度加1m。 3. 套管可采用钢管、铸铁管或钢筋混凝土管；管廊可采用砖砌；套管或管廊两端与管道之间的孔隙应封堵严密
排水管道与电缆管道出现交叉	1. 当排水管道与其上方的电缆管道交叉时，宜在电缆管道基础以下的沟槽中回填低强度等级的混凝土、石灰土或砌砖。 2. 排水管道与电缆管道同时施工时，可在回填材料上铺一层中砂或粗砂，其厚度不宜小于100mm。 3. 当电缆管道已建时，采用混凝土回填时，混凝土应回填到电缆管道基础底部，其间不得有空隙。 4. 当采用砌砖回填时，砖砌体的顶面宜在电缆管道基础底面以下不小于200mm，再用低强度等级的混凝土填至电缆管道基础底部

6. 质量验收

（1）管道铺设质量监理检验方法见表 10-3。

管道铺设的允许偏差（mm）　表 10-3

序号	检查项目		允许偏差（mm）		检查数量		检验方法
			无压力管道	压力管道	范围	点数	
1	水平轴线		15	30	每节管	1点	经纬仪测量或挂中线用钢尺量测
2	管底高程	$D_i \leqslant 1000$	±10	±30			水准仪测量
		$D_i > 1000$	±15	±30			

（2）外防腐层施工质量监理检验方法见表 10-4。

外防腐层的外观、厚度、电火花试验、粘结力的技术要求　表 10-4

材料种类	防腐等级	构造	厚度（mm）	外观	电火花试验	粘结力
石油沥青涂料	普通级	三油二布	≥4.0	外观均匀无褶皱、空泡、凝块	16kV	以夹角为 45°～60° 边长 40～50mm 的切口，从角尖端撕开防腐层；首层沥青层应 100% 地粘附在管道的外表面
	加强级	四油三布	≥5.5		18kV	
	特加强级	五油四布	≥7.0		20kV	用电火花检漏仪检查无打火花现象
环氧煤沥青涂料	普通级	三油	≥0.3		2kV	以小刀割开一舌形切口，用力撕开切口处的防腐层，管道表面仍为漆皮所覆盖，不得露出金属表面
	加强级	四油一布	≥0.4		2.5kV	
	特加强级	六油二布	≥0.6		3kV	

10.2.3　检查井、雨水口施工监理实施细则

1. 编制依据

（1）《给水排水管道工程施工及验收规范》GB 50268—2008；

（2）《城镇道路工程施工与质量验收规范》CJJ 1—2008；

（3）《城镇污水处理厂工程质量验收规范》GB 50334—2017。

2. 质量控制目标

（1）检查井、雨水口施工应符合设计及有关规范的要求。

（2）雨水支管施工应符合设计及有关规范的要求。

（3）灌水试验应符合设计及有关规范的要求。

3. 监理工作流程（图 10-16）

4. 质量控制要点

（1）检查井身的结构状尺寸应与图纸相符。

（2）地基应密实稳定，检查井的标高要符合图纸要求。

（3）检查井身与盖板的施工联结要牢固，井内无漏水、渗水，盖板的安放要正确无误。

（4）检查雨水井、雨水支管是否符合设计及施工要求。

（5）检查连管的质量和埋设的情况。

5. 施工质量通病及预防措施见表 10-5。

检查井、雨水口施工质量通病及预防措施

表 10-5

施工质量通病	监理预防措施
排水横管坡度不符合要求	1. 排水管道安装，应严格按照图纸要求施工。生活污水管道的坡度应符合相关要求。 2. 埋地管道施工时，应切实做到：松土要经过处理、结实；管道下部填实，避免使管道下沉，造成倒坡
铸铁排水管壁及接口渗漏	1. 不允许以大管径直接套入小管径替代，更不允许污、废雨水管混接。 2. 接入窨井的管道，应与土建密切配合施工，伸入窨井的管口与窨井内壁持平，粉刷后有一定的原弧度，成喇叭形。 3. 多根管道并列排入同一窨井时，管壁之间应留有一定间距，排入管要有符合设计的坡度，承插接口一定要密实饱满

6. 调试要点

隐蔽的排水和雨水管道，隐蔽前应进行灌水试验，试验结果必须满足设计和施工规范要求。

（1）雨水管道灌水试验高度，应从上部雨水漏斗至立管底部排出口计，灌满水 15min 后，水位下降，再灌满持续 5min，液面不下降，不渗不漏为合格。

（2）排水铸铁管灌水试验高度，以一层楼的高度为标准（控制不超过 8m），满水后液面将下降，再灌满持续 5min，液面不再下降，管道无渗漏为合格。

（3）灌水试验检查时，要求有关人员必须参加，灌水合格后要及时填写灌水试验记录，有关检查人员签字盖章。

7. 质量验收

（1）检查井允许偏差应符合表 10-6 规定。

井室的允许偏差

表 10-6

序号	检查项目			允许偏差 （mm）	检查数量		检查方法
					范围	点数	
1	平面轴线位置（轴向、垂直轴向）			15	每座	2	用钢尺量测、经纬仪测量
2	结构断面尺寸			+10，0		2	用钢尺量测
3	井室尺寸	长、宽		±20		2	用钢尺量测
		直径					
4	井口高程	农田或绿地		+20		1	用水准仪测量
		路面		与道路规定一致			
5	井底高程	开槽法管道铺设	$D_i \leqslant 1000$	±10		2	
			$D_i > 1000$	±15			
		不开槽法管道铺设	$D_i < 1500$	+10，−20			
			$D_i \geqslant 1500$	+20，−40			
6	踏步安装	水平及垂直间距、外露长度		±10		1	用尺量测偏差较大值
7	脚窝	高、宽、深		±10			
8	流槽宽度			+10			

217

（2）雨水口、支管允许偏差应符合表 10-7 规定。

雨水口、支管的允许偏差　　　　　　　　　　　　　　　　表 10-7

序号	检查项目	允许偏差（mm）	检查数量		检查方法
			范围	点数	
1	井框、井箅吻合	≤10			
2	井口与路面高差	−5，0			用钢尺量测较大值（高度、深度亦可用水准仪测量）
3	雨水口位置与道路边线平行	≤10	每座	1	
4	井内尺寸	长、宽：+20，0			
		深：0，−20			
5	井内支、连管管口底高度	0，−20			

10.2.4　水压试验监理实施细则

1. 编制依据

（1）《给水排水管道工程施工及验收规范》GB 50268—2008；

（2）《城镇道路工程施工与质量验收规范》CJJ 1—2008；

（3）《城镇污水处理厂工程质量验收规范》GB 50334—2017。

2. 质量控制目标

（1）压力管道的强度及严密性试验应符合有关规范的要求。

（2）无压力管道严密性试验应符合设计及有关规范的要求。

（3）沼气、氯气管道强度和严密性试验应符合设计及有关规范的要求。

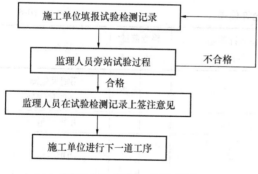

图 10-17　监理工作流程图

3. 监理工作流程（图 10-17）

4. 质量控制要点

（1）压力管道的强度及严密性试验

1）管道水压试验时，监理人员主要检查如下内容：

（A）管道升压时，管道的气体应排除；升压过程中，当发现弹簧压力计表针摆动、不稳，且升压较慢时，应重新排气后再升压。

（B）应分级升压，每升一级应检查后背、支墩、管身及接口，当无异常现象时，再继续升压。

（C）水压试验过程中，后背顶撑，管道两端严禁站人。

（D）水压试验时，严禁修补缺陷，遇有缺陷时，应作出标记，卸压后修补。

2）管道水压试验应符合下列规定：

（A）管道水压试验的试验压力和允许压力降应符合表 10-8 的规定。

（B）预试验阶段：将管道内水压缓缓地升至规定的试验压力并稳压 30min，期间如有压力下降注水补压，但不得高于试验压力；检查管道接口、配件等处有无漏水、损坏现象；有漏水、损坏现象时应及时停止试压，查明原因并采取相应措施后重新试压。

压力管道水压试验的试验压力和允许压力降（MPa）　　表 10-8

管材种类	工作压力 P	试验压力	允许压力降压力
钢管	P	$P+0.5$，且不应小于 0.9	0
球墨铸铁管	≤0.5	$2P$	0.03
球墨铸铁管	>0.5	$P+0.5$	0.03
预（自）应力混凝土管、预应力钢筒混凝土管	≤0.6	$1.5P$	0.03
预（自）应力混凝土管、预应力钢筒混凝土管	>0.6	$P+0.3$	0.03
现浇钢筋混凝土管渠	≥0.1	$1.5P$	0.03

（C）主试验阶段：停止注水补压，稳定 15min；当 15min 后压力下降不超过表 10-8 所允许压力下降数值时，将试验压力降至工作压力并保持恒压 30min，进行外观检查若无漏水现象，则水压试验合格。

3）管道严密性试验，应按规范规定的方法进行。管道严密性试验时，不得有漏水现象，且符合下列规定时，严密性试验为合格。实测渗水量应小于或等于下表 10-9 规定及有关公式规定的允许渗水量。

压力管道水压试验的允许渗水量　　表 10-9

管道内径 D_i (mm)	允许渗水量（L/(min·km)）		
	焊接接口钢管	球墨铸铁管	预（自）应力混凝土管、预应力钢筒混凝土管
100	0.28	0.70	1.40
150	0.42	1.05	1.72
200	0.56	1.40	1.98
300	0.85	1.70	2.42
400	1.00	1.95	2.80
600	1.20	2.40	3.14
800	1.35	2.70	3.96
900	1.45	2.90	4.20
1000	1.50	3.00	4.42
1200	1.65	3.30	4.70
1400	1.75	—	5.00

（2）无压力管道严密性试验监理要点

1）无压力管道闭水试验时，监理人员主要检查如下内容：

（A）试验段上游设计水头不超过管顶内壁时，试验水头应以试验段上游管顶内壁加 2m 计；

（B）试验段上游设计水头超过管顶内壁时，试验水头应以试验段上游设计水头加 2m 计；

（C）计算出的试验水头小于 10m，但已超过上游检查井井口时，试验水头应以上游检查井井口高度为准；

（D）管道闭水试验应按规范中闭水法试验进行。

2）无压力管道闭水试验时，监理人员应进行外观检查，不得有漏水现象，且符合实测渗水量小于或等于表 10-10 规定的允许渗水量，管道闭水试验为合格。

无压管道闭水试验允许渗水量　　　　　　表 10-10

管材	管道内径 D_i（mm）	允许渗水量 [$m^3/(24h \cdot km)$]
钢筋混凝土管	200	17.60
	300	21.62
	400	25.00
	500	27.95
	600	30.60
	700	33.00
	800	35.35
	900	37.50
	1000	39.52
	1100	41.45
	1200	43.30
	1300	45.00
	1400	46.70
	1500	48.40
	1600	50.00
	1700	51.50
	1800	53.00
	1900	54.48
	2000	55.90

3）管道内径大于 700mm 时，监理人员可按管道井段数量抽样选取 1/3 进行试验；试验不合格时，抽样井段数量应在原抽样基础上加倍进行试验。

（3）沼气、氯气管道强度和严密性试验

1）沼气、氯气管道必须做强度和严密性试验。沼气、氯气管道应分段及整体分别进行强度试验，低压及中压管道试验压力为 0.3MPa；次高压管道为 0.45MPa。

2）向沼气、空气管道内打压缩空气达到规定的压力后，用涂肥皂水的方法，对接口逐个进行检查，无漏气为合格。

3）沼气、氯气管道进行严密性试验时，试验压力及稳压时间应符合表 10-11 的规定。

沼气、氯气管道试验压力计稳压时间　　　　　　表 10-11

实验压力（MPa）		实验稳定时间（h）	
管道类别	压力	管径（mm）	稳压时间（h）
低压及中压管道	0.1	<300	6
		300~500	9
次高压管道	0.3	>500	12

4）在管道内打入压缩空气至试验压力，稳压 24 小时后，再进行压力降观测，允许压力降值应符合表 10-12 的规定。

允许压力降值　　　　　　　　　　　　　　　　　　表 10-12

管道公称直径（mm）	150	200	250	300	350
允许压力降值（MPa）	0.064	0.048	0.038	0.032	0.027
管道公称直径（mm）	400	450	500	600	700
允许压力降值（MPa）	0.024	0.021	0.019	0.016	0.013

10.2.5 机电设备安装工程监理实施细则

1. 编制依据

(1)《钢制压力容器》GB 00150—1998；

(2)《城镇污水处理厂工程质量验收规范》GB 50334—2017。

2. 质量控制目标

(1) 格栅除污机、螺旋输送机安装应符合设计及有关规范的要求。

(2) 水泵、除砂设备安装应符合设计及有关规范的要求。

(3) 鼓风装置、搅拌系统装置安装应符合设计及有关规范的要求。

(4) 曝气设备、排泥设备安装应符合设计及有关规范的要求。

(5) 滗水器、污泥浓缩脱水设备安装应符合设计及有关规范的要求。

(6) 加药、消毒、除臭设备安装应符合设计及有关规范的要求。

(7) 闸、阀门及堰板及集水槽安装应符合设计及有关规范的要求。

(8) 巴氏计量槽及起重设备安装应符合设计及有关规范的要求。

3. 监理工作流程（图 10-16）

4. 质量控制要点

(1) 格栅设备安装

1) 格栅栅条对称中心与导轨的对称中心应符合设备技术文件的要求。高链格栅主动链轮与被动链轮的轮齿几何中心线应重合，其偏差不应大于两链轮中心距的 2‰。

2) 格栅设备出渣口应与输送机进渣口衔接良好，不应漏渣。格栅设备试运转时应平稳，无卡阻、晃摆现象。

3) 格栅设备浸水部位两侧及底部与沟渠间隙应封堵严密。格栅设备与土建基础连接的非不锈钢金属表面防腐蚀应符合设计文件的要求。移动式格栅轨道安装应符合现行国家标准《起重设备安装工程施工及验收规范》GB 50278—2010 的有关规定。

(2) 螺旋输送设备安装

1) 螺旋输送设备进、出料口平面位置及标高应符合设计文件的要求。螺旋输送设备试运转应平稳，过载装置的动作应灵敏可靠。

2) 分段组装的螺旋输送设备相邻机壳应连接紧密，并应符合设备技术文件的要求。密封盖板与设备机壳应连接可靠，不应有物料外溢。

(3) 泵类设备安装

1) 驱动机轴与泵轴采用联轴器方式连接时，联轴器组装的端面间隙、径向位移和轴向倾斜应符合设备技术文件的要求和现行国家标准《机械设备安装工程施工及验收通用规范》GB 50231—2009 的有关规定。

2）潜水泵导杆间应相互平行，导杆与基础应垂直，导杆中间固定装置的数量不应少于设计及设备技术文件的要求；自动连接处的金属面之间应密封严密。立式轴（混）流泵的主轴轴线安装应垂直，连接应牢固。

3）泵类设备试运转时，应无异常声响，振动速度有效值、轴承温升等应符合设备技术文件的要求和现行国家标准《风机、压缩机、泵安装工程施工及验收规范》GB 50275—2010 的有关规定。

4）输送有毒、有害、易燃、易爆介质的泵，其密封装置应严密，泄漏量不应大于设计及设备技术文件的规定值。

5）泵类设备进、出水口配置的成对法兰安装应平直。螺旋泵与导流槽间隙应符合设计文件的要求，允许偏差应为±2mm。

（4）除砂设备安装

1）吸砂机吸砂管口及刮砂机刮板与池底间隙应符合设计及设备技术文件的要求。旋流式除砂机中桨叶式分离机的桨叶板倾角应一致，并应保持平衡。提砂装置风管及排砂管应固定牢固，连接可靠，无泄漏。

2）桥式吸砂机两侧行走应同步，限位装置应安装牢固，动作灵敏可靠，位置符合设备技术文件要求。链条式、链斗式刮砂机链轴及中间轴等转动应灵活，链轮与链条应啮合良好，运行平稳，无卡阻现象。

3）桥式吸砂机的两条轨道标高、间距及中心线位置应符合设计文件的要求。撇渣器刮板标高和撇渣器刮板与池壁间隙应符合设计及设备技术文件的要求。

（5）鼓风、压缩设备安装

1）联轴器组装的端面间隙、径向位移和轴向倾斜，应符合设备技术文件的要求和现行国家标准《机械设备安装工程施工及验收通用规范》GB 50231—2009 的有关规定。

2）管路中的进风阀、配管、消声器等辅助设备的连接应牢固、紧密、无泄漏。消声与减振装置安装应符合设备技术文件的要求。减压阀、安全阀经检验应准确可靠。

3）鼓风机、压缩机试运转时应无异常声响，振动速度有效值、轴承温升等应符合设备技术文件的要求和现行国家标准《风机、压缩机、泵安装工程施工及验收规范》GB 50275—2010 的有关规定。

4）进出口连接管件、阀部件等部位应设置支架、吊架。

（6）搅拌设备安装

1）搅拌、推流装置升降导轨应垂直、固定牢固、沿导轨升降顺畅，锁紧装置应可靠。潜水搅拌推流设备试运转时应运行平稳，无卡阻、异响或异常振动等现象。

2）搅拌机及附件的防腐应符合设计文件的要求。

3）澄清池搅拌机的桨板与叶轮下面板应垂直，叶轮和桨板安装应符合规定。

（7）曝气设备安装

1）表面曝气设备曝气产生的冲击力影响区域内的明敷管，其加固处理应符合设计文件的要求，其淹没深度应符合设计及设备技术文件的要求。

2）中、微孔曝气设备管路安装完毕后应吹扫干净，曝气孔不应堵塞。中、微孔曝气设备应做清水养护及曝气试验，出气应均匀，无漏气现象。

3）曝气设备整机试运转应平稳灵活，无摩擦、卡滞、振动等现象；曝气设备的连接应紧密，管路安装应牢固、无泄漏；曝气设备的升降调节装置应灵敏可靠，并有锁紧装置。

（8）排泥设备安装

1）排泥设备的刮泥板、吸泥口与池底的间隙应符合设计及设备技术文件的要求。排泥设备试运转时，传动装置运行应正常，行程开关动作应准确可靠，撇渣板和刮泥板不应有卡阻、突跳现象。

2）行车式排泥设备的两条轨道标高、间距及中心线位置应符合设计文件的要求。排泥设备的刮渣装置，其刮渣板与排渣口的间距应符合设计文件的要求。

3）周边传动及中心传动排泥设备的旋转中心与池体中心应重合，同轴度偏差不应大于设备技术文件的要求。轨道相对中心支座的半径偏差和行走面水平度应符合设备技术文件的要求。

（9）滗水器设备安装

1）旋转式滗水器固定部件与转动部件之间的连接应严密，不渗漏。滗水器试运转时应运行平稳、无卡阻。

2）滗水器排气管上端开口高度应符合设计文件的要求。机械旋转式、虹吸式、浮筒式滗水器及伸缩管滗水器等设备安装应符合设计文件的要求。滗水器堰口的水平度不应大于堰口长度的1/1000，且不应大于5mm，运转时不应倾斜。

（10）浓缩脱水设备安装

1）污泥浓缩脱水设备与污泥输送设备连接应严密、无渗漏。浓缩脱水设备试运转时传动部件运行应平稳、无异常现象，转鼓滚筒应转动灵活，滤带不得出现跑偏、急停现象。

2）离心式脱水设备减振措施应齐全，振动值应符合设备技术文件的要求。板框脱水设备固定侧与滑动侧的安装应符合设备技术文件的要求。带式脱水设备的压榨辊水平度、平行度应符合设备技术文件的要求。

（11）加药设备安装

1）加药间防爆设备的安装应符合设计文件的要求和现行国家标准《电气装置安装工程爆炸和火灾危险环境电气装置施工及验收规范》GB 50257—2014 的有关规定。

2）管路、阀的连接应牢固紧密、无渗漏。

（12）消毒设备安装

1）紫外消毒装置排架与渠壁应固定牢固。紫外消毒装置石英套管应严密、无渗漏；管壁应清洁、无污染。

2）加氯系统内管路、阀门的连接应紧密、牢固。加氯系统严密性试验及加氯管道的强度试验应符合设计文件的要求。

3）紫外消毒装置试运转时，全部灯管和灯管电极应完全浸没在污水中，当水位低于正常水位时，灯管应自动熄灭。

（13）除臭设备安装

1）管路中的进风阀、配管、消声器等的连接应牢固、紧密、无泄漏。

2）除臭设备试运转时应运行平稳，无漏水、漏气现象，无异常振动及响声。

（14）闸、阀门设备安装

1）启闭机与闸门或基础连接应牢固可靠。启闭机中心与闸板中心应位于同一垂线，垂直度偏差不应大于启闭机高度的 1/1000。丝杠直线度不应大于丝杠长度的 1/1000，且不应大于 2mm。

2）闸、阀门设备密封面应严密，其泄漏值应符合设备技术文件的要求，其安装方向应符合设计文件的要求。闸、阀门设备开启应灵活，无卡阻和抖动现象。限位装置应灵敏、准确、可靠。

3）闸门框与构筑物之间应封闭，无渗漏。

（15）堰、堰板与集水槽安装

1）可调堰板密封面应严密。堰、堰板出水应均匀。

2）堰板与基础的接触部位应严密、无渗漏。堰板的厚度应均匀一致，外形尺寸应对称、分布均匀。堰板安装应平整、垂直、牢固。堰的齿口接缝应严密。

3）圆形集水槽安装应与水池同心，允许偏差应符合设备技术文件的要求。矩形集水槽安装允许偏差应符合设备技术文件的要求。

（16）巴氏计量槽安装

1）巴氏计量槽安装应固定牢固，与渠道侧壁、渠底连接应紧密，不应漏水。

2）巴氏计量槽的中心线与渠道中心线应重合。巴氏计量槽的内表面应平整光滑；喉道表面平整度允许偏差应为 ±1mm；其他竖直面、水平面、倾斜面和曲面的允许偏差不应大于 ±5mm。

（17）起重设备

1）车挡及限位装置应安装牢固，位置应符合设备技术文件要求；同一跨端两条轨道上的车挡与起重机缓冲器应同时接触。

2）各构件之间的连接螺栓应拧紧，不得松动。起升及运行机构制动器应开闭灵活，制动应平稳可靠。

3）起重设备安装后应进行空载、静载、动载试运转，试运转应符合设备技术文件及有关标准的规定。起重机安装允许偏差应符合设备技术文件的要求和国家现行标准的有关规定。

5. 质量验收

（1）格栅设备安装质量监理检验方法应符合表 10-13 的规定。

格栅设备安装允许偏差和检验方法 表 10-13

序号	项目	允许偏差	检验方法
1	设备平面位置	10mm	尺量检查
2	设备标高	±10mm	水准仪与直尺检查
3	设备安装倾角	±0.5°	量角器与线坠检查
4	机架垂直度	$H/1000$	经纬仪检查
5	机架水平度	$L_1/1000$	水平仪检查
6	栅条与栅条纵向面、栅条与导轨侧面平行度	$0.5L_2/1000$	细钢丝与直尺检查
7	落料口位置	5mm	板尺与线坠检查

注：H 为机架高度，L_1 为机架长度，L_2 为栅条纵向面长度。

（2）螺旋输送设备安装质量监理检验方法应符合表 10-14 的规定。

螺旋输送设备安装允许偏差和检验方法 　　　　　　　　　表 10-14

序号	项目	允许偏差（mm）	检验方法
1	设备平面位置	10	尺量检查
2	设备标高	±10	水准仪与直尺检查
3	螺旋槽直线度	$L/1000$，且≤3	钢丝与直尺检查
4	设备纵向水平度	$L/1000$，且≤5	水平仪检查

注：L 为螺旋输送设备长度。

（3）泵类设备安装质量监理检验方法应符合表 10-15 的规定。

泵类设备安装允许偏差和检验方法 　　　　　　　　　表 10-15

序号	项目		允许偏差（mm）	检验方法
1	设备平面位置		10	尺量检查
2	设备标高		+20，−10	水准仪与直尺检查
3	设备水平度	纵向	$0.10L/1000$	水平仪检验
		横向	$0.20L/1000$	
4	导杆垂直度		$H/1000$，且≤3	线坠与直尺检验

注：L 为设备长度，H 为导杆长度。

（4）除砂设备安装质量监理检验方法应符合表 10-16、表 10-17 的规定。

吸砂机、刮砂机安装允许偏差和检验方法 　　　　　　　　　表 10-16

序号	项目	允许偏差（mm）	检验方法
1	导轨顶面、侧面接头错位	0.5	直尺和塞尺检查
2	吸砂管垂直度	$H/1000$	线坠和直尺检查
3	撇渣器刮板与池壁间隙	±10	直尺检查
4	链轮横向中心线与机组纵向中心线水平位置	2	钢丝、直尺检查
5	链轮轴线与机组纵向中心线垂直度	$L/1000$	钢丝、直尺检查
6	链轮轴水平度	$0.5L/1000$	水平仪检查

注：H 为吸砂管长度，L 为链轮轴线长度。

砂水分离器、旋流式除砂机安装允许偏差和检验方法 　　　　　　表 10-17

序号	项目	允许偏差（mm）	检验方法
1	设备平面位置	10	尺量检查
2	设备标高	±10	水准仪与直尺检查
3	旋流式除砂机浆叶式立轴垂直度	$H/1000$	线坠与直尺检查

注：H 为浆叶式立轴长度。

（5）鼓风装置安装质量监理检验方法应符合现行国家标准《风机、压缩机、泵安装工程施工及验收规范》GB 50275—2010 的有关规定。

(6) 搅拌、推流设备安装质量监理检验方法应符合表 10-18 的规定。澄清池搅拌机安装质量监理检验方法应符合表 10-19 的规定。

搅拌、推流设备安装允许偏差和检验方法　　　　表 10-18

序号	项目	允许偏差	检验方法
1	设备平面位置	10mm	尺量检查
2	设备标高	±10mm	水准仪与直尺检查
3	导轨垂直度	$H_1/1000$	线坠与直尺检查
4	设备安装角	1°	量角器与线坠检查
5	搅拌机外缘与池壁间隙	±5mm	尺量检查
6	垂直搅拌轴垂直度	$H_2/1000$，且≤3mm	线坠与直尺检查或百分表检查
7	水平搅拌轴水平度	$L/1000$，且≤3mm	水平仪与直尺或百分表检查

注：H_1 为导轨长度，H_2 为垂直搅拌轴长度，L 为水平搅拌轴长度。

澄清池搅拌机的叶轮和桨板安装允许偏差和检验方法　　　　表 10-19

序号	项目	允许偏差（mm）						检验方法
		$D<1m$	$1m≤D<2m$	$D≥2m$	$D<400mm$	$400mm≤D<1000mm$	$D≥1000mm$	
1	叶轮上下面板平面度	3mm	4.5mm	6mm	—	—	—	线与尺量检查
2	叶轮出水口宽度	+2mm	+3mm	+4mm	—	—	—	
3	叶轮径向圆跳动	4mm	6mm	8mm	—	—	—	尺量检查
4	桨板与叶轮下面板角度偏差	—	—	—	±1°30′	±1°15′	±1°	量角器检查

注：D 为澄清池搅拌机的叶轮直径。

(7) 表面曝气设备、水下曝气设备，中、微孔曝气设备安装质量监理检验方法应符合表 10-20、表 10-21 的规定。

表面曝气设备、水下曝气设备安装允许偏差和检验方法　　　　表 10-20

序号	项目		允许偏差（mm）	检验方法
1	设备平面位置		10	尺量检查
2	水下曝气设备标高		±5	水准仪与直尺检查
3	立轴式曝气设备轴垂直度		$H/1000$	线坠与直尺检查
4	水平轴式曝气设备	主轴水平度	$L/1000$，且≤5	水平仪检查
		主驱动水平度	0.2$L/1000$	水平仪检查

注：H 为立轴长度，L 为水平轴长度。

中、微孔曝气设备安装允许偏差和检验方法 表 10-21

序号	项目		允许偏差（mm）	检验方法
1	池底水平空气管	平面位置	10	尺量检查
		标高	±5	水准仪与直尺检查
		水平度	2L/1000	水平仪检查
2	同一曝气池曝气器盘面标高差		3	水准仪与直尺检查
3	两曝气池曝气器盘面标高差		5	水准仪与直尺检查
4	管式膜曝气器	水平度	$L/1000$，且≤5	水平仪检查
		标高差	5	水准仪与直尺检查
5	穿孔管曝气器	水平度	$L/1000$，且≤5	水平仪检查
		标高差	5	水准仪与直尺检查

注：L 为空气管或管式曝气器长度。

（8）排泥设备安装质量监理检验方法应符合表 10-22 的规定。

排泥设备安装允许偏差和检验方法 表 10-22

序号	项目		允许偏差（mm）	检验方法
1	矩形沉淀池	驱动装置机座面水平度	$0.10L_1/1000$	水平仪检查
		链板式主链驱动、从动轴水平度	$0.10L_2/1000$	水平仪检查
		链板式同一主链前后二链轮中心线差	3	直尺检查
		链板式同轴上左右二链轮轮距	±3	直尺检查
		链板式左右二导轨中心距	±10	直尺检查
		链板式左右二导轨顶面高差	$0.5K/1000$	水准仪与直尺检查
		导轨顶面、侧面接头错位	0.5	直尺和塞尺检查
		撇渣管水平度	$L_3/1000$	水平仪检查
2	圆形沉淀池	排渣斗水平度	$L_4/1000$，且≤3	水平仪检查
		中心传动竖架垂直度	$H/1000$，且≤5	坠线与直尺检查

注：L_1 为驱动装置机座面长度；L_2 为链板式主链驱动、从动轴长度；K 为二导轨中心线间距；L_3 为撇渣管长度；L_4 为排渣斗的排渣口长度；H 为中心传动竖架长度。

（9）滗水器的电器控制系统安装质量验收应符合现行国家标准《电气装置安装工程低压电器施工及验收规范》GB 50254—2014 的规定。

（10）污泥浓缩脱水设备安装质量监理检验方法应符合表 10-23 的规定。

污泥浓缩脱水设备安装允许偏差和检验方法 表 10-23

序号	项目	允许偏差（mm）	检验方法
1	设备平面位置	10	尺量检查
2	设备标高	±10	水准仪与直尺检查
3	设备水平度	$L/1000$	水平仪检查

注：L 为污泥浓缩脱水设备的长度。

（11）药剂制备装置安装质量检验监理方法应符合表 10-24 的规定。

药剂制备装置安装允许偏差和检验方法

表 10-24

序号	项目	允许偏差（mm）	检验方法
1	设备平面位置	10	尺量检查
2	设备标高	+20，−10	水准仪与直尺检查
3	设备水平度	$L/1000$	水平仪检查

注：L 为药剂制备装置的长度。

（12）加氯、紫外线等消毒设备安装质量监理检验方法应符合表 10-25 的规定。

加氯、紫外线等消毒设备安装允许偏差和检验方法

表 10-25

序号	项目	允许偏差（mm）	检验方法
1	设备平面位置	10	尺量检查
2	设备标高	±10	水准仪与直尺检查
3	设备水平度	$L/1000$	水平仪检查

注：L 为加氯、紫外线等消毒设备的长度。

（13）除臭设备安装质量监理检验方法应符合表 10-26 的规定。

除臭设备安装允许偏差和检验方法

表 10-26

序号	项目	允许偏差（mm）	检验方法
1	中心线的平面位置	10	尺量检查
2	标高	+20，−10	水准仪与直尺检查
3	设备水平度	$L/1000$	水平仪检查

注：L 为除臭设备的长度。

（14）闸、阀门设备安装质量监理检验方法应符合表 10-27 的规定。

闸、阀门安装允许偏差和检验方法

表 10-27

序号	项目	允许偏差（mm）	检验方法
1	设备平面位置	10	尺量检查
2	设备标高	+20，−10	水准仪与直尺检查
3	闸门垂直度	$H_1/1000$	线坠和直尺检查
4	闸门门框底槽水平度	$L_1/1000$	水平仪检查
5	闸门门框侧槽垂直度	$H_2/1000$	线坠和直尺检查
6	闸门升降螺杆摆幅	$L_2/1000$	线坠和直尺检查

注：H_1 为闸门垂直度，H_2 为门框侧槽高度，L_1 为门框底槽长度，L_2 为螺杆长度。

（15）堰、堰板安装质量监理检验方法应符合表 10-28 的规定。

堰、堰板安装允许偏差和检验方法表

表 10-28

序号	项目	允许偏差（mm）	检验方法
1	同组各池相对标高	±2	水准仪检验
2	单池相对基准线标高	±5	

序号	项目	允许偏差（mm）	检验方法
3	单池全周长水平度	1	水平仪检验
4	可调堰板垂直度	$H_1/1000$	线坠和直尺检查
5	可调堰板门框底槽水平度	$L/1000$	水平仪检查
6	可调堰板门框侧槽垂直度	$H_2/1000$	线坠和直尺检查

注：H_1 为堰板高度，H_2 为门框侧槽高度，L 为门框底槽长度

10.2.6 市政工程旁站实施细则

1. 旁站依据

为加强对市政工程施工旁站的管理，保证工程质量，依据如下有关文件，特制订本旁站监理方案。

(1)《建设工程质量管理条例》；

(2)《建设工程监理规范》；

(3)《建设工程安全生产管理条例》；

(4) 设计图纸和设计变更等技术文件；

(5) 经批准的施工组织设计。

2. 旁站范围

旁站是指监理人员在市政工程施工阶段监理中，对工程的关键部位、关键工序的施工质量进行的监督活动。旁站监理的范围为：土方回填，后浇带及其他结构混凝土、防水混凝土浇筑，卷材防水层细部构造处理，节点钢筋隐蔽过程等。

3. 旁站监理程序

(1) 施工单位根据项目监理机构制订的旁站监理方案，在需要实施旁站监理的关键部位、关键工序进行施工前 24 小时，应当书面通知项目监理机构。项目监理机构应当安排旁站监理人员按照旁站方案实施旁站监理。

(2) 旁站监理人员应当认真履行职责，对需要实施旁站监理的关键部位、关键工序在施工现场跟班监督，及时发现和处理旁站监理过程中出现的质量问题，如实准确地做好旁站监理记录。凡旁站监理人员和施工单位现场质检人员未在旁站监理记录上签字的，不得进行下一道工序施工。

(3) 旁站监理人员实施旁站时，发现施工单位有违反工程建设强制性标准行为的，有权责令施工单位立即整改；发现其施工活动已经或者可能危及工程质量的，应当及时向监理工程师或者总监理工程师报告，由总监理工程师下达局部暂停施工指令或者采取其他应急措施。

(4) 旁站监理记录是监理人员依法行使有关签字权的重要依据。对于需要旁站监理的关键部位、关键工序施工，凡没有实施旁站监理或者没有旁站监理记录的，监理人员不得在相应文件上签字。在工程竣工验收后，工程监理单位应当将旁站监理记录存档备查。

4. 旁站人员主要职责

(1) 检查施工企业现场质检人员到岗、特殊工种人员持证上岗以及施工机械、建筑材

料准备情况；

（2）在现场跟班监督关键部位、关键工序的施工执行施工方案以及工程建设强制性标准情况；

（3）核查进场建筑材料、建筑构配件、设备和商品混凝土的质量检验报告等，并可在现场监督施工企业进行检验或者委托具有资格的第三方进行复验；

（4）做好旁站监理记录和监理日记，保存旁站监理原始资料。

5. 旁站主要内容

（1）土方回填的旁站

1）土方回填前施工单位应清除基底的垃圾、树根等杂物，抽出坑穴积水、淤泥，应检查基底标高。

2）回填管沟时，应要求施工单位先在管道周围填土夯实，并应从管道两边同时进行，直至管顶 0.5m 以上。

3）回填基坑时，应在相对的两侧或四侧同时进行，同时应检查排水措施，每层填筑厚度、含水量控制、压实程度。

4）填土应预留一定的下沉高度。当填土用机械分层夯实时，其预留下沉高度一般不超过填方高度的 3%。

5）人力夯实要按一定方向进行，分层夯打。夯实基槽及地坪时，行夯路线应由四边开始，然后再夯中间。蛙式打夯机等小型机具夯实要依次夯打，均匀分布，不留间隙。

（2）混凝土浇筑与捣实的旁站

1）混凝土运至施工现场时，应随即进行浇筑，并在初凝前浇筑完毕。混凝土运输时间超过允许的运输时间，应禁止施工单位继续浇筑。

2）当浇筑高度超过 3m 时，可使用串筒、斜槽或溜管下料。浇筑泵送高强混凝土时，混凝土自高处倾落的自由高度一般不宜超过 2m。

3）混凝土应连续浇筑。若受客观条件的限制必须间歇时，应在前层混凝土初凝之前，将此层混凝土浇筑完毕，否则必须按规定设置施工缝。等前层混凝土的强度达到 1.2MPa 以上，处理施工缝之后才允许继续浇筑。

4）当混凝土分层浇筑时，振捣上一层混凝土，应在下层混凝土初凝之前，将插入式振动器插入下一层中 50mm 左右，以消除两层之间的接缝。

5）平板式振动器在每一位置上应连续振动约 25～40 秒，以混凝土表面出现浮浆为准。

6）在一个构件上安装几台附着式振动器时，振动频率必须一致；在两侧安装振动器时，相对应的位置应错开。当混凝土成一水平而不再出现气泡时，可停止振动。

（3）泵送混凝土浇筑的旁站

1）泵送混凝土施工时，优先选用带布料杆的泵车或独立的布料杆进行布料。也可选用软管摆动配合拆、装泵管的人工布料方法。

2）在同一浇筑区内，应先浇竖向结构，后浇水平结构，分层连续浇筑。当不允许留施工缝时，区域之间、上下层之间的混凝土浇筑间歇时间不得超过混凝土初凝时间。

3）大坍落度的泵送混凝土振捣时间可适当减少，以表面翻浆不再沉落为度；振动棒移动间距可适当加大，但不宜超过振动棒作用半径的 2 倍。

（4）大体积混凝土的旁站

1）在大体积混凝土拌和物的出机温度、浇筑温度及浇筑时，应对其气温进行监测，至少每 2 小时应测一次。

2）大体积混凝土浇筑后，养护期间也应进行温度监测，同时应测环境温度，第二次测温时间宜在浇筑后 12 小时进行。

3）应控制混凝土的浇筑温度不宜超过 28℃。且混凝土内部与表面的温度之差不应超过设计值，当设计无要求时，不宜超过 250℃。混凝土的温度骤降不应超过 100℃。

（5）防水混凝土的旁站

1）拌制混凝土所用材料的品种、规格和用量，每工作班检查不应少于两次。每盘混凝土各组成材料计量结果的偏差应符合有关规定。

2）防水混凝土拌合物必须采用机械搅拌，搅拌时间不应小于 2min。防水混凝土拌合物的坍落度损失后不能满足施工要求时，应加入原水灰比的水泥浆或二次掺加减水剂进行搅拌，严禁直接加水。

3）防水混凝土必须采用高频机械振捣密实，振捣时间宜为 10～30s，以混凝土泛浆和不冒气泡为准。掺加引气剂或引气型减水剂时，应采用高频插入式振捣器。

（6）施工缝的旁站

1）施工缝位置应设置在结构受剪力较小且便于施工的部位。

2）在施工缝处继续浇筑混凝土时，已浇筑的混凝土抗压强度至少要达到 1.2MPa，同时必须对施工缝进行必要的凿毛、湿润等处理。

3）在混凝土浇筑前，水平施工缝宜先铺上 10～15mm 厚的水泥砂浆一层，其配合比与混凝土内的砂浆成分相同。

4）从施工缝处开始继续浇筑时，机械振捣器宜向施工缝处逐渐推进，并距 80～100cm 处停止振捣，加强对施工缝接缝的捣实工作。

（7）后浇带的旁站

1）后浇带应在其两侧混凝土龄期达到 42 天后再施工。

2）后浇带在浇筑前，整个混凝土表面应按照施工缝的要求进行处理。后浇带的混凝土应采用补偿收缩混凝土。后浇带的混凝土强度等级应比原结构强度提高一级，养护时间不得少于 28 天。

3）后浇带的施工缝可做成平头缝，根据设计要求也可做成企口缝。

（8）变形缝的旁站

1）中埋式止水带在转弯处宜采用直角专用配件，并应做成圆弧形。安设于结构内侧的可卸式止水带在转角处应做成 45°角，且转角处应增加紧固件的数量。

2）当变形缝与施工缝均用外贴式止水带时，其相交部位和外贴式止水带的转角部位宜用防水技术规范所给出的专用配件。

3）嵌缝材料嵌填施工时，缝内两侧应涂刷与嵌缝材料相容的基层处理剂。在缝上粘贴卷材或涂刷涂料前，应在缝上设置隔离层后再行施工。

（9）管网系统旁站

1）隐蔽或埋地的给水排水管道在隐蔽前必须做灌水试验。停止灌水 15min 后，水面位置没有下降为合格。灌水 15min 水面下降后，再灌满观察 5min 水面不下降为合格。

2) 给水排水系统通水试验应在给水（冷水）系统的 1/3 配水点同时用水时进行。通水试验完成后，排水立管及干管管道还应做通球试验。通球球径不小于排水管道管径的 3/4，通球率必须达到 100％。盛水试验时间不少于 24 小时，以不渗漏为合格。

（10）地基加固处理旁站

1) 设计情况：根据设计单位对本项目地基加固处理采用的是"振冲卵石桩"方案，成正方形布桩，桩距 1.4m，桩径 80cm，要求振冲器穿透黏土层进入卵石层内 50cm 以上，桩长按振冲器实际振入以最大密实电流值控制为准，卵石粒径根据振冲器的功率大小分为三级：30kW：2～8cm，55kW：3～10cm，75kW：4～15cm。

2) 施工旁站要点

首先对桩位放样进行实地测量验收，确保总桩数和间距在容许误差之内，然后对进场卵石材料进行验收把关，对含泥量大于 5％的清除处理，粒径规格严格按以上设计要求范围控制，其次在振冲过程中严密监视振冲器入土时的电流变化（40～55A），当达到最大密实电流值且伴有明显反弹现象时，证其实际进入深度，到底后留振时间不小于 1min。

另外监督施工方漏打、少打、密实不够也是旁站检查的重点，采取监理员每天跟班旁站监理，同时做好监理记录备查，专业工程师每天巡查工地现场，发现问题及时处理。

3) 质量验收

地基处理完后设计要求的复合地基容许承载力 fspk≥180kPa，在处理完的 7 天后做承载板试验和单桩检查，复合地基承载板试验每个土建区域不少于 2 处，每区域内单桩不少于 3 根。

4) 其他具体事项严格按设计文件"地基处理设计说明"执行监理。

10.2.7　安全监理实施细则

1. 施工准备阶段安全监理

（1）审查施工组织设计中的安全技术措施和专项施工方案。

（2）符合开工条件时，签发工程开工令。施工单位接到工程开工令或后，应在投标书文件中约定的开工期限内开工，直至按规定工期完成工程。

（3）审批施工单位的工程进度计划，调查施工单位实现总进度计划的能力和不利因素；落实建设单位对实现工程进度计划的不利因素。

（4）审查施工单位的自检系统，督促施工单位进行安全教育，成立施工单位的安全自检系统，配备足够的专职安全生产管理人员。

（5）检查施工单位进场的安全设施、设备和施工机械出厂合格证书、年检记录、检测报告。必要时监理人员可要求施工单位对安全设施取样试验。

2. 施工阶段安全监理

（1）土方工程安全监理

1) 土方开挖前，必须摸清基坑下的管线情况，以利考虑开挖过程中的意外应急措施。土方开挖中如发现管道、电缆及其他埋设物应及时报告，不得擅自处理。在开挖基坑时，必须设有确实可行的排水措施。

2) 挖土时要注意土壁的稳定性，发现有裂缝及坍塌可能时，人员要立即撤离并及时报告处理。开挖出的土方，要严格按照组织设计堆放，不得近距离堆于基坑外侧。基坑四周必须设置1.5m高护栏，要设置一定数量临时上下施工专用梯。

3）机械操作中进铲不应过深，提升不应过猛。机械的任何部位与架空输电线路的最近距离应符合安全操作规程要求。

4）打夯机工作前，应检查电源线是否有缺陷和漏电，机械运转是否正常，机械是否装置了漏电开关保护，按一机一开关安装，机械不准带病运转，操作人员应戴绝缘手套。

（2）模板工程安全监理

1）进入施工现场人员必须戴好安全帽，高空作业人员必须佩戴安全带。使用的工具必须用绳链系挂在身上，钉子必须放在工具袋内，以免掉落伤人。

2）安装与拆除5m以上的模板时，应搭脚手架，并设防护栏杆，防止上下在同一垂直面操作。高空、复杂结构模板的安装与拆除，事先应有切实的安全措施。

3）两人抬运模板时要互相配合，传递模板时应使用运输工具或绳子系牢后升降，不得乱抛。组合钢模板装拆时，上下应有人接应，有专人指挥。

4）在组合钢模板上架设的电线和使用电动工具，应用36V低压电源或采取其他有效的安全措施。

5）高空作业要搭设脚手架或操作台时，上、下应搭设梯子，不许站立在墙上工作；不准站在大梁底模上行走。

6）拆模必须一次性拆模，不得留下无撑模板。拆下的模板要及时清理，堆放整齐。

（3）钢筋工程安全监理

1）钢筋断料、配料、弯料等工作应在地面进行，不准在高空操作。

2）搬运钢筋要注意附近有无障碍物、架空电线和其他临时电气设备，防止钢筋在回转时碰撞电线或发生触电事故。

3）现场绑扎悬空大梁钢筋时，不得站在模板上操作，必须要在脚手板上操作。绑扎独立柱头钢筋时，不准站在钢箍上绑扎。

4）起吊钢筋骨架，下方禁止站人，必须待骨架降到距模板1m以下才准靠近，就位支撑好方可摘钩。

5）高空作业时，不得将钢筋集中堆在模板和脚手板上，也不要把工具、钢箍、短钢筋随意放在脚手板上，以免滑下伤人。

（4）混凝土工程安全监理

1）搭设车道板时，车道板两头需搁置平稳，并用钉子固定。在车道板下面需加横楞、顶撑并装有防护栏杆。车道板上应经常清扫垃圾、石子等以防滑跌。

2）用塔吊、料斗浇捣混凝土时，指挥人员与塔吊驾驶员应密切配合。当塔吊放下料斗时，操作人员应主动避让，并应站立稳当，防止料斗碰人造成坠落。

3）离地面2m以上浇捣过梁、雨篷、小平台等，不准站在搭头上操作。如无可靠的安全设备时，必须戴好安全带，并扣好保险钩。

4）井架吊篮起吊或放下时，必须关好井架安全门，头、手不准伸入井架内，待吊篮停稳，方能进入吊篮内工作。

5）使用振动机前应检查电源电压、漏电保护器的电源线路是否良好，电源线不得有接头，机械运转应正常。振动机移动时，不能硬拉电线，更不能在钢筋和其他锐利物上拖拉，防止割破或拉断电线而造成触电伤亡事故。

（5）地面工程安全监理

1）施工人员操作时必须穿胶鞋、手套等劳动防护用品。

2）清理地面时，清理出的垃圾杂物等不得由窗口、阳台、井道随意向下抛掷。

3）使用磨石机应戴绝缘手套、穿胶鞋，电源线须接漏电保护器并采用橡胶软线，不准有接头。磨石机上方不准站人或堆物。

4）擦草酸时施工人员要戴橡胶手套。

（6）砌筑工程安全监理

1）砌基础时，应检查和经常注意基坑土质变化情况，有无崩裂现象。当深基坑装设挡板支撑时，操作人员应设梯子上下，运料不得碰撞支撑。

2）墙身砌体高度超过地坪 1.2m 以上时，应搭设脚手架。在一层以上或高度超过 4m 时，采用里脚手架必须支搭安全网，采用外脚手架应设护身栏杆后方可砌筑。

3）脚手架上堆料量不得超过规定荷载，堆砖不得超过 3 个砖侧的高度，同一块脚手板上的操作人员不应超过 2 人。

4）施工人员砍砖时应面向内打，防止碎砖跳出伤人。

5）使用于垂直运输的吊笼、绳索具等，必须满足负荷要求，牢固无损。吊运时不得超载，必须经常检查，发现问题及时修理。

6）在同一垂直面内上下交叉作业时，必须设置安全隔板，下方操作人员必须戴好安全帽。

（7）钢木门窗安装工程安全监理

1）搬运钢门窗时应轻放，不得使用木料穿入框内吊运至操作位置。钢门窗不得平放，应该竖立，其倾斜不得超过 20°，并不准人字形堆放。

2）安装窗扇时，不准脚踩窗框，或在窗框放置脚手板和悬吊重物。

（8）钢管脚手架工程安全监理

1）搭设脚手架之前应严格进行筛选。凡严重锈蚀、薄壁、严重弯曲裂变的杆件不宜采用，严重锈蚀、变形、裂缝、螺栓螺纹已损坏的扣件不宜采用。

2）普通脚手架立杆必须设底座保护。高层钢管脚手架座立于槽钢上的，必须有地杆连接保护。高层建筑金属脚手架的拉杆，必须使用埋件形式的刚性材料。

3）同一立面的小横杆，应对等交错设置，同时立杆上下对直。

4）所有扣件紧固力矩，应达到 45~55N·m。

5）脚手架拆除现场必须设警戒区域，张挂醒目的警戒标志，有专人指挥。所有高处作业人员，应严格按高处作业规定执行和遵守安全纪律。

6）所有连墙杆、斜拉杆、隔排措施、登高措施必须随脚手架步层拆除同步进行下降，不准先行拆除。

7）所有杆件与扣件，在拆除时应分离，不允许杆件上附着扣件输送地面，或两杆同时拆下输送地面。

8）脚手架内必须使用电焊气割时，应严格按照国家特殊工种的要求和消防规定执行。严禁无证动用焊割工具。

（9）抹灰工程安全监理

1）刷（喷）浆时，操作人员要戴口罩、手套、保护镜，穿上工作服。

2）喷浆设备使用前应检查，使用后应洗净。喷浆时要注意风向，尽量少让浆液飘到别处和他人身上。

3）室内抹灰使用人字梯时，拉绳必须牢靠，并不得站在最上一层操作，不准站在梯子上移位，梯子脚下要绑胶布防滑。

4）室内抹灰使用的木凳、金属支架应搭设平稳牢固，脚手板高度不大于2m。架子上堆放材料不得过于集中，存放砂浆的灰斗、灰桶等要放稳。

5）在室内推运小车时，特别是在过道中拐弯时要注意车把，谨防挤手。在推小车时不准倒退。

（10）油漆、防腐工程安全监理

1）在涂刷或喷涂对人体有害的油漆时，注意防止铅中毒，操作人员需戴上防护口罩。如对眼睛有害，需戴上密闭式眼镜进行保护。

2）在喷涂硝基漆或其他挥发性、易燃性溶剂稀释的涂料时不准使用明火。

3）油漆仓库内不得有明火，须配备灭火器。不准安装碘钨灯。

4）施工过程中不慎与腐蚀或刺激性物质接触后，要立即用水或乙醇擦洗。

5）在配制使用乙醇、苯丙酮等易燃材料施工现场，应严禁烟火并应备置消防器材，还要有适当的通风。操作人员必须穿戴好防护用品。

（11）卷材屋面防水工程安全监理

1）装卸、搬运、熬制、铺涂沥青，必须使用规定的防护用品。

2）熬制沥青的地点不得设在电线的垂直下方，一般应距建筑物25m以外。沥青、燃料的堆放场地，离锅不小于5m。熬制时必须有人看守。

3）装运沥青的勺、桶等工具，不得用焊锡接缝，盛放量不得超过容器的2/3。垂直运输时，附近10m范围内禁止站人。

4）屋面铺贴卷材，四周应设置1.2m高的围栏，靠近屋面四周沿边时应侧身操作。六级以上大风时，应停止操作。

（12）起重机械安全监理

1）起重机驾驶员必须持证上岗，熟悉起重机技术性能。开始工作前，应先检查起重机械是否正常，检查距尾部的回转范围50cm内是否有障碍物。

2）起重机吊起满载荷重物时，应先吊起离地面20~50cm，检查起重机的稳定性、制动器的可靠性和钢丝绳扎绑的牢固性等，确认可靠后，才能继续起吊。

3）起重机吊起重物时，应严格注意起吊重物的升降，不得使起重吊钩到达顶点。起重臂最大仰角不得超过制造厂规定。

（13）管线工程安全监理

1）在拉设临时电源时，电线均应架空，过道须用钢管保护，不得乱拖、乱拉，以防电线被车辗物压。

2）电箱内电气设备应完整无缺，设有专用漏电保护开关。一只漏电开关控制一只插座。

3）所有移动电具，都应在漏电开关保护之中。电线应无破损，插头、插座应完整，严禁不用插头而用电线直接插入插座内。

4）各类电动机械应及时保养，清洗、注油。在使用时如遇中途停电或人员暂时离开，必须关闭电源开关或拔出插头。

10.2.8　环保及职业健康监理实施细则

1. 邻近建（构）筑物的安全保护

（1）为防止基坑开挖对周围建筑产生不良影响，在施工时制定适当的开挖、支撑施工程序，严格控制边坡变形，必要时对土体采用加固处理。同时，严格控制降水量，减少地面沉降。

（2）在施工期间加强观测，以控制建筑物的沉降和倾斜。

2. 施工围挡及交通导改安全保护

（1）施工作业场地按有关规定和招标文件要求进行施工围挡，确保建筑施工安全。

（2）交通导改必须按照设计文件要求编制施工导改方案报建设单位、监理及交通管理部门审批，并积极配合交通管理部门组织实施。

（3）在施工作业场地进出口设置安全交通警示标志、车辆慢行标志、道路改移标志等，并安排专业安全人员配合交警同志进行施工作业区段的交通指挥，以保证施工作业场地影响范围内的交通畅通。

（4）经常组织机动车驾驶人员学习，以提高司驾人员交通安全意识，确保出入工地施工车辆不违章驾驶，不阻塞交通。

3. 预防噪声措施

（1）为防止噪声扰民，围蔽适当加高，并增设隔声墙，作业场地采取封闭作业。

（2）采取空压机房、发电机房外墙加铺吸声材料，邻近空压机房处围挡设立隔声墙，控制施工噪声，同时尽可能避免夜间施工。

4. 预防扬尘及大气污染措施

（1）施工场地及道路进行硬化，适时洒水，减轻扬尘污染；土、石、砂、水泥等材料运输和堆放进行遮盖，减少污染。

（2）场地出口设洗车槽，并设专人对所有出场地的车辆进行冲洗，严防落土掉渣污染道路，影响环境。

（3）优先选用电动机械，尽量减少内燃机械对空气的污染。

5. 预防地表水和地下水污染措施

施工废水不能直接排入城市排水管网。在场地内设置沉淀池，对施工中产生的废泥浆进行沉淀过滤后排入市政排水管网。应做到现场无积水、排水不堵塞、水质达标排放。

6. 预防弃渣和撒落建筑垃圾措施

（1）安排人员应及时回收、清退施工剩余料具和包装，对可再利用的废弃物尽量回收利用。

（2）应及时清除撒落在施工现场运输道路上的混凝土、砂浆。同时，教育施工人员养成良好的卫生习惯，不随地乱丢垃圾、杂物。生活垃圾和建筑垃圾应按规定分开集中收集，生活垃圾每班清扫、每日清运。

7. 预防破坏城市生态环境措施

（1）合理布置施工场地，生产、办公设施布置在征地红线以内，尽量不破坏原有的植被，保护自然环境。对施工中可能遇到的各种公共设施，制订可靠的防止损坏和移位的实施措施。

（2）施工场地位于繁华的市区，施工中尽量不破坏原有设施和影响行车。工程竣工后搞好地面恢复，恢复原有植被，防止水土流失。

8. 预防职业病的措施

（1）职业中毒防毒措施：

1）改革工艺设备和工艺操作方法，从根本上杜绝和减少毒物的产生。以无毒或低毒原料代替有毒或高毒材料。

2）采用密闭式操作。

3）进行通风排毒与净化回收。

4）隔离操作。

5）佩戴个人防护用品。包括工作服、工作帽、口罩、眼镜、过滤式防毒呼吸器、隔离式防毒呼吸器等。

（2）尘肺病的预防

1）改善作业工艺，减少原料的破碎程度；在尘源周围设置密闭设备，在尘源处设置除尘器，将产生的粉尘收集起来。

2）设置通风除尘设备，净化作业空气。

3）加强安全教育，增强工人的职业卫生意识。

4）加强劳动保护。

5）加强粉尘检测。

（3）听力保护

1）改进工艺过程和生产设备，以低声或无声工艺及设备代替产生噪声的工艺和设备，将噪声源远离工人作业区。

2）采用吸声材料，利用各种隔声、消声设备降低噪声强度；

3）采用合理的防护措施。应按要求使用听力防护用品，休息时间离开噪声环境；

4）定期体检。对于已出现听力下降者，应加以治疗和观察，重者应调离噪声作业岗位。

第11章 涉外给水排水工程建设监理简介

改革开放以来，我国涉外给水排水工程项目从无到有，从小到大，取得了长远的发展。同国内给水排水工程建设监理相比，涉外工程的建设监理工作更加复杂，有必要单独分析。

11.1 涉外给水排水工程

11.1.1 涉外工程和涉外给水排水工程

1. 涉外工程

广义的涉外工程是一种以开发和建设工程项目为中心的国际经济交易活动，涉及的范围主要包括以下几个方面：

（1）国外的工程项目承包。包括工程的设计、施工或设备安装。前者指为国外的某项工程进行设计，提供设计方案和施工图纸与估价，或在施工阶段提供设计监督（到现场对施工进行监督及有关设计的技术指导工作）。后者指对国外工程项目进行施工承包，也可以包括设备安装、调试等工作的承包。

（2）对外劳务合作。它指工程劳务承包或成建制的劳务合作。前者指按劳务价格承包其工程量，或同时承包有关的周转材料费用。后者指按工程需要成建制地提供全套劳务合作（包括工人、管理人员甚至设计人员等）。

（3）对外工程技术咨询服务或技术输出。工程咨询服务包括工程项目的可行性研究、项目评估、投资概算、编制或审查标书、招标与评标以及担任项目法人的代表（监理工程师）。有些大的国际咨询机构甚至可以承担工程总包业务。技术咨询则以提供技术服务为主，如改进设计、改进生产工艺、提高劳动生产率以及专题试验研究等。

（4）国内的国际技术经济合作工程项目。它包括我国境内的国外投资（独资或合资）、国际贷款、国际联营或合作承包等建设项目。

在我国，涉外工程通常专指有国外投资或贷款的中国境内工程项目，是狭义的概念。本章讨论的涉外给水排水工程建设监理中的"涉外给水排水工程"也是指狭义的概念。

2. 涉外给水排水工程

简言之，涉外给水排水工程是指在我国境内利用外资建设的给水排水工程。建设资金不足，是我国经济发展过程中面临的一个比较突出的问题。发展经济学的理论认为，发展中国家无力自我根除国内资金不足这一障碍，因而必须利用外资。历史的发展证明了这一理论正确性的一面。在历史上，加拿大、日本等许多已跻身发达行列的早期发展中国家，都曾是主要的资本和技术净输入国。二次世界大战以来的世界经济发展进一步证明：一批迅速崛起的第二、三代新兴工业化国家，如韩国、巴西等，也都是那些注重利用外资和发展外贸的开放型经济的国家。当然，经济发展不能完全归因于利用外资，一些国家利用外资也不无挫折甚至失败的教训。但是，确有一批发展中国家利用外资缩短了其工业化历程，争取了时间，获得了战略上的成功。需要辩证地看到，在利用外资推动一国经济发展的同时，利用外资也会带来一系列新的经济和社会风险，外来直接投资（不需要还本付息）势必会以其占有的资金、技术和管理优势对民族经济的生存和发展构成一定的冲击、威胁。对外借贷要承受按期还本付息的巨大压力。同时，连同外来资本流入的外来文化，势必对本地传统文化提出挑战，特别是在发展水平、社会制度迥异的国家更是如此。

改革开放以来，我国利用外资工作取得了显著成绩，合理利用外资对我国社会主义现代化建设起到了必要的补充作用。在主要依靠国内资金积累的同时，适当利用国外资金作为辅助形式，对于弥补国内建设资金的不足是有积极意义的。这样，既可以支持因建设资金不足而暂停建、缓建的项目，又可以进一步推进现有企业的技术改造。当然，我们利用外资，必须是在平等互利的基础上的。无论采用什么方式，都不允许附带任何不平等的政治、经济条件。利用外资的规模，也应取决于国内的配套能力、消化能力和清偿能力。

涉外给水排水工程有如下几个特点：

（1）工程的国际性

工程开发可能不止有一个国家或国际组织参与。因此，涉外给水排水工程的国际性具有多国（或国际组织、跨国公司等，下同）参与的特点。

由于多国参与的特点，所以在涉外给水排水工程建设活动中，必须有一整套能为各国所普遍接受的国际惯常做法与规定，以便工程的项目法人、监理单位和承包商，按国际上通行建设程序、管理制度和做法开展业务。

（2）竞争性

涉外给水排水工程一般是通过国际性招标投标来选择承包商的。工程项目法人采取招标发包的目的是为了能以低廉的费用、良好的工程质量和理想的进度实现工程项目。而承包商投标和承包的目的则是希望在竞争中战胜对手并得到盈利。因此，在国际工程市场上，各国承包商之间的竞争很激烈。

（3）经济、法律环境的复杂性

由于涉外给水排水工程当事各方的跨国关系，所以它们的经济法律关系一般是通过合同或协议的形式固定下来。凡项目法人、监理工程师以及承包商之间产生的一切业务行为，都应以当事各方共同签订的、具有法律效力的合同为依据。各方应按照合同规定履行自己的义务和行使自己的权力。在执行合同过程中，遇有纠纷和争端时，可通过协商、第三者调解、国际仲裁等方式甚至通过起诉寻求法律解决。无论采取何种解决方式，都要以合同规定的有关条款为依据。

还应当看到，世界各国由于政治、经济条件的差异，形成了不同的法律制度。各国为了维护自己的利益，从法律上加强了对微观经济的控制。为了解决国际经济交往中的法律冲突，国际经济组织和国与国之间的"公约"、"条约"、"合约"等不断增多，众多的法律规定（国内法、国际公法、国际私法等）为涉外企业的国际交往规定了法律范围及界限。涉外企业经营者面临繁杂的法律环境，自己的经济行为不仅要符合本国的法律规定，而且要符合异国的有关法律规定。如发生纠纷，还要寻求通过国际法律解决问题的途径，这就涉及采用何国的法律和哪种法律为解决问题的依据，从而产生了复杂的法律适用问题。这与国内当事双方解决纠纷有着明显的不同。涉外给水排水工程的当事人不仅要保证自身行为的合法性，避免因触犯有关法律而导致重大损失；而且要防止外来非法侵害，依法维护自身利益。

（4）风险性

涉外给水排水工程活动是国际复杂的商业性交易活动，与国际政治、经济环境与形势密切相关，环境和市场的变化会严重影响到有关国际工程业务的成败。因此在涉外给水排水工程中必须对可能的风险加以估计、预测和分析。对于像经济危机、通货膨胀及货币贬值、战争或动乱的影响、所在国的政局变化以及紧缩投资与削减或停止计划的可能性等，均需通过调查研究，及时掌握信息和进行科学的分析与预测，为决策提供依据。在工程实施过程中，也应随时注意了解、掌握有关方面的发展势态，及时采取措施，以避免或减少损失。

（5）有关业务活动应遵循国际上通行的程序与做法

由于各国间政治、经济制度的差异和国际环境的复杂性，涉外给水排水工程业务活动必须遵循长期以来形成的、为世界许多国家普遍接受的一套通行的程序与做法。它与我国习用的做法有许多不同之处。例如，在工程估价和投标报价方面，定额与标准或项目划分与计算等均有所不同；又如，涉外给水排水工程承包中所必需的履约保证金或保函、保留金（留置金）以及施工进度常见的索赔和竣工后的保修期等，过去国内工程基本上不考虑；此外，诸如物资采购与供应、跨国运输所涉及的关税、报关与清关等一系列问题的发生与处理也与国内工程不同。

（6）必须充分考虑不同国家各方面因素的差异性

由于涉外给水排水工程涉及不同国家的企业和个人，因此一个国家的地理环境、自然特点、历史和社会背景、国家间的政治、经济、法律和文化关系以及不同国家和民族在语言、宗教和习俗方面的差异等，都会在涉外给水排水工程业务中发生影响。有关人员对这类不同国家间的差异应有充分的认识，并善于防止和处理由此而产生的问题。

（7）对工程要求严格

与国内工程相比，在工程质量、进度或费用方面，涉外给水排水工程的要求更为严格。例如涉外给水排水工程中一般采用体现较高技术水平的、国际常用的技术规范或标准；承包商在工程实施的过程中，始终受到项目法人方面或监理工程师的严格监督与控制以及合同的制约。承包商延误进度将受到处罚；质量不合格需要返工或补救并承担由此造成的损失和责任；竣工后以保修期及保留金作为保证措施等。因此，涉外给水排水工程承包商必须具有较强的技术力量、施工设备和手段、组织与管理水平以及熟悉国际工程业务，才能适应涉外给水排水工程的要求。

11.1.2　利用外资

由于涉外给水排水工程是指利用外资在中国境内建设的给水排水工程，有必要研究利用外资问题。利用外资的方式主要有 3 种。

1. 吸收国外投资

这种方式不形成债务，不需要还本付息。外商投入资金形成项目资本金。外商作为项目法人股东，享有股东的权利和承担相应的义务。成立项目法人时，应按《中华人民共和国中外合资经营企业法》、《中华人民共和国中外合作经营企业法》等法律规定执行，设立的项目法人属中国法人。吸收外商投资建设给水排水工程，要求有良好的投资环境，并符合《指导外商投资方向规定》和《外商投资产业指导目录》。

2. 借用国外资金

这种方式要形成债务，需要按期还本付息，主要渠道有：

(1) 国际金融组织贷款。国际金融组织的宗旨是为成员国或某些非成员国的经济发展提供资金和技术援助，主要对象是发展中国家和经济不发达地区。向我国提供贷款的国际金融组织有：国际复兴开发银行 (International Bank for Reconstruction and Development，IBRD)、国际开发协会 (International Development Association，IDA)、国际金融公司 (International Finance Cooperation，IFC)、国际货币基金组织 (International Money Fund，IMF)、亚洲开发银行 (Asian Development Bank，ADB) 等。国际金融组织的贷款，还款期限长，利率较低，是我国政府大力提倡的一条重要渠道。

在贷款中，一般采用浮动利率。浮动利率通常由银行信贷业务利率确定。在国际银行信贷业务中，常用的利率有三种：伦敦银行间同业拆放利率 (London Inter-Bank Offered Rate，LIBOR)、新加坡银行间同业拆放利率 (Singapore Inter-Bank Offered Rate，STBOR) 和香港银行间同业拆放利率 (HongKong Inter-Bank Offered Rate，HIBOR)，其中以 LIBOR 最为重要。

(2) 外国政府贷款。这种贷款是借款国政府利用国库资金提供的一种优惠贷款，具有赠款和双边经济援助的性质。目前，已有近 20 个国家向我国提供这种贷款，如日本政府向我国提供过三类政府贷款，包括日本海外协力基金贷款、日本能源贷款和黑字还流贷款（经中日双方协商，2008 年终止了对华提供新的政府开发贷款）。

政府贷款使用范围比较灵活，限制较小，只要是双方共同感兴趣的项目都可使用这种贷款；在贷款使用上，除日元贷款、科威特政府贷款采用国际招标选购设备外，其他国家政府贷款，借用哪一国贷款必须购买哪个国家的设备；总的来说，这种贷款的条件比较优惠。

政府混合贷款的利率中要用到经济合作与发展组织 (Organization for Economic Co-operation and Development，OECD) 规定的利率，也是浮动利率。

政府贷款和后面要介绍的出口信贷合称政府混合贷款，其中政府贷款一般占混合贷款的 40%～50%。

(3) 商业贷款。商业贷款最大的优点是灵活，不受采购要求的限制。按照《境内机构借用国际商业贷款管理办法》规定，对外借用国际商业贷款的境内机构仅限于经国家外汇管理局批准经营外汇借款业务的中资金融机构和经国务院授权部门批准的非金融企业法人。

商业贷款利率高、还款期限短，国家政策上要求要尽量少用商业贷款，争取多用优惠的国际金融组织和政府贷款。

(4) 出口信贷。这种信贷是出口国的官方金融机构或其政府给予补贴的商业银行，以优惠利率向本国出口商、外国进口商银行或进口商提供的信贷。其目的是为了扶持和鼓励本国商品特别是大型成套设备的出口。工业国家为了协调彼此的信贷政策，1976 年在经济合作与发展组织内就贷款期限和利率等问题达成了一项相互约束的协议，即出口信贷的"君子协定"。

根据贷款对象的不同，出口信贷分为卖方信贷和买方信贷。卖方信贷，即出口方银行向本国出口商提供的信贷，也就是通常所说的用延期付款形式进口设备。买方信贷，即由出口方银行向进口方银行或进口商提供的信贷，限于购买出口国的货物，并规定有最低使用限额。

3. 其他方式

（1）国际补偿贸易。我国所指的补偿贸易的概念是：在信贷的基础上，由国外厂商提供机器、设备、技术或劳务等。我国企业不以现汇支付，而以设备安装后生产出来的产品或双方商定的其他办法偿还赊购机器设备的价款。

补偿贸易按补偿产品方式不同分为三种类型：直接补偿，也称产品返销（Product buy back），具体内容是设备的进口方用引进的设备直接生产的产品，分期偿还合同价款；间接补偿，也称商品换购（Counter purchase），一般适用于进口的机器设备或技术并不生产有形的产品，或生产的有形产品对方并不需要，或进口机器设备的一方国内有较大的需要，经双方协商，也可以由进口机器设备一方承诺分期供应一种或几种其他产品作为补偿；综合补偿，指的是进口设备的一方，一部分用直接产品偿还进口设备价款，一部分用间接产品偿还，有时还可以用部分产品和部分现汇偿还进口设备价款。

（2）国际租赁。租赁是指出租人把某种物品出租给承租人在一定期限内使用，承租人按合同规定分期付给出租人一定的租金。国际租赁主要是指不同国籍当事人之间的租赁。国际租赁的历史较短，20 世纪 50 年代初起源于美国，后发展到欧洲和日本等。1980 年以后，我国国际租赁业务逐渐发展，先后成立了中国东方租赁公司、国际租赁公司、环球租赁公司等中外合资大型国际租赁机构。中国国际信托投资公司、中国银行等专业银行也经营租赁业务。

（3）对外加工装配。包括国外来料加工与国外来件装配两个方面。国外来料加工，指由外商提供全部或部分原料、材料和辅料及包装物料，必要时也提供设备和技术，我国企业按外商要求进行加工，成品交给外商，我方按合同规定收取加工费。国外来件装配，指由外商提供全部或关键零部件、元器件，必要时提供设备、技术，成品交给外商，我方按合同规定收取装配费。

利用外资时，要注意外汇风险（Foreign Exchange Exposure）防范，如采用合同中加列保值条款、选择好成交中的货币和货币结构、办理外汇期货买卖、提前或推迟外汇收付、选用特别提款权（Special Drawing Rights，SDR）等"一揽子货币"计价。

11.2　涉外给水排水工程建设监理

涉外给水排水工程建设监理与非涉外给水排水工程建设监理是两个不同的领域，它们既有相同之处，也有不同之处。

11.2.1　两者的相同之处

涉外给水排水工程建设监理的指导思想同非涉外给水排水工程建设监理的指导思想是相同的，仍然是以项目目标管理（投资目标、质量目标及进度目标）为中心，通过目标规划与动态的目标控制，以使项目的目标尽可能好地实现。

在上述指导思想的指导下，为使涉外给水排水工程投资目标、质量目标及进度目标尽可能好地实现，监理工程师亦需采用非涉外工程监理的方法和手段，通过对项目目标的动态控制，以使建设过程中项目目标的实际值同计划值相一致。也就是说，在涉外工程的监理工作中，监理工程师仍需制订监理规划，进行投资控制、质量控制、进度控制、合同管理及信息管理等工作，并协调好与项目建设有关各单位之间的关系。因此，从监理的指导思想、监理工作的目标、监理的职能等角度来看，涉外给水排水工程建设监理与非涉外给水排水工程建设监理是相同的，它们有着共同的规律性。

11.2.2 两者的不同之处

虽然从监理工作的指导思想、监理和目标、监理的职能等角度来看，涉外给水排水工程建设监理与非涉外给水排水工程建设监理是相同的，而且，建设工程监理的一般规律、方法也是四海皆准的，但这并不能说明两者就是一回事。只有充分认识到涉外工程监理与非涉外工程监理的区别之处，才能真正了解涉外工程监理的内涵，从而把涉外给水排水工程建设监理工作做好。

（1）涉外工程的监理更加复杂

涉外工程的建设过程中，除原有的与项目建设有关的国内各单位外，还有国外的承包商、国外的资金提供者、国外银行等参加。在大量的货物进口过程中，还会遇到各国的货币及度量衡制度的不同、商业制度不同、海关制度及其他贸易法规不同、国际汇兑复杂、运输困难、风险及索赔技术不易把握等。这一切都决定了涉外给水排水工程建设监理工作的复杂性。很显然，为使项目目标实现，监理工程师需要协调的因素增加，监理工作的困难性也就增加。

（2）涉外工程监理的风险大

涉外工程监理工作中可能产生的风险有很多，尤其是信用风险、汇兑风险、运输风险、政治风险、商业风险等更加突出。以汇兑风险为例，涉外工程的建设过程中牵扯到大量的货物进口问题，同时也会牵扯到对施工承包商的货币支付问题，究竟采用哪种货币作为支付货币，便面临着汇兑风险的问题。同时，由于国际政治经济形势的复杂多变，也会给与国际政治经济形势息息相关的涉外工程的建设工作带来政治风险、信用风险、运输风险等。

（3）涉外工程的监理对监理工程师提出了更高的要求

涉外工程的建设过程中会遇到许多非涉外工程的建设所面临不到的困难。如国外工程承包商进驻工地后，由于文化、风俗习惯、社会制度、语言不同，都会给监理工程师的工作带来诸多不便，从而也就对监理工程师提出了更高的要求。譬如，在涉外工程的监理工作中，要求监理工程师的外语水平要高，要掌握有关国际招标的程序及方法，要掌握国际建筑市场上的有关惯例，要掌握有关国际时事方面的知识。

复 习 思 考 题

1. 什么是涉外工程？什么是涉外给水排水工程？
2. 涉外给水排水工程有什么特点？
3. 我国利用外资的主要方式有哪些？
4. 试比较涉外给水排水工程建设监理与国内建设监理的异同。

参 考 文 献

[1] George G. E. Rejda Principles of Risk Management and Insurance. Harper Collins College Publishers，1995.

[2] George J. Ritz. Total Construction Project Management. Mc Graw-Hill，Inc. 1994.

[3] GIB. Produkt Zentrales Project controlling，1997.

[4] Thomas Reichmann. Controlling Concept of Management Control，Controllership，and Rations，Springer，1997.

[5] U. S. Army IOC Legal Office，Partnering in Army Contract，1998.

[6] 北京市建筑工程总公司. 建筑设备安装分项工程施工工艺标准[S]. 北京：中国建筑工业出版社，1992.

[7] 财政部世界银行业务司编. 世界银行重要文件资料汇编[G]. 北京：中国财政经济出版社，1994.

[8] 丁士昭. 建设工程监理导论[M]. 上海：上海快必达软件出版发行公司，1990.

[9] 都贻明，何万钟. 建设监理概论[M]. 北京：地震出版社，1993.

[10] 李惠强，唐菁菁. 建设工程监理. 第三版. [M]. 北京：中国建筑工业出版社，2017.

[11] 刘兴东. 建设工程监理的理论与实务[M]. 上海：上海快必达软件出版发行公司，1990.

[12] 毛鹤琴. 建设项目质量控制[M]. 北京：地震出版社，1993.

[13] 王季震. 城市水工程建设监理[M]. 北京：中国建筑工业出版社，2004.

[14] 王增长. 建筑给水排水工程[M]. 第六版. 北京：中国建筑工业出版社，2010.

[15] 熊景铸，张道军. 建设监理[M]. 郑州：河南教育出版社，1992.

[16] 徐大图. 建设项目投资控制[M]. 北京：地震出版社，1993.

[17] 徐鼎文，常志. 给水排水工程施工[M]. 第二版. 北京：中国建筑工业出版社，1993.

[18] 徐国华，赵平. 管理学[M]. 北京：清华大学出版社，1990.

[19] 严煦世，范瑾初. 给水工程[M]. 第四版. 北京：中国建筑工业出版社，1999.

[20] 杨炳芝. 中国经济合同法律知识全书[M]. 北京：法律出版社，1996.

[21] 杨劲，李世蓉. 建设项目进度控制[M]. 北京：地震出版社，1993.

[22] 杨南方. 建筑与市政工程施工质量监控手册[M]. 北京：中国建筑工业出版社，1994.

[23] 张道军. 建设项目法人责任制[M]. 郑州：黄河水利出版社，1996.

[24] 张自杰. 排水工程(下册)[M]. 第五版. 北京：中国建筑工业出版社，2015.

[25] 中国工程建设监理赴马来西亚考察团. 考察报告. 1996.

[26] 中国工程建设监理赴美国考察团. 考察报告. 1994.

[27] 中国建设工程造价管理协会标准. 建设项目施工图预算编审规程 CECA/GC5－2010[S]. 北京：中国计划出版社，2010.

[28] 中国建设监理协会组织编写. 建设工程合同管理[M]. 北京：中国建筑工业出版社，2014.

[29] 中国建设监理协会组织编写. 建设工程监理概论[M]. 北京：中国建筑工业出版社，2014.

[30] 中国建设监理协会组织编写. 建设工程监理相关法律文件汇编[M]. 北京：中国建筑工业出版社，2014.

[31] 中国建设监理协会组织编写. 建设工程进度控制[M]. 北京：中国建筑工业出版社，2014.

[32] 中国建设监理协会组织编写. 建设工程投资控制[M]. 北京：中国建筑工业出版社，2014.

[33] 中国建设监理协会组织编写. 建设工程质量控制[M]. 北京：中国建筑工业出版社，2014.

［34］ 中华人民共和国国家标准. 城镇污水处理厂工程质量验收规范 GB 50334－2017［S］. 北京：中国建筑工业出版社，2017.

［35］ 中华人民共和国国家标准. 给水排水管道工程施工及验收规范 GB 50268－2008［S］. 北京：中国建筑工业出版社，2009.

［36］ 中华人民共和国国家标准. 建设工程监理规范 GB/T 50319－2013［S］. 北京：中国建筑工业出版社，2013.

［37］ 中华人民共和国国家标准. 建筑给水排水及采暖工程施工质量验收规范 GB 50242－2002［S］. 北京：中国建筑工业出版社，2002.

［38］ 中华人民共和国国家标准. 建筑工程施工质量验收统一标准 GB 50300－2013［S］. 北京：中国建筑工业出版社，2014.

［39］ 周汉荣. 中国投资管理大全［M］. 北京：中国财政经济出版社，1991.

高等学校给排水科学与工程学科专业指导委员会规划推荐教材

征订号	书　名	作　者	定价 (元)	备　注
22933	高等学校给排水科学与工程本科指导性专业规范	高等学校给水排水工程学科专业指导委员会	15.00	
29573	有机化学(第四版)(送课件)	蔡素德等	42.00	土建学科"十三五"规划教材
27559	城市垃圾处理(送课件)	何品晶等	42.00	土建学科"十三五"规划教材
31821	水工程法规(第二版)(送课件)	张　智等	46.00	土建学科"十三五"规划教材
31223	给排水科学与工程概论(第三版)(送课件)	李圭白等	26.00	土建学科"十三五"规划教材
32242	水处理生物学(第六版)(送课件)	顾夏声、胡洪营等	49.00	土建学科"十三五"规划教材
35065	水资源利用与保护(第四版)(送课件)	李广贺等	58.00	土建学科"十三五"规划教材
32208	水工程施工(第二版)(送课件)	张　勤等	59.00	土建学科"十二五"规划教材
23036	水质工程学(第二版)(上册)(送课件)	李圭白、张　杰	50.00	土建学科"十二五"规划教材
23037	水质工程学(第二版)(下册)(送课件)	李圭白、张　杰	45.00	土建学科"十二五"规划教材
24074	水分析化学(第四版)(送课件)	黄君礼	59.00	土建学科"十二五"规划教材
24893	水文学(第五版)(送课件)	黄廷林	32.00	土建学科"十二五"规划教材
24963	土建工程基础(第三版)(送课件素材)	唐兴荣等	58.00	土建学科"十二五"规划教材
25217	给水排水管网系统(第三版)(送课件)	严煦世、刘遂庆	39.00	土建学科"十二五"规划教材
27202	水力学(第二版)(送课件)	张维佳	30.00	土建学科"十二五"规划教材
29190	城镇防洪与雨水利用(第二版)(送课件)	张　智等	52.00	土建学科"十二五"规划教材
29183	泵与泵站(第六版)(送课件)	许仕荣等	38.00	土建学科"十二五"规划教材
29153	建筑给水排水工程(第七版)(含光盘)	王增长等	58.00	土建学科"十二五"规划教材
33014	水工程经济(第二版)(送课件)	张　勤等	56.00	土建学科"十二五"规划教材
29784	给排水工程仪表与控制(第三版)(含光盘)	崔福义等	47.00	国家级"十二五"规划教材
27380	水处理实验设计与技术(第四版)(含光盘)	吴俊奇等	55.00	国家级"十二五"规划教材
28592	水工艺设备基础(第三版)(含光盘)	黄廷林等	45.00	国家级"十二五"规划教材
16933	水健康循环导论(送课件)	李　冬、张　杰	20.00	
19536	城市河湖水生态与水环境(送课件素材)	王　超、陈　卫	28.00	国家级"十一五"规划教材
19484	城市水系统运营与管理(第二版)(送课件)	陈　卫、张金松	46.00	土建学科"十五"规划教材
33609	给水排水工程建设监理(第二版)(送课件)	王季震等	38.00	土建学科"十五"规划教材
20113	供水水文地质(第四版)(送课件素材)	李广贺等	36.00	
20098	水工艺与工程的计算与模拟	李志华等	28.00	
32934	建筑概论(第四版)(送课件)	杨永祥等	20.00	
24964	给排水安装工程概预算(送课件)	张国珍等	37.00	
24128	给排水科学与工程专业本科生优秀毕业设计(论文)汇编(含光盘)	本书编委会	54.00	
31241	给排水科学与工程专业优秀教改论文汇编	本书编委会	18.00	
29663	物理化学(第三版)(送课件)	孙少瑞、何　洪	25.00	

　　以上为已出版的指导委员会规划推荐教材。欲了解更多信息，请登录中国建筑工业出版社网站：www.cabp.com.cn 查询。在使用本套教材的过程中，若有任何意见或建议，可发 Email 至：wangmeilingbj@126.com。